自衛隊史論

政・官・軍・民の60年

佐道明広
SADŌ Akihiro

吉川弘文館

目次

はじめに

二〇一四（平成二六）年に防衛省・自衛隊は創設六〇周年を迎えた。国会では自衛権の保有すら疑問視された審議を経て成立した戦後の憲法は、戦争放棄、戦力の不保持を謳っている。そのため、一九五〇（昭和二五）年の警察予備隊、五二年の保安庁・保安隊、五四年の防衛庁・自衛隊という「再軍備過程」を経て防衛省・自衛隊は還暦を迎えたわけだが、その道は決して平坦なものではなかった。「憲法違反」という批判が創設以来付きまとい、大部分のマスコミは戦後平和主義に反する存在として厳しい目を向け続けた。創設時の首相であった吉田茂が自衛隊を「日陰者」と呼んだことはよく知られているが、一時は自衛隊員やその家族に対する人権侵害と思える扱いも行われた。

一方で、着実に組織や装備は強化され、世界的に見てもその実力は高い評価を受けている。また、「専守防衛」という基本方針のもと、最新の装備を備えながら演習に明け暮れていた存在であったのが、九一年のペルシャ湾機雷掃海を皮切りに海外での活動を展開するようになる。そして阪神淡路大震災、東日本大震災といった不幸な災害を契機としてはいるが、国民の自衛隊への信頼感は高まっている。国際的な平和維持活動や災害等支援、対テロ戦争や海賊対処などの国際協力活動など、今や「訓練中心部隊」から「活動する自衛隊」へと大きく変化するに至っている。すなわち、自衛隊をめぐる環境や、自衛隊の任務や活動は冷戦終了を境に大きく変化しており、自衛隊をなるべく使わないように考えていた時代から、積極的に使う時代へと変容したのである。そうした変化は、なぜ生じてきたのだろうか。また、今後どのような展開を見せていくことになるのだろうか。

前述の、「使わない自衛隊」から「積極的に使う自衛隊」へという大きな変化は、単線的に進んできたわけではなく、紆余曲折を経ながら現在に至ったものである。それは、自衛隊に関する考え方や、自衛隊という「軍事機構」と政治との関係についても、当然変化を及ぼすことになっている。そもそも、政軍関係あるいはシビリアン・コントロールの問題を考えるとき、「軍からの安全」という面と、「軍による安全」という二つの相反する面がある。(1) 本来その二つの面はバランスをとって考えられるべきものであるが、日本の場合、戦前に軍部の勢力増大によって無謀な戦争へと進んだ経緯から、戦後日本は前者の「軍からの安全」がきわめて重視され、「軍による安全」という面はほとんど意識されてこなかった傾向にあった。「使わない自衛隊」というのは、「軍からの安全」を考えた極端な手段であった。

しかしそれは冷戦という「長い平和」の時期であるから可能であった面がある。そして冷戦という、逆説的ではあるが安定した戦後秩序が崩壊した後に表れた世界的混乱に、日本も当然ながら無縁ではいられなかった。また、自衛隊に関する現在までの様々な変化についても、日本政治にはありがちなことだが、急に対処しなければならない事案が次々と起こり、対症療法的に対応してきた結果、現在に至っているという面も多い。したがって、本来であれば時間をかけて対応しなければならなかったのに短時間で行ったため、今後問題が生じる恐れのあるものを含めて、冷戦時代に解決しておくべきであった「宿題」もまだ残されている。

さらに言えば、自衛隊をめぐる環境にも変化があったが、それには世論が大きく変化したという側面もある。本論で述べるように、実は自衛隊創設当時、自衛隊に対して多くの国民が否定的な感情を持っていたわけではない。しかし、アカデミズムや多くのマスコミは自衛隊に対し厳しい論調で臨み、六〇年代には一部の革新自治体などで自衛隊員やその家族への非人道的行為と言わざるを得ないことも行われた。災害救援や雪まつり支援、南極観測やその他の民生支援という活動は一般国民にもなじみがあるが、普段は訓練中心で一般人の目に触れるときは制服を脱いで自衛隊員と知られないような配慮をするうちに、基地所在自治体以外の一般国民と自衛隊との距離は遠くなり、しかも経済成長を第一に考える世相の中で、国民は防衛問題のような日常生活から遠い問題には関心を失っていく。そして利益誘導型政治に力を注ぐ政治家にとっても、外交や安全保障は票にならないという理由で関心から外れていったわけである。こうして、六〇年代以降、国会の中から、日本の安全保障・防衛をめぐる根本的な議論はなかなか聞かれなくなっていった。

ただし、そうした中で六〇年代に全盛期を迎える総合雑誌を舞台に、安全保障に関する意見にも変化が生じた。「現実主義者」の登場である。これで日本の安全保障に関する議論に、ようやく理想論だけでなく、リアリティのある論議を可能にする土壌が育まれてくる。「現実主義者」がこうして日本の安全保障に関する世論形成の上で果たした役割は大きかった。七〇年代に入ると、五〇年代まで論壇の中心だった「進歩的文化人」の影響力に陰りが見えてくるのである。

しかし、八〇年代に入り、日米防衛協力が具体的な施策段階に入ると、「現実主義」を唱える論者にも意見の相違が見えてくる。そして冷戦の終了を迎え、混迷する状況に日本が対応を迫られていく中で、国際社会の中における日本の在り方についての意見も、特に米国との協力の在り方などをめぐって意見が分かれていく。より問題なのは政治家の方で、政治改革の名の下で繰り返される政党の離合集散の中で、これまで安全保障についてほとんど関心を持たなかった人々が、それほどの知識の蓄積もないまま防衛や安全保障を語るようになっていく。本論で見ていくように、冷戦終了後、自衛隊は予算や組織規模を縮小させていきながら、役割・任務は急速に増大させていく。長期的な定見もなく行われてきたそうした施策が、自衛隊の在り方に影響を及ぼすことは間違いないであろう。

一方で、自衛隊の活動が世界各地への派遣も含めて活発化していくことで、国民の認知度も高まっていったことも間違いない。阪神淡路大震災や東日本大震災、オウム真理教のテロといった不幸な事故や事件が、自衛隊の必要性を改めて国民に認識させたわけである。さらに、九〇年代から、北朝鮮の核開発やミサイル実験、軍事大国としての中国が国際社会の既存のルールを軽視した行動を起こしていることが明らかになる中で、日本国民は第二次大戦後、初めて本格的な脅威を感じるに至っている。戦後長く事実上封印されていた「軍事的合理性」といった言葉がにわかに活性化しており、インターネットの世界では過激な言葉が乱舞している。そうした中で迎えたのが、防衛省・自衛隊六〇年である。

本書は、自衛隊以前の警察予備隊時代から現在までの防衛庁（現・防衛省）と自衛隊の歴史を概観し、日本の防衛政策や自衛隊に関する重要な問題を再検討し、防衛政策上現在考えておくべき課題を明らかにすることを目的としている。その際、特に重視しているのは次のような課題である。

第一に、副題に「政・官・軍・民の六〇年」と付したように、防衛庁（防衛省）と自衛隊だけでなく、それを取り巻く政治や国民世論、論壇の状況の変遷も検討課題としている。戦前の明治憲法体制下における独立性の高い軍部とは異なり、戦後の民主主義体制の中で自衛隊は創設され発展してきた。「戦後平和主義」と呼ばれる厳しい環境下で、「自衛隊」という名称にも表れているように、なるべく「軍隊」としての色彩を明確にしない配慮が行われてきたのである。歩兵を普通科、戦車は特車、砲兵は特科といった言い換えがなされ、階級の名称も一佐、二佐、三佐、一尉、二尉、三尉など旧軍とは異なる名称が用いられるなど、様々な点に気を配って成長してきたわけである。民主主義は政治に国民の意思が反映しなければならないという政治体制である以上、憲法違反という批判に付きまとわれながら成長してきた自衛隊という組織を語るときに、自衛隊をめぐる世論や一般の議論は当然見ていくべき課題であろう。

第二に、実際は「軍事組織」として成長していく自衛隊の状況および防衛政策である。本論で述べるように、陸海空の各自衛隊は、創設の経緯が異なり、組織文化も防衛政策も違いがある。そうした相違を抱えつつ、自衛隊がどのように成長してきたのか、また防衛政策などで果たしてきた役割はどのようなことかという問題である。自衛隊が小さな組織であった時代は役割自体大きなものではなかった。しかし、国際的な基準であれば経済規模に比して小さな割合の防衛予算であったが、日本が高度経済成長によって経済大国となることで予算規模自体は大きくなり、年次防という長期の防衛力整備計画によって自衛隊は質量ともに拡大していく。日本自身の国際社会における責任や役割が増大していくにつれ、自衛隊への関心や期待も高まるのである。戦後憲法という「制約」の中で、自衛隊がどのように任務を増大してきたのかという経緯は、今後の自衛隊の役割を考えるうえでも重要であろう。

第三に、自衛隊と政治との関係である。前述のように、戦後日本においては「軍による安全」と「軍からの安全」のうち、「軍からの安全」をきわめて重視してきた。再軍備過程で米国から持ち込まれたシビリアン・コントロールの考え方は徹底され、自衛隊の活動は法的に厳重に監視・抑制された。さらに「文官統制」と呼ばれるように内局官僚の厳しい統制下におかれ、それは「箸の上げ下ろしまで口を出す」と言われるほどであった。それは防衛庁組織の在り方にも端的に表れている。『防衛白書』に掲載された防衛庁組織図（図1、次頁）を見ると、官僚組織である事務次官や内局が陸海空自衛隊の上に描かれていた。

防衛庁組織図に表れた文官と武官の関係は、後述の本論中で紹介した他国の組織図（一一六頁図17）と対比すれば、きわだって制服組の位置が低いという特徴が明確である。戦後日本特有の政官軍関係の形ということができる。制服組に対するこういった厳しい統制の在り方は、確かに「軍からの安全」を考える場合強力な仕組みである。そして政治自体が、なるべく自衛隊を使わないことで自衛隊の行動領域を狭めるようにしていたのは、「軍から

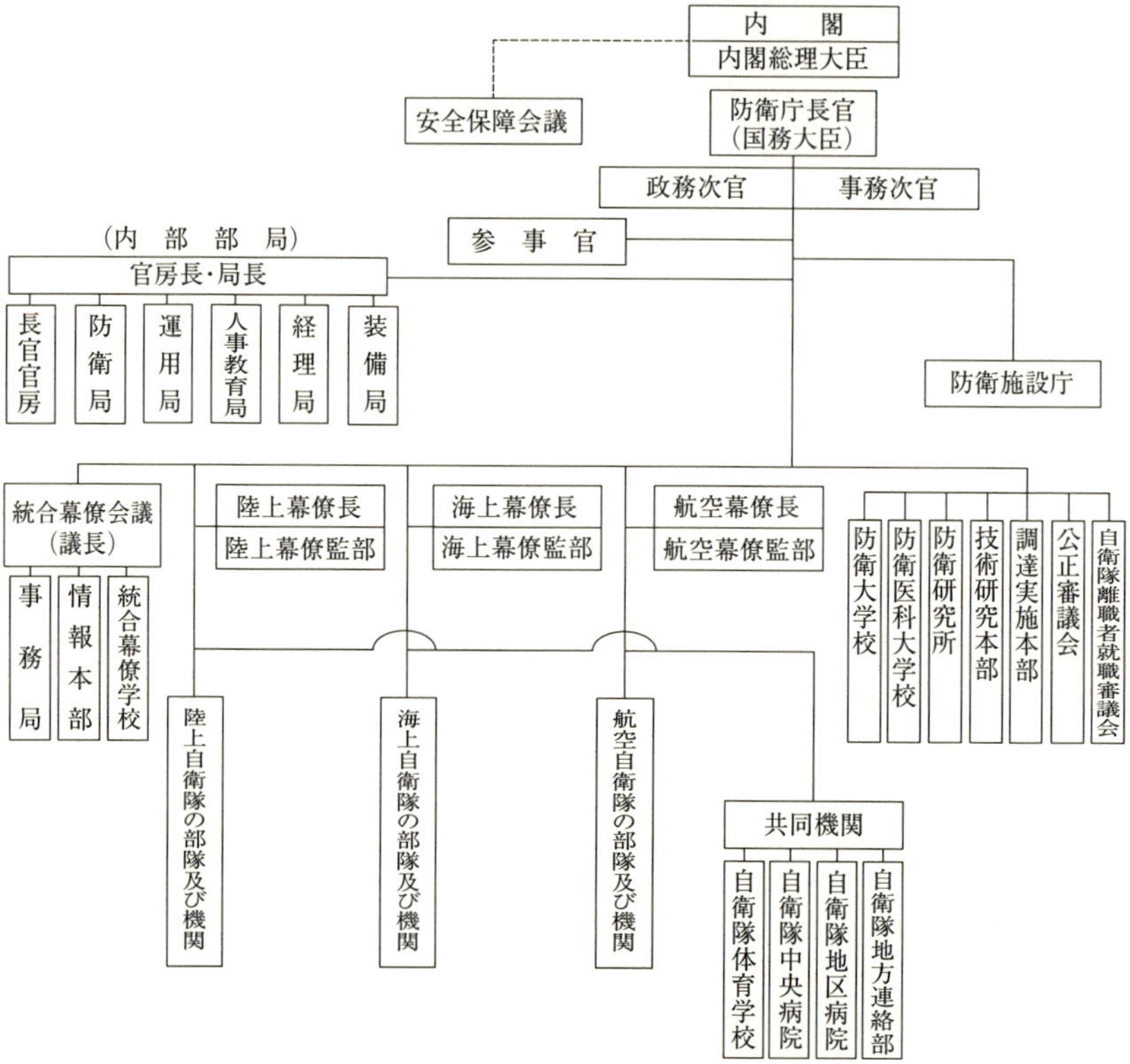

図1　防衛庁の組織図（『防衛白書　1999年版』より）

の安全」を極端な形で求めたからにほかならない。しかしこれは、一方の「軍による安全」に関してはきわめて問題である。有事に行動するはずの自衛隊は、有事にどのような行動をすればよいのかという研究すら批判され、まともな防衛政策議論は国会ではほとんど行われなくなってしまうのである。

　しかしながら、「使わない自衛隊」から「使われる自衛隊」の時代となったことで、自衛隊と政治の関係も変化するはずである。では、どのように変化していったのであろうか。そしてそれは「軍による安全」の面について、どのような影響を及ぼしているのか。この問題は、戦後初めて、多くの国民が実際に「脅威」を感じる時代となっている現在、重要な問題であろう。

実際、内閣府世論調査に表れている数字を見ると、冷戦終了後しばらくは、日本が戦争を仕掛けられたり戦争に巻込まれたりする危険の有無について、「危険がある」「危険がないことはない」という数字に大きな変化はない。しかし北朝鮮によるミサイル発射や不審船問題などが顕在化して以降は、危機感が次第に高まってきているのがわかる（図2、次頁）。二〇〇六年以降は「危険がある」の割合は低下しているが、それでも二〇一二年調査で「危険がある」と「危険がないことはない」を合わせて七二・四パーセントもの人が危険を感じている。湾岸戦争があり、冷戦後の世界が混迷していることがわかった一九九一年の調査で、両者を合わせた数字が五五・四パーセントだったことを考えれば大きな変化と言えよう。そして、自衛隊や防衛問題に関する関心も、図3（次頁）のように次第に高まってきているのである。自衛隊の増強や、国を守る気持ちに関する教育についても、図4・5（九頁）のような変化が見られる。

さて、本書は前述の課題に関して次のような構成で検討していく。第一章は、「敗戦から再「軍備」へ」と題し、警察予備隊創設から一九六〇年ころまでを対象としている。ここでは、前述の「文官統制」とよばれる戦後日本特有の政官軍関係が形成された問題や、「戦後平和主義」といわれる世論の内容などに焦点を当てている。

次の第二章では、「五五年体制成立と防衛論の変化」として、国会の動向や論壇を中心に主に防衛政策に関する議論について検討している。ここでは特に、これまで触れられることが少なかった社会民主主義者の役割や、政党では民社党の防衛政策について多く述べている。それは、前述の「現実主義」国際政治学者の議論や、七〇年代以降の防衛政策の展開を見るうえで、実は社会民主主義者の議論や民社党の政策が果たした役割が少なくないからである。

第三章は、「五五年体制下の自衛隊」として、一九六〇年代から冷戦が終了する一九九〇年代ころまでを対象

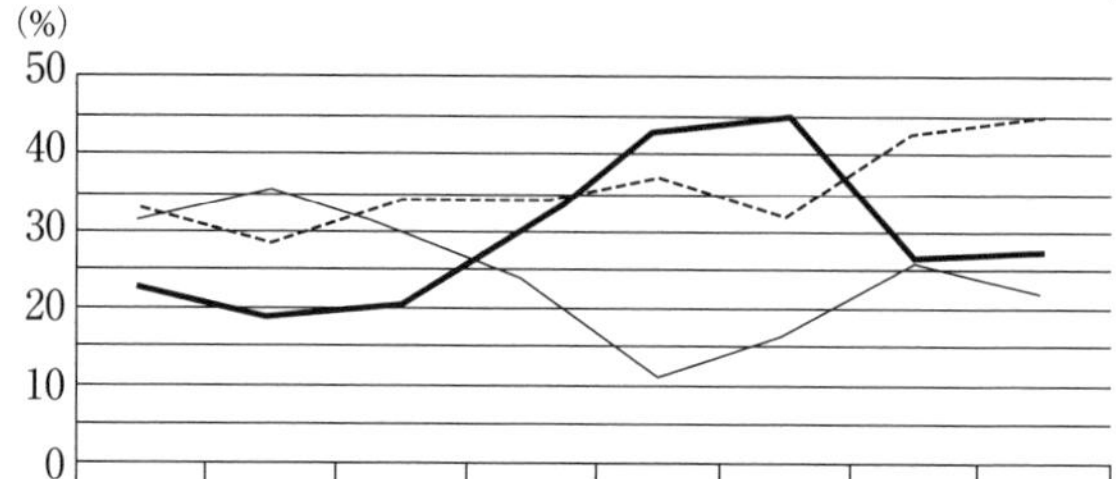

(年)	1991	1994	1997	2000	2003	2006	2009	2012
━ 危険がある	22.3	19.2	21.1	30.5	43.2	45	26.6	27.3
------ 危険がないことはない	33.1	28.7	33.8	34	36.8	32.6	42.6	45.1
── 危険はない	31.3	35.2	30.2	23.2	11.1	16.5	25.8	22.1

図２　「日本が戦争に巻き込まれる危険」に関する意識変化

（内閣府「自衛隊・防衛問題に関する世論調査」より著者作成）

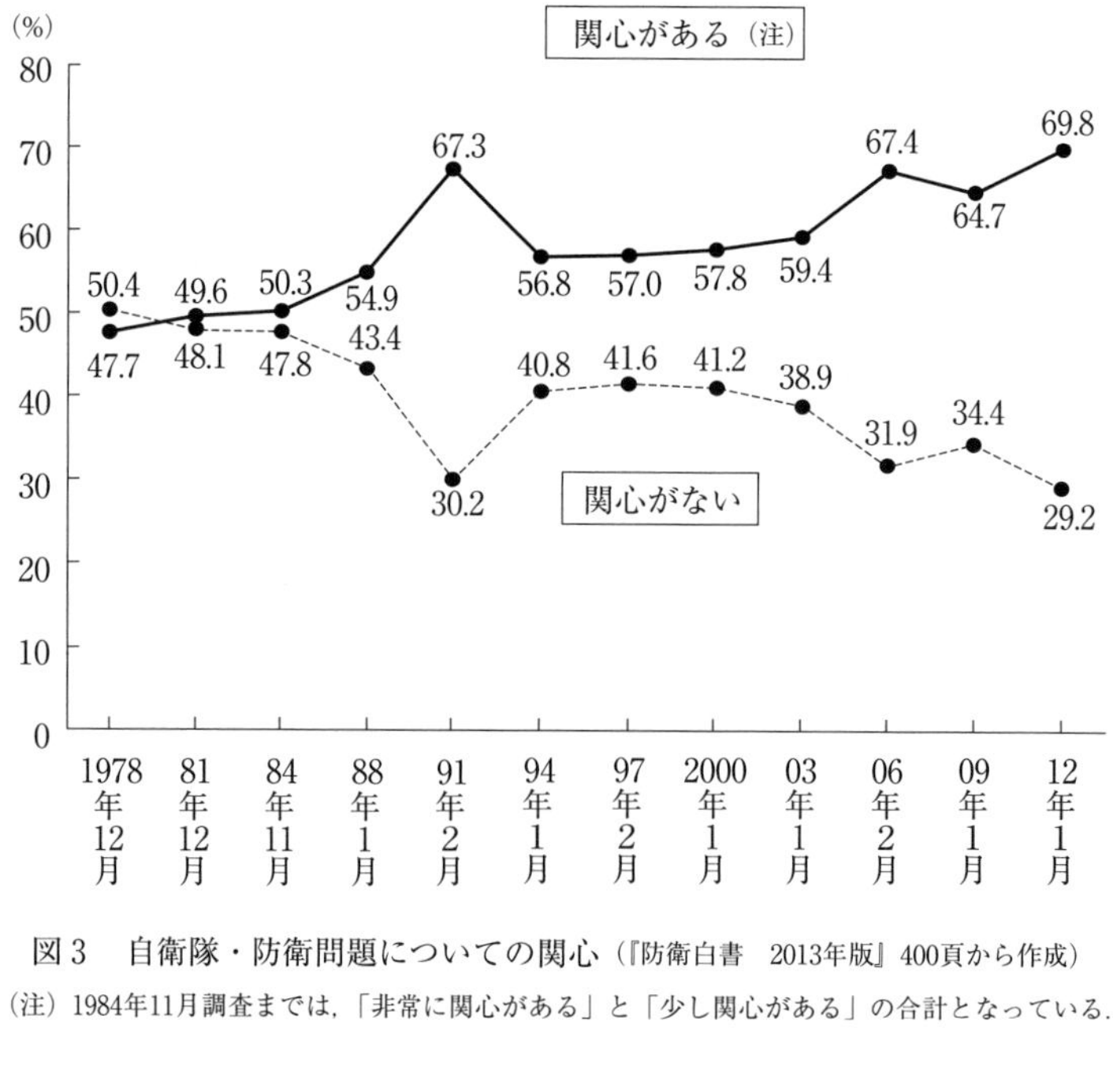

図３　自衛隊・防衛問題についての関心（『防衛白書　2013年版』400頁から作成）

（注）1984年11月調査までは，「非常に関心がある」と「少し関心がある」の合計となっている．

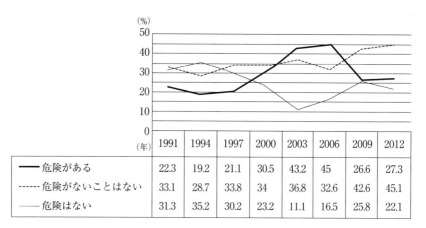

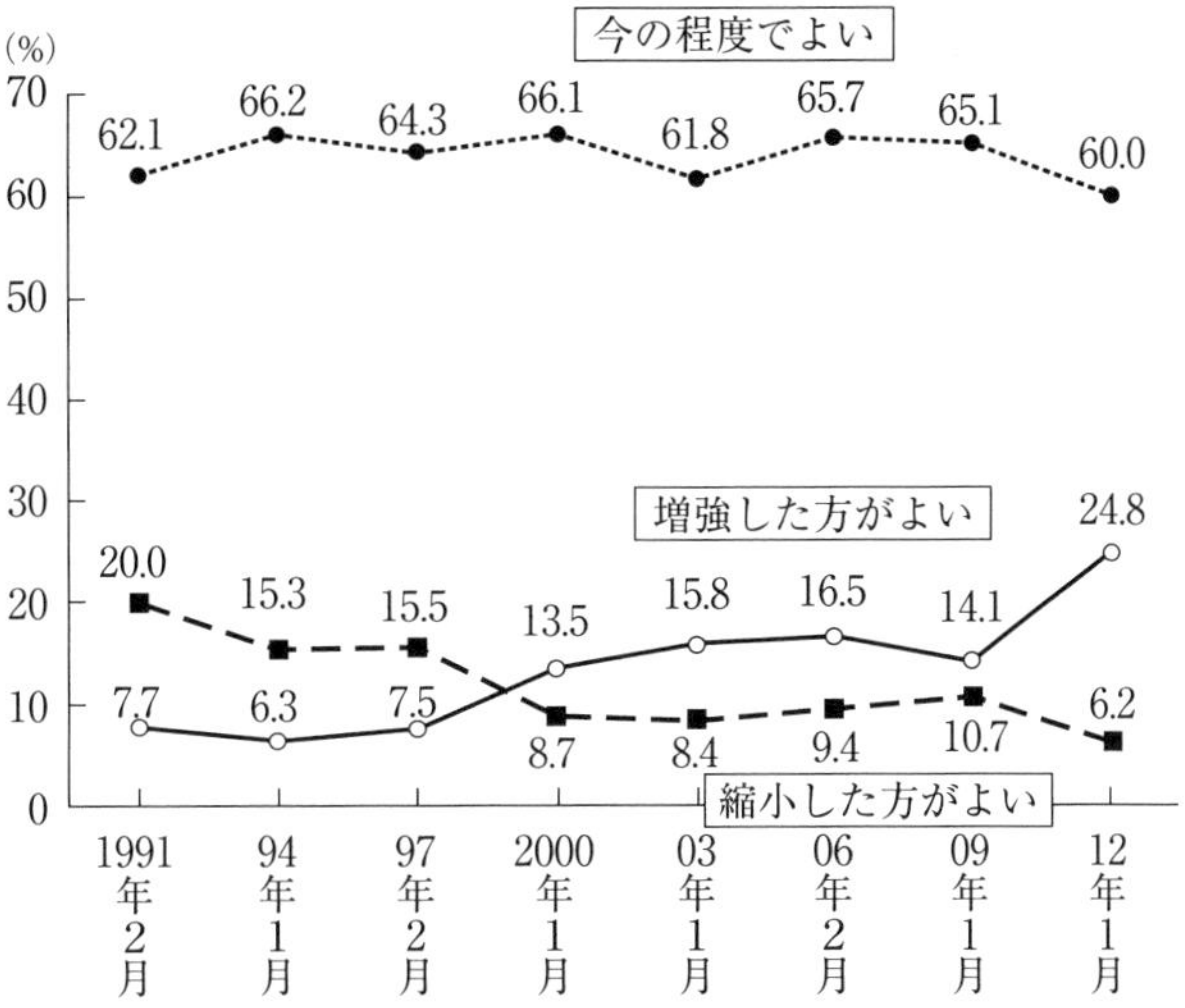

図４　自衛隊の防衛力（『防衛白書　2013年版』401頁から作成）

（注）1991年２月調査では，「それでは，全般的に見て日本の自衛隊はもっと増強した方がよいと思いますか，今の程度でよいと思いますか，それとも今より少なくてよいと思いますか.」と聞いている.

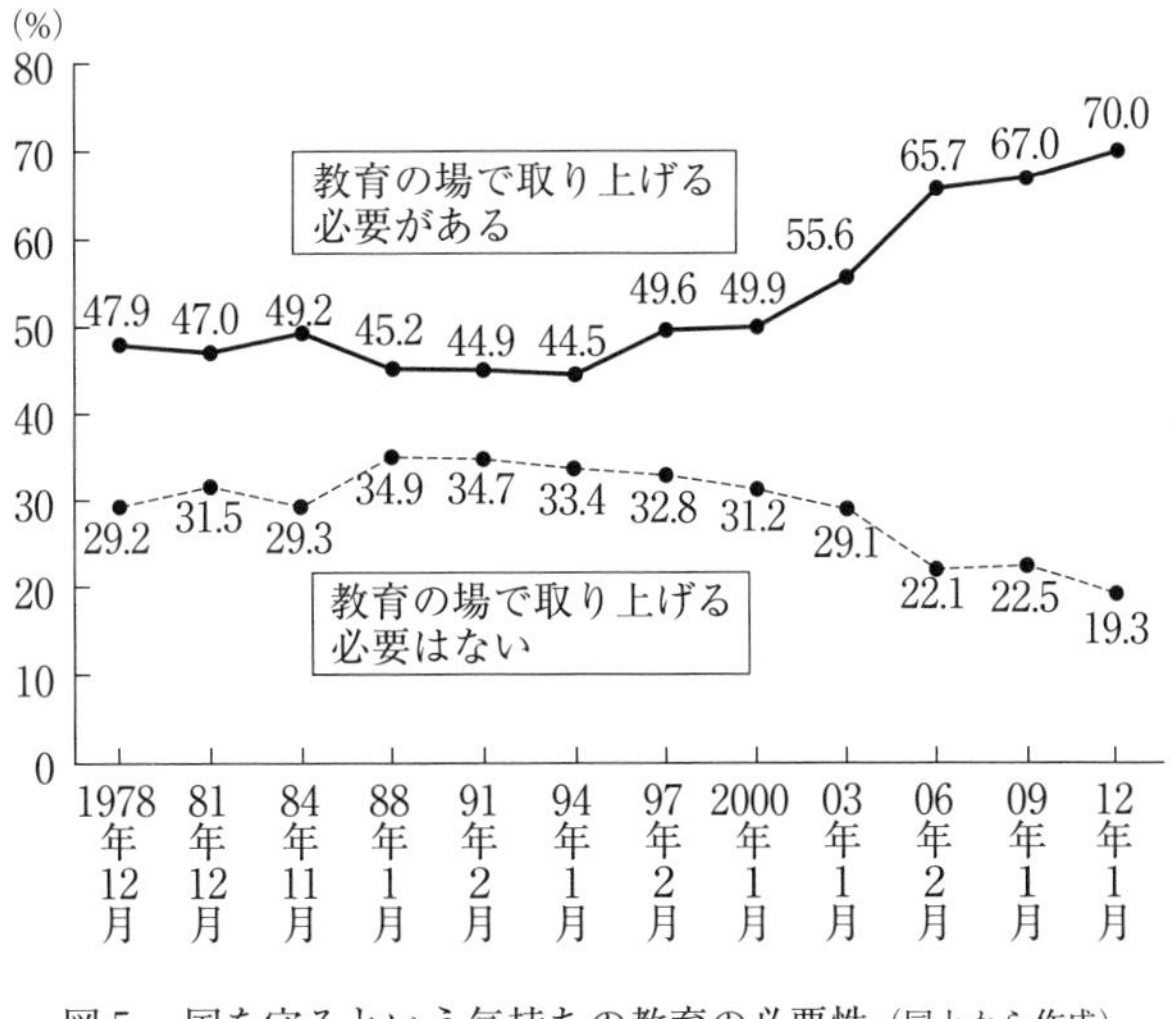

図５　国を守るという気持ちの教育の必要性（同上から作成）

としている。五五年体制は戦後日本の政治構造とも言うべきものであるが、安全保障政策におけるその特徴は、日米安保体制に多くを依存して、日本は防衛力になるべく予算を割かずに経済活動にまい進するというものである。そして実際日本は高度経済成長によって世界的な経済大国となった。しかし一方で、防衛・安全保障問題は国内政治における優先順位を極端に下げ、「自衛隊を使わない」ことによる「軍からの安全」を図る政策が定着した。また、この時期に自衛隊自身は年次防によって規模の増大と装備の向上によってその実力を世界水準まで高めていくことになる。そして八〇年代には、実質的な日米防衛協力がガイドラインの下で進められていくわけである。こうした約三〇年にわたる時期の防衛政策や自衛隊という組織、そして防衛問題をめぐる論議の変遷をたどっている。

第四章は、「冷戦終了と自衛隊」と題し、冷戦終了後に実際に使われるようになった自衛隊に焦点を当てている。この時期に自衛隊をめぐる諸環境は激変した。冷戦終了だけでなく、五五年体制も終焉を迎え、安全保障政策もかつてのような観念的な議論ではなく、具体的な政策論として検討する政治環境がようやく整い始めてくる。ただ、国際環境の変化は激しく、緊急対応が不得手な日本政治の特徴もあって、安全保障・防衛政策の変化や自衛隊の組織改編にも対症療法的な手法の積み重ねという状況がくりかえされることになる。また、この時期に至るまでの経緯もまた、政策や組織の変更に障害となっているものも少なくない。どのように政策が変更され、自衛隊はどのように対応してきたのか、重要な問題を中心に見ていくことにしたい。

終章は、これまで見てきた経緯を踏まえて、現在の日本の防衛政策および自衛隊をめぐる諸課題を検討している。

以上のような構成で自衛隊・防衛省の六〇年（警察予備隊からの歴史も含まれているので実質的には六〇年以上）の歴史を再検討していく。ただし、本書でも取り上げている「政官軍関係」の形成と実態、年次防の決定過程などは、すでに別の拙著で詳細に説明している部分も多い(2)。そこで本書では、そういった過去の拙著となるべく重ならないようにしつつ、前述の重要な課題を検討することに主眼を置いて記述した。そのため本書では、通史的に見れば重要で相当な分量で叙述すべき事項も、過去の拙著で詳しく述べているものについてはそちらに譲ることとし、逆にこれまで触れることが少なかった問題についてなるべく詳しく論じている（たとえば六〇年代の防衛庁の省昇格問題など）。したがって、本書は約六〇年以上の歴史を過去から順を追って叙述しているが、主要な問題にバランスよく触れていく通史ではなく、いくつかの時期に分けて重要と思われる課題を中心に述べる問題史であると理解していただきたい。(3)

注

（1）第二次大戦後発達してきた政軍関係研究の目的が「軍による安全」と「軍からの安全」との両立といわれている。この点については、石津朋之・永末聡・塚本勝也編著『戦略原論――軍事と平和のグランド・ストラテジー』（日本経済新聞出版社、二〇一〇年）第七章参照。

（2）拙著『戦後日本の防衛と政治』（吉川弘文館、二〇〇三年）および『戦後政治と自衛隊』（吉川弘文館、二〇〇六年）参照。

（3）警察予備隊創設から現在までの歴史を全体的にとらえた研究は管見の限り見当たらない。自衛隊・防衛庁（防衛省）に関する歴史については、一定の時期までならば存在する。たとえば、前掲拙著『戦後政治と自衛隊』は二〇〇五年ころまでの歴史を簡潔にまとめている。前田哲男『自衛隊の歴史』（ちくま学芸文庫、一九九四年）は冷戦終了直後で叙述は終わっている。田中明彦『安全保障――戦後五〇年の模索』（読売新聞社、一九九七年）は戦後日本の安全保障政策全般に関する著作であるが、これも冷戦終了後までである。防衛省が創設五〇周年にあたって刊行した正史ともいうべき『防衛庁五〇年史』（二〇〇五年）は年表に資料を付した簡潔な概説にすぎない。最近は六〇年代や七〇年代に関する優れた歴史研究が著されているが、全体を見て指摘できる課題もあると思われる。

第一章　敗戦から再「軍備」へ

一　自衛隊の誕生

1　警察予備隊と保安隊—警察主導体制の成立—

自衛隊の創設は一九五四年（昭和二九）七月である。しかし、周知のように戦後国防体制は警察予備隊の創設に始まる。したがって、警察予備隊、保安隊および警備隊（海上自衛隊の前身）の時期から検討していく必要がある。実際、自衛隊創設から数えて六〇年に及ぶ時間が経過した現在でも、警察予備隊、保安隊の時代以来の問題で今も続いていることが多いのである。その中でも特に問題とされているのが「文官優位制」あるいは「文官統制」といわれる日本のシビリアン・コントロールの在り方である。

「文官優位制」あるいは「文官統制」とは、戦後日本特有の政軍関係である(1)。民主主義国家における基本的な政軍関係の在り方として「文民統制（シビリアン・コントロール）」が行われているが、本来は文民政治家によって軍事機構の統制が行われるべきところ、日本の場合は官僚が強い権限を持っており、そのために「文民統制」ではなく「文官統制」になっているということである。したがって日本の場合、従来の「政軍関係」というより「政官軍関係」と言った方が実態に適している。こうした状況に対して、文民政治家は戦争など国家の安全保障に関して責任を持ち、失敗した場合は選挙などで責任を取るということになるが、試験によって採用された官僚にはそういった責任の取り方はない。にもかかわらず官僚が国家の安全保障に大きな権限を持ち、本来きわめて専門性が高い軍事問題に関しても干渉している、という批判がある。こうした政治家・制服組（軍事機構）・官僚の関係は、現在は時代の変化の中で変わりつつあるが、基本構造に大きな変化はない。自衛隊が国際的に活動するようになり他国の機関との関係も増大していく中で、創設時以来の「政官軍関係」も見直しの時期に来ていると思われる。

前述のような「文官統制」といわれる構造は、自衛隊創設時ではなく、警察予備隊設立時に導入されたものであった。そして保安庁時代に強化され、自衛隊創設に当たっても大きな変化はなかった。そこでなぜ、「文官優位制」あるいは「文官統制」と呼ばれるシステムが導入され、維持されてきたのか。その点をここでまず見ておきたい。

警察予備隊創設の経緯については、すでに多くの研究蓄積があり、ここで改めて繰り返さない。重要な論点を中心に述べていくことにしたい(2)。まず問題となるのが組織の性格であった。すなわち警察予備隊は警察なのか軍隊なのかという点である。周知のように、五〇年の警察予備隊創設はマッカーサーから日本政府への指令に基づいている。「日本警察力の増強に関する書簡」と題され、「事変・暴動等に備える治安警察隊」として七万五千名の「National Police Reserve」の創設が求められていたが、具体的内容ははなはだあいまいであった。警察予備隊の創設を直接担当した旧内務官僚の中には、米国が提供した装備や部隊編成に関する指示内容から見て、実質的に「軍隊」であると理解した者もいたが(3)、米国は軍隊の創設という明確な指示を出したわけではなく、あいまいなまま創設作業が進められたのである(4)。その結果、成立した警察予備隊は、装備や編成は米国の野戦軍に倣ったものであったが、法的性格は「警察組織」であった。

すなわち、警察予備隊の設置を規定した警察予備隊令では、その目的に関して「わが国の平和と秩序を維持し、公共の福祉を保障するのに必要な限度内で、国家地方警察及び自治体警察の警察力を補うため」と、当時の警察力の補助と定めていた。さらに、その任務については第三条で、以下のように警察の範囲にとどまることを明確にしていた。

第三条　警察予備隊は、治安維持のため特別の必要がある場合において、内閣総理大臣の命を受け行動するものとする。

2　警察予備隊の活動は、警察の任務の範囲に限られるべきものであつて、いやしくも日本国憲法の保障する個人の自由及び権利の干渉にわたる等その権能を濫用することとなってはならない。

3　警察予備隊の警察官の任務に関し必要な事項は、政令で定める。

（傍点引用者）

これは、朝鮮戦争勃発（一九五〇年六月）によって米軍が朝鮮半島に出動することに伴い、日本が空白化することに備えて急きょ「警察予備隊」の創設が決まったという事情が大きく影響していた。すなわち、占領軍司令部は再軍備を求める米本国に抵抗していたものの、日本が空白化することに備えた実力組織の設置の必要性は占領軍司令部としても認識せざるを得なかった。しかし司令部とくにマッカーサー司令官が主導して作らせた憲法の手前、明確な軍隊組織の創設を命じることはできなかったのである。さらに、警察予備隊創設を担当した旧内務官僚の多くは、戦前の軍の「横暴」に強い反発を持っていた者が多く、戦前のような軍隊の復活には抵抗していた。一方で、警察官僚として戦後の治安の悪化については懸念しており[(5)]、占領改革によって弱体化した警察力を補うものとして警察予備隊の創設にあたったのである。無論、こうした旧内務官僚は、警察予備隊に支給された米軍おさがりの武器や部隊編成から、警察予備隊が軍隊へと変化する芽を持っていることも認識していた。それが講和独立後に、保安隊・自衛隊の中に旧軍の勢力が入ってくることを防ごうとする活動となる。この点は後述したい。

さて、日本は五一年九月にサンフランシスコ平和条約に調印し、同条約が翌五十二年四月に発効することにより占領から解放され独立した。吉田茂首相は講和に伴う米国との約束に従い、警察予備隊を増強改組し保安庁・保安隊を設置した。保安庁は警察予備隊とは別に組織された海上部隊である警備隊も組織下におき、保安庁は陸上と海上の二つの実働部隊を管轄する組織として成立した(6)。では保安庁とはどのような組織であったのだろうか。保安庁法には、その任務について以下のように書かれていた。

> 第四条　保安庁は、我が国の平和と秩序を維持し、人命及び財産を保護するため、特別の必要がある場合において行動する部隊を管理し、運営し、及びこれに関する事務を行い、あわせて海上における警備救難の事務を行うことを任務とする（傍点引用者）

この条項の「特別の必要がある場合」は具体的に言うと、保安庁法第四章第一節において、「（第六一条）内閣総理大臣は、非常事態に際して、治安の維持のために特に必要があると認める場合には、保安隊又は警備隊の全部又は一部の出動を命ずることができる」とあるように、「治安維持」であった。すなわち保安隊は治安維持を主任務とする部隊であり、「軍隊」の主任務たるべき外敵からの防衛は任務とされていなかった(7)。ただ、明確に警察と位置付けられた警察予備隊に比べれば、法制上は治安維持部隊＝警察軍的組織になっていた。軍隊により近づいたということである。一方で、制服組に対する統制もより強化されることになった。「文官統制」が明確になったのである。

すなわち、保安庁長官の下には、官房および各局という文官で構成された内局と、制服組で構成された幕僚監部という二つの補佐機関が存在していた。保安庁法第一〇条はその二つの補佐機関の関係を規定しており、この条項では官房および各局の任務として、「保安隊及び警備隊に関する各般の方針及び基本的な実施計画の作成について長官の行う第一幕僚長又は第二幕僚長に対する指示について長官を補佐すること。長官は、保安隊及び警備隊の管理、運営について、基本的方針を定めて、これを第一幕僚長又は第二幕僚長に指示し、各幕僚長は、それに基いて、方針及び基本的な実施計画を作成するのであるが、長官官房及び各局はそのような長官の指示案を作成する」（傍点引用者）ということが定められた。これによって内部部局が制服組に対し事実上の上位に立ったのである。しかも保安庁法一六条六項に「長官、次長、官房長、局長及び課長は、三等保安士以上の保安官（以下「幹部保安官」という。）又は三等警備士以上の警備官（以下「幹部警備官」という。）の経歴のない者のうちから任用するものとする。」という規定が置かれ、内局幹部人事から制服組を排除したのである。(8)

保安庁設置で明確になった「文官優位」のシステムは、五四年に防衛庁・自衛隊の創設で、外敵に対抗する組織、すなわち「軍隊」としての性格を有した組織が誕生した後も、基本的に引き継がれた。「基本的に」というのは、自衛隊創設に関する三党協議（自由党、改進党、日本自由党）において、内局幹部任用制限は再軍備を積極的に主張する改進党の意見を取り入れて削除されたものの、内局と幕僚幹部の関係はそのままであり、人事でも制服組の登用が行われなかったためである。

さらに内局は、保安庁時代に作成された「保安庁訓令第九号　保安庁の長官及び各局と幕僚監部との事務調整に関する訓令」（五二年一〇月七日）で、「国会その他の中央官公諸機関（以下「国家等」という。）との連絡交渉は、各局においてするものとする」となっており、この面からも保安庁を代表する立場であると同時に、外部との交渉上の問題から内部とくに幕僚監部に意見をする立場にあった。このあり方は、保安庁が防衛庁になっても変更されることはなかったのである。

こうした「文官優位制」の成立と定着には、様々な要因が考えられる。まず第一は、旧軍的軍隊の復活を阻止しようとする旧内務官僚の強い意志である。その中心が、保安庁保安課長、防衛庁防衛課長、防衛局長、官房長を歴任し、防衛庁内に強い影響力を持って防衛問題に関する各種の施策をリードしていくことになる海原治であった[9]。海原は、応召して終戦時には陸軍主計大尉となるなど軍隊経験があり、さらにアジア太平洋戦争の歴史を深く学んだことから、旧軍に対する強い批判的考えを持っており、また海原だけでなく内務官僚の多くが旧軍に対する反発を抱いていた。彼らは、新しくできた実力組織に旧軍の勢力が浸透すること、さらに旧軍的な組織になっていくことに強い警戒心を持っていたのである。

では、海原らが警戒心を持たねばならないような事態はあったのだろうか。実はそれは複数存在していた。まず挙げられるのが旧陸軍、とくに「服部グループ」の存在であった。旧陸軍関係者では、戦後GHQとの連絡役になった有末精三中将の「有末機関」、河邉虎四郎参謀次長の「河邉機関」、そして吉田首相の顧問でもあった辰巳栄一の「辰巳機関」などが存在したことが知られているが、こうした旧陸軍のグループでも、もっとも注目されたのが服部卓四郎大佐を中心とする「服部グループ」であった[10]。服部は参謀本部作戦課長として太平洋戦争中のほとんどの陸軍作戦について立案の中心的存在であり、東条英機首相の秘書官なども歴任した、陸軍幕僚将校の象徴的存在であった[11]。それだけに陸軍嫌いの吉田首相からは忌避されたものの、服部の後ろ盾になっていたのがGHQの参謀第二部（G2）のウィロビー少将であったこと、また警察予備隊創設にあたって部隊の最高指揮官となるべく画策し、結局吉田首相のマッカーサー司令官への談判によって挫折したことなどはよく知られている[12]。

服部らの活動はそれにとどまらず、防衛庁・自衛隊創設時にも国防会議（防衛の根幹をなす問題や防衛力整備に関する重要事項を審議するため、五六年に内閣に設置された機関）に参事官として参加すべく動いていたり[13]、近年の研究では吉田の暗殺計画まで立案していたという[14]。服部自身は結局、戦後の新しい組織に直接関係することはできなかった。しかしながら、後述の防衛庁組織改革問題でも服部の意見書が提出されていることなどを考えても、旧陸軍の亡霊のように、しばしば現れる服部の存在は、海原らの警戒心を呼び起こさずにはいられなかったと思われる。

旧軍関係では陸軍だけでなく海軍の問題もあった。むしろ旧陸軍関係については、戦後創設された警察予備隊、保安隊、そして陸上自衛隊という各組織に影響力を及ぼさないように、旧陸軍関係者が入るのがなるべく抑えられた。それに対して海上警備隊から海上自衛隊に至るプロセスから見れば、まさに旧海軍の復活ともいえる状況であった。[15] また、警備隊、海上自衛隊創設に当たって参加してきた旧海軍軍人は大佐・中佐クラスのいわゆる中堅であるが、米海軍と協力して海上部隊復活に向けて活動した野村吉三郎大将、保科善四郎中将は、野村が参議院議員、保科が衆議院議員となり、自民党成立後は国防部会の中心となって活動した。[16]

さらに保科は、経団連初代会長であった石川一郎と個人的に親しい間柄であったことから財界との関係が深くなり、[17] 経団連防衛生産委員会と保科が中心となった自民党国防部会は密接な関係を持ち、自衛隊の装備計画に影響力を及ぼした。この点について海原は次のように述べている。[18]

（略）私が担当したことで言いますと、自民党の国防部会がナイキとホークの生産について、一つは三菱、一つは東芝、そういうふうに決めているんですね。そんなこと、どうして決めるんだと。そのことを国会で質問されて、私ではありませんが、別の経理局長が『そういう決議があったことは私も承知しています』と答弁していますよ。（略）そんなことを自民党の国防部会が決めるのはおかしいでしょうが。私は本にも書きましたけれども、そんなことを言えば、国鉄の車両の注文を自民党の運輸部会が決めるようなものだと。そんなばかな話があるかと言ったんですが、事実そういう動きがあったことは間違いない。そういうことも、いろいろと防衛関係の生産の問題を混乱させた一つの理由ですね。

保科のほかにも、後に衆議院議長となる船田中は非常に有力な国防族であった。[19] 船田は石川一郎が経団連会長の時に経団連相談役であった植村甲午郎と一高、東大で同期であり、実は植村は防衛生産委員会で財界側の中心的人物であった。植村と防衛生産委員会そして旧軍軍人との関係について、防衛生産委員会の事務局長を長く務めた千賀鉄也は次のように述べている[20]。

警察予備隊が、二十七年七月の保安庁法の公布で十月十五日から保安隊になるし、これがさらに二十九年七月には、防衛庁設置法が出て自衛隊になっていくわけですよ。つまり日本の防衛体制が、かわっていくわけですな。そうなると、防衛生産の再開という問題も出てくる。そこでGHQとも話しあいまして、日米経済提携懇談会を防衛問題中心の経済協力懇談会に改組して、二十七年八月に発足させたわけです。そのときに植村さんが、経済協力懇談会の副会長になられて、(略)防衛生産の再開といったって、特需関係で弾薬をつくったりということはあったけれども、それ以上の艦船とか航空機とかは、敗戦からすでに七年も空白があって、何にもないんですよ。だからそのプランニングからやっていかなくちゃいけない。そこで審議室というものをつくりまして、植村さんが室長で、ぼくが補佐役になった。(略)審議室には旧陸海軍の、主として生産関係をたんとうしておった中将閣下とか、その他、大佐クラスまでいれて、全部で四十人以上のスタッフをつくったんです。(略)審議室でのディスカッションですが、旧軍人のかたがたは膨大なことを言うし、まぁ、ガアガアやりますわね。それを植村さんがおさえつつ進行させるわけです。(略)そういう意味でいえば、植村の名において、プランニングができていったということができるでしょう。

これまでの歴史でも「グラマン事件」や「ロッキード事件」に象徴される新航空機導入に関する「FX商戦」と呼ばれるものでは、大物政治家の名前も取りざたされた疑獄も生じている。新型航空機だけではなく、レーダー・システムや誘導弾など、防衛装備購入には巨額の費用がかかり、疑獄の温床になりかねなかった。海原ら、新設組織である防衛庁・自衛隊を「正常」に育てていかねばならなかった防衛官僚からすれば、防衛庁・自衛隊の周辺で活動する政治家たちに危機感をもっていたとしても不思議ではない[21]。こうして、防衛庁・自衛隊創設後も、長期計画の策定に当たっては内局が主導していく体制がつくられていくのである[22]。

さて、こうして内局官僚が保安庁さらに防衛庁・自衛隊が創設されていく過程で主導権を握っていく一方で、自衛隊の在り方について政治も明確な方針を立てることができずに流れに任せていたと言える。警察予備隊から自衛隊に至る過程は吉田政権時代であり、再軍備に関しては吉田の考え方が重要であったのは間違いない。しかし、吉田が実際に力を注がねばならなかったのは戦後憲法下での安全保障をいかに構築するかという問題、すなわち日米安保体制の創設であった[23]。簡単に言えば、吉田は米軍による日本の防衛を基礎としつつ、漸進的な再軍備を考えていたわけだが、戦争と交戦権を放棄し戦力を認めない戦後憲法の下でどのような「軍事体制」を構築すべきかについて具体的に検討する余裕はなかった。

実際、警察予備隊の創設から始まった「再軍備」プロセス自体が、いわば寝耳に水の状態の中で行われたわけであり、事前の準備もなかったのである。後に「吉田路線」と呼ばれる「日米安保体制を土台に、軽軍備、経済重視」で戦後復興を最優先課題と考える吉田は、積極的な再軍備を求める米本国の要請をかわしつつ、少しずつ防衛力整備を進めていたわけである。そのため、「池田・ロバートソン会談」に象徴されるように、米国の要請に対応しつつ、どの程度の規模の防衛力整備が可能かということがまず直面する課題であった。吉田は、旧軍が復活したような軍隊には明確に反対しており、保安大学校校長に慶応大学の槇智雄を据えてリベラル・アーツを重視した教育を行わせるなど、可能な範囲での関与は行っているが、やはり吉田にとっての重要課題は再軍備の規模であったと言えよう。

また、当時公職追放を解除され、政界に復帰した鳩山一郎、重光葵、岸信介など「反吉田グループ」は、自主憲法制定、再軍備を唱えて吉田を批判しており、吉田はそうした「反吉田グループ」の主張に反論する形で、戦後復興のための再軍備反対を表明していた。自衛隊創設をめぐる三党協議で、吉田率いる自由党が、再軍備推進の改進党と対立し、軍隊的性格が明確な組織を創設することに抵抗したのにも、そうした「吉田対反吉田」という当時の政治対立が影響していたと考えられる。

吉田にとって再軍備での組織の在り方よりも、規模の問題が重要課題とされていた点は、米国との交渉にも表れている。すなわち、前述の池田・ロバートソン会談においても、吉田が派遣したのは池田を中心とした大蔵省グループであり、保安庁は交渉から全く排除されていた。当時、占領が終わっても米軍が顧問という形で保安庁および保安隊と密接な関係を持っており、保安庁サイドから吉田の交渉方針等が漏れるのを恐れたためと考えられる。こうして米国との交渉で重点がおかれたのが再軍備の規模の問題であった。さらに言えば、日米安保体制下で日本防衛の中心的役割を米軍が担うこと、あるいは米軍の存在自体によって日本への攻撃を抑止するという考え方が続く一方で、後述するように、自衛隊に関しては、陸海空各部隊の役割等についての議論が進まず、五五年体制成立後の一九六〇年代になっても、米国とは自衛隊の規模をめぐる交渉が重視されていたことは、日本の防衛政策が財政主導の考え方で形成される土壌を作っていくことになるのである(24)。

以上のように、警察予備隊から保安隊、自衛隊へと変遷していく過程で、「文官優位制」が組織原理として内在化されていった。そして、日本が主体的に国防組織を整備拡充していったというより、主として米国の要請や国内の政治情勢といった外在的要因によって国防組織の整備が行われていったために、具体的な組織の仕組みや運営の在り方といった問題は後回しにされて、いわば「走りながら作り上げる」という状況であった。防衛庁・自衛隊が組織として固まり安定化していくのは、五五年体制が定着していく六〇年代に入ってからであるといえる。じつは、警察予備隊から防衛庁・自衛隊設立、さらに六〇年代に至る過程は、戦後防衛問題で必ず取り上げられる「憲法問題」以外にも、様々な防衛問題があり、防衛庁・自衛隊にも影響を及ぼしていた。その点について次に見ていこう。

2　自衛隊創設前後の防衛問題

前述のように、自衛隊創設をめぐって三党協議が行われ積極的な再軍備を主張する改進党の意見が反映して、自衛隊の主任務は「直接侵略、間接侵略」への対処ということになった。こうして軍隊としての性格を明確にした国防組織が成立したことになる。警察予備隊から防衛庁・自衛隊創設前後の防衛問題を見るにあたって、やはり憲法およびそれと関連する国会での議論の変化という問題を避けるわけにはいかない。ただ、この問題についてはこれまで多数の研究もあるので[25]、次節以降で説明する防衛政策に関する議論の内容と変化に関連した重要な点のみ指摘することにしたい。

周知のように、憲法の審議過程において、吉田茂首相は共産党の野坂参三に対する答弁で、自衛権を否定していた。それがやがて政府では、「憲法は自衛権を否定していない[26]」、「自衛のための自衛隊を持つのは合憲[27]」、「憲法が禁止している戦力には自衛隊はあたらない[28]」という統一見解に変化していったことはよく知られている。

そもそも、占領軍総司令部から提示された案を土台として作成された新憲法草案は、国会での審議段階では九条については「芦田修正」のようなものを除いて、それほど大きな議論は展開されなかった。警察予備隊も前述のように「警察」として法制上は性格付けがなされていたため、創設に関して大きな問題に発展せずにおさまっていた。九条の問題が本格的に議論されていくのは、やはり講和独立後の保安隊設置、自衛隊創設という時期からであった。当時は憲法改正論議も盛んであり、独立後の日本の針路という問題も関連して、大いに議論になったのである。

前述のような自衛権、自衛隊の合憲性、自衛隊と戦力の関係に関する政府統一見解は、鳩山一郎内閣、林修三法制局長官の時代に主としてまとめられていった。これはすなわち、憲法九条と自衛隊に関する議論自体は、鳩山内閣が誕生する一九五四年一二月ころまでに主要な論点は提起されており、それに対して政府が統一見解としてまとめたということであった。それは、吉田政権に対し批判的な立場をとっていた鳩山自身が、政権獲得前には吉田内閣の憲法九条解釈はおかしいと批判しており、今度は鳩山内閣が成立した以上、鳩山内閣の憲法解釈が問われる事態となったからである。(29)鳩山政権での統一見解はまとめると以下のようになる。(30)

（1）憲法は自衛権を否定していない。

（2）他国からの侵略に対し自衛のための実力で抗争するということは、国際紛争解決のための戦争などの放棄とは別問題で、憲法の否定するところではない。

（3）自衛隊のような、自衛のための任務をもち、その目的のため必要相当な範囲の実力部隊を設けることは憲法第九条の違反ではない。

（4）外国からの侵略に対処する任務をもつものを軍隊というならば自衛隊も軍隊といえる、しかし、そうであったからといって憲法に違反するものではない。

（5）自衛隊は違憲ではないが、憲法第九条についてはいろいろ世上に誤解もあるので、機会を見て憲法改正を考えたい。

このことは、吉田政権時代に状況対応的に憲法解釈を拡大していき、それに対して批判していた反吉田の代表である鳩山が内閣を組織し、憲法改正が早期には困難であるという状況の中で、吉田政権時代の憲法解釈に同調していったことになった。こうして保守政治勢力側の認識が、この時期にまとめられていったことになったわけである。これ以後は、こうした統一見解から外れないような答弁が求められ、それに対する野党の議論は主として正面からの憲法論議より、答弁の揚げ足取りといった些末なやり取りが中心となっていく。その傾向は五五年体制が安定化し、憲法と日米安保体制の関係が調和していった六〇年代に[31]、ますます強くなっていくのである。

さて、以上のような憲法論議が行われる一方で、警察予備隊創設から自衛隊・防衛庁設立に至る過程は、主として米国の要請という「外圧」に対する対応という形で進んでいく。警察予備隊設立という「再軍備」開始から日米安保条約改定までの時期での重要な防衛問題については、おおよそ以下のようなものがあげられる。

① 日米安保体制に関するもの……MSA協定や日米安保改定問題など。

② 国防組織の具体的在り方に関するもの……一軍にするか三軍にするか、各部隊の規模やシビリアン・コントロールの在り方に関することなど

③ 防衛戦略に関するもの……防衛構想や自衛隊の任務、各部隊の役割など

④ 防衛生産に関すること……防衛産業の育成や武器輸出問題など

以上の具体的な内容や、それぞれをめぐる意見対立については、すでに別の著作で詳しく論じているので、ここでは特に重要な点と前著で触れられなかった問題を中心に述べることにしたい[32]。

まず言えることは、国際政治的にも国内政治的にも非常に変化が激しい時代であったということである。簡単に述べると、国際政治では、冷戦の激化と中華人民共和国成立、朝鮮戦争勃発および台湾海峡危機、スターリン死去と「雪解け」、ハンガリー動乱やベルリン危機といった冷戦の激化と緩和、再度の激化といった変化があった。国内政治では、講和による独立、公職追放政治家の復帰と「吉田対反吉田勢力」の対立、五五年体制の成立という具合に、日本自身の位置の変化や政治権力の変遷、そして防衛庁・自衛隊創設とほぼ時を同じくした五五年体制の形成といったことである（巻末の年表参照）。またこの時期は、敗戦・占領による経済体制等の激変期でもあり、戦後復興期から六〇年代の高度経済成長への準備期にもあたっており、戦後経済の復活がなされていくとともに景気の変動も大きかった時期である。こうしたことは防衛問題にも影響せざるを得なかった。

たとえば、再軍備に消極的な吉田政権の時代から、憲法改正・再軍備論の反吉田の政治勢力への権力の移行は、防衛庁・自衛隊の組織問題にも影響している。当時、後述のように警察予備隊創設や自衛隊設立時の世論調査では賛成派のほうが多数を占めており、憲法改正・再軍備を唱えた鳩山が五五年の総選挙でも過半数を制している。吉田路線を批判した勢力が過半数を制する状況は、これまでの再軍備反対・軽武装という方針が見直されると考えられても不思議ではなかった。実際、防衛庁内部でも数年のうちに庁から省に昇格するのは間違いないという雰囲気であったという。

ただ、鳩山内閣は比較的短命で、憲法改正のほうをより重視していたことや対ソ国交正常化などで時間を取られており、大きな動きはなかった。五七年二月からの岸信介内閣時代に、日米安保改定問題で米国に対し自らの防衛努力を示すためにも、制服組の権限強化に向けた動きや制服組の意見も取り入れた長期計画の策定に移っていく。実は、防衛庁・自衛隊設立時に保安庁内部では陸海空を一元化した一軍案や、統幕機能の強化さらには「文官優位制」の見直し問題も含めて組織の在り方が議論されていた。これは、当時米ソ冷戦が本格的な熱戦となる可能性もあると考えられていたことから、国防組織として十分な機能を持たせるための検討が必要だったためと考えられる。しかし、この時には比較的若手官僚が主張していた「文官優位制」見直しも、幹部の反対で現状のままとされていくのである。しかし、岸内閣成立後、再び「統幕強化問題」「防衛庁の省昇格問題」そして長期計画に制服組の意見を取り入れた「赤城構想」の作成など、方針転換が図られていったのである。

保安庁内部の若手官僚が「文官優位」の見直しを考えていた点については、内部的な世代間による意識の違いというものも影響している。すなわち戦争体験・軍隊経験の有無と軍隊への認識さらに「自衛隊に対する評価」の違いといった問題である。たとえば、警察予備隊創設にあたった後藤田正晴、保安庁時代から防衛庁創設に当たり六〇年代にかけて防衛問題に大きな力をふるった海原治はともに三九年内務省入省の同期であり、軍隊への入隊・復員といった経験をしている。[33] 軍部が大きな権力をふるう時期に戦前の中心官庁である内務省に入り、軍部の横暴に手を焼き、また同様の経験をした先輩や同僚を見つつ軍務に就き、軍隊内の不条理も経験していた。そういったことが後藤田も海原も旧軍への強い反感をはぐくんだと考えられる。こういった後藤田・海原と同じ時期に内務省に入った官僚が、保安庁・防衛庁でも課長といった中枢を担い、軍部への対応に苦労したより年次の古い人々が防衛庁幹部となっていくのである。

一方で、海原の後を数年遅れて同様の防衛庁中枢を歩んでいく久保卓也は四三年内務省入省で、その直後に海軍短期主計将校として入隊、海軍軍令部勤務で終戦を迎えている。[34] ちなみに、海原より後の内務省入省者、すなわち久保も含まれるが、彼らは入省とほぼ同時に軍隊に入っており、実質的な内務省勤務経験がない。戦後復員してから内務省に復帰するのである。

久保の後は、軍隊経験はあるが戦後に官僚になった伊藤圭一、軍隊経験がない夏目晴雄以下の世代となっていく(次頁表1参照)。こうした点に注目するのは、警察予備隊から自衛隊創設に至る時代は、戦争は終わったとはいえ占領下とそれに続く時代であり、いわゆる平時の安定した制度の時代ではなかったこと、警察予備隊から防衛庁に至る組織が新設の寄り合い所帯であって、一部の指導力ある中核メンバーの影響力が大きかったことによる。そういった中核メンバーについて、戦争という極限状況があり、それをどのように経験したか、軍隊勤務の有無などは、軍隊に対する考え方やその後の防衛政策の仕事に対して何らかの影響があったと考えられるからである。また、「天皇の官僚」という経験の有無も、国家や官僚の在り方についての考え方の違いに影響を及ぼしている場合もある。[35] なお、こうした世代間の意識差の問題は戦後の世論形成でも大きな意味を持っていると考えられ、この点は後述したい。

いずれにせよ、岸内閣時代の防衛庁・自衛隊の組織的見直しについては、六〇年安保の騒動で岸内閣が倒れ、

表1　出生年から見た安全保障問題関係者の世代的相違

年　代	進歩派文化人	自由主義・現実主義者	政策担当者	備　　考
1888年	大内兵衛(57)	小泉信三(57)		
1891年		河合栄治郎(51)＊		
1895年		蠟山政道(50)		日清戦争終了
1902年		田中美智太郎(43)		
1905年				日露戦争終了
1907年	清水幾太郎(38)			
1910年	久野収(35)			韓国併合
1912年	都留重人(33)	福田恒存，**関嘉彦**(33)		
1913年		**林健太郎**(32)		
1914年	**丸山真男**(31)	**猪木正道**(31)	**後藤田正晴**(31)	第一次大戦勃発
1917年			**海原治**(28)	
1921年			**久保卓也**(24)	
1922年			**伊藤圭一**(23)	
1923年	**森嶋通夫**(22)	**衛藤瀋吉**(22)		関東大震災
1924年		**永井陽之助**(21)		
1927年	坂本義和(18)	神谷不二(18)	夏目晴雄(18)	
1930年			西広整輝(15)	
1931年				満州事変
1934年		高坂正堯(11)		
1936年		中嶋嶺雄(9)		

(注) 太字は太平洋戦争期に軍隊経験あるいは戦場体験があるもの．(　) 内の数字は終戦の年の年齢．ただし，河合栄治郎は終戦時には病没．

池田内閣が成立して経済中心の施策が行われるにあたり、組織的な大きな見直しがなされることはなくなっていく。それだけでなく、防衛論議自体も低調になっていくのである。

　さて、この時期の防衛問題に戻ると、防衛生産問題も高い比重を占めていた。たとえば、警察予備隊創設以降の新聞記事を見ていくと、予備隊が創設された五〇年から五一年にかけては、予備隊創設の可否など再軍備や戦力論をめぐるものが大部分であった。しかし、講和が成立し独立が秒読み段階に入った五二年になると、朝鮮戦争も休戦に向けて動いていたこともあって、防衛生産をめぐる記事が急速に増大している。すなわち、当初は占領下での兵器生産禁止が緩和されたという内容から[36]、やがて通産省主導の下で兵器生産が本格的に行われるようになっていく状況が頻繁に報道されている(37)。

これは、朝鮮戦争によって日本にもたらされた特需景気の内容として、兵器生産が占める割合が大きかったことが影響している（表2参照）。しかし、特需の内容は銃砲弾の製造、軍用車両や航空機の修理といったことが主体であったため、部門により著しい不均衡があり、しかも無計画に行われたという特徴を持っていた(38)。したがって、産業基盤が脆弱でしかも長期展望のないまま再生した日本の防衛産業にとって(39)、講和の成立と占領の終了によって今後の見通しについて不安感が高まっていたのである。そうしたことが、前述の経団連防衛生産委員会の設置にもつながっていた。

そもそも、防衛産業は「元来市場が限定せられ、転換の融通性が乏しいこと、単純な兵器を除けば、特殊の専用機械を必要とし、そのために特別の固定的投資を伴うこと、また技術的にも高度の精密性を要する(40)」という特性を持っていた。戦前は国営の兵器廠が兵器生産の中核になっていたが、戦争によって関連施設がほぼ壊滅した状況から朝鮮特需で何とか立ち上がった防衛産業は、米国から

表2　特需契約の内容

表A　特需契約高　（単位千ドル）

	物　資	サービス	合　計
第1年(1950年7月—1951年6月)	229,995	98,927	328,922
第2年(　51年7月—　52年6月)	235,851	79,767	315,618
第3年(　52年7月—　53年6月)	305,543	186,785	492,328
第4年(　53年7月—　54年6月)	124,700	170,918	295,610
第5年(　54年7月—　55年6月)	78,516	107,740	186,256
累　計	974,607	644,129	1,618,736

表B　契約額累計　（単位千ドル）

	物　資		サービス	
1	兵　器	148,489	建物の建設	107,641
2	石　炭	104,384	自動車修理	83,036
3	麻　袋	33,700	荷役・倉庫	75,923
4	自動車部品	31,105	電信・電話	71,210
5	綿　布	29,567	機械修理	48,217

（相良竜介編『ドキュメント昭和史⑥　占領から講和へ』（平凡社，1983年普及版）307頁より作成）

の特需に応じるために多額の設備投資を行っており[41]、また雇用した従業員も熟練工の比率が高く多数の下請けの存在もあった。一度そのような事業展開を行った以上、安定した需要に基づく経営の安定化を欲するのは産業側としては当然のことであった。

朝鮮特需から始まった防衛生産は、米国の援助と日本国内の防衛生産が二本柱であったが、「吉田路線」の下で国内の防衛生産はなかなか増大せず、また米国の援助も日本経済の復興とともに減少していく。復興する日本経済の中で、防衛産業自体が占める位置は小さなものになっていくが、前述のような防衛生産の性格から、政府に対し防衛生産の拡大を求め、さらに東南アジア方面への輸出拡大が期待されていくのである。こうした動きは六〇年代前半まで続き、その動きや意見は新聞等で報道され、それに対する批判はあっても外交政策的な配慮等が中心であった[42]。しかしやがて、武器輸出三原則などが生まれていったことを背景に、兵器輸出に関する議論自体がタブー化されていく状況となるのである。

以上の点を見ると、警察予備隊設置から防衛庁・自衛隊創設、日米安保条約改定に至る時期は、防衛問題をめぐるタブーが、実はそれほど多くなかった、すなわち防衛問題を議論するハードルが、それ以降の時期ほど高くなかったといえる。それが、やがて「防衛問題」とりわけ軍事にかかわることを論じること自体がはばかられる状況になっていく。それは、いわゆる「戦後平和主義」といわれるものが高揚し、定着していくことに大きな要因がある。そこで次に、「戦後平和主義」がどのように定着していったのかを検討してみたい。

二 「戦後平和主義」の形成―自衛隊はどのような時代に成長したのか―

1 敗戦後の防衛論議

次に自衛隊を取り巻く社会状況の問題を考えておきたい。これは軍民関係と呼ぶべきものである。この問題を考えるにあたってまず見ておかねばならないのは、防衛問題に関する世論の動向である。敗戦後の日本は、言うまでもなく民主主義国家として再生した。民主主義体制の下で、一般国民の意見がどの程度現実の政治に反映されているかというのは、政治学上でもきわめて重要な課題であり多様な意見がある。しかし少なくとも、政治家が多数意見を決して無視できない体制が成立したことは間違いない。そして戦後に形成された平和主義が、軍事に対し強い拒否反応を示した結果、戦後防衛政策に関する具体的な議論がなかなかできなかったというのは、これまでの常識ともいえる理解であろう。

たしかに、第二次大戦後の日本に強固な「戦後平和主義[43]」ともいえる思潮が成立し、それが軍事を含めた防衛政策を検討する際に様々な意味で強い影響を及ぼしたことは間違いない。しかし、戦後に行われた議論を詳細に検討すると、よく取り上げられる図式である「保守対革新」的な単純な対立ではなかったし、「戦後平和主義」なるものも、戦後すぐに生まれてきたものではないことがわかる。本節ではその点を中心に見ていきたい。まず、論壇を中心とした言論の世界を検討し、次に世論調査を中心に、一般国民の意見を見ていくこととしたい。

敗戦後、『中央公論』『改造』といった雑誌が復刊され、岩波書店からは『世界』が刊行されるなど、雑誌製作のための紙にも不自由する状況ながら、総合雑誌が刊行されて戦後の世論形成に大いに影響を与えていくことになる。復刊後の『中央公論』と新規参入の『世界』を代表的な総合雑誌とすれば、戦後の目次からは、占領下であることや、戦災によって荒廃した状況からの復興が第一の課題であったことがわかる。日々の食料にも事欠く状況からすれば、講和・独立後の日本の姿についての議論がすぐに深まっていくことは困難であったろう。

占領下において、東京裁判で戦前の旧軍隊が行っていた謀略や様々な問題（「南京事件」などその後に論議を呼ぶ問題も含めて）が明るみに出ることで旧軍への反発・批判は強くなり、占領軍による検閲や宣伝も、そうした傾向を助長したものと考えられる。「特攻」というきわめて特異な自殺攻撃や、東南アジアから太平洋の島嶼各地にひろがった戦場で悲惨な体験をした兵士たちや、日本内地でも空襲やさらには原爆投下といった攻撃で悲惨な体験をした一般庶民など、多くの人々が戦前の軍国主義を批判して当然という経験をしていた。

一方で、新しい憲法への共感や占領改革で実施された「民主化」によって、労働運動が拡大するなど、社会主義勢力の拡大は著しかった。その一つの表れが、一九四七年の片山哲を首班とする社会党内閣の誕生であった。「二・一ゼネスト中止」や冷戦激化による占領政策の変化はあったものの、五五年七月に総評が誕生するなど労働運動は着実に成長し、「保守対革新」という戦後政治における基本的対立構造は、講和問題が議論される時期にはすでに形成されていた。こうしたことが、講和問題に対する意見にも反映したことは間違いない。そして講和問題を機に、日本の論壇も様々なグループに分裂していくのである。

さて、戦後の平和論に大きな影響を与えたのは平和問題談話会であった。これは冷戦が激化し、ベルリンが封鎖され西側諸国による空輸作戦が行われていた一九四八年七月に発表された「平和のために社会科学者はかく訴える――ユネスコを通じての声明」を契機に、東京と京都の知識人によって結成されたものである。四九年一月に「戦争と平和に関する日本の科学者の声明」を発表。五〇年一月に「講和問題についての平和問題談話会声明」を発表し、同年一二月に「三たび平和について」が発表される。特にこの「三たび平和について」がその後の平和論に大きな影響を及ぼしたといわれている。「三たび平和について」は四つの章からなり、第一章「平和問題に対するわれわれの基本的な考え方」、第二章「いわゆる『二つの世界』の対立とその調整の問題」、第三章「憲法の永久平和主義と日本の安全保障及び再軍備の問題」、第四章「平和と国内体制の問題」という構成である。執筆者は総論を清水幾太郎、第一章と第二章が丸山真男、第三章が鵜飼信成、第四章が都留重人であった。特に丸山が執筆した第一章と第二章は、その後の平和論の基礎となっていると言われている。

ここで主張された内容は、簡単に要約すれば、まず原爆や水爆といった「超兵器」の出現によって、「戦争の破壊性が恐るべく巨大なものとなり、どんなに崇高な目的も、どのような重大な理由も、戦争による犠牲を正当化できなくなった」という認識から出発する。そして「いまや戦争はまぎれもなく、地上における最大の悪となった」のであり、日本は米ソの対立に巻き込まれることなく中立を維持していかねばならないと述べるのである。そのための全面講和であり、日本に軍事基地を置くことに反対するという主張となっている。

以上の内容は、全面講和論の理論的支柱になったといわれている(44)。さらに五一年九月に講和条約と同時に締結された日米安保条約とは正面から対立する考え方であり、この後の革新側政治勢力および「進歩的文化人」による安保条約批判の議論の基礎となっている(45)。重要な点は、こうした中立論が講和成立後もさかんに主張されていたことである。それは米国をして日米安保条約の改定に乗り出さざるを得なくなるほど高揚したわけだが(46)、日本の防衛政策および自衛隊との関連でいえば、のちに社会党が強く主張する「非武装中立論」へとつながっていく議論となっているのである。こうした中立論の登場から「非武装中立論」までを共通して流れている考え方は、軍事に対する強い拒否感であった。

さて、平和問題談話会は五五名の知識人で組織されており、当初は安倍能成や蠟山政道といった戦前からの知識人も入っていたが、彼らはやがて距離を置くようになる。そもそも平和問題談話会の声明が発表された岩波書店の『世界』は、安倍能成や和辻哲郎、小泉信三といった人々を執筆者の中心に据えて出発していた。しかしやがて丸山真男や清水幾太郎、都留重人といったより若い世代が執筆者の中心になっていく。安倍や小泉といった戦前派のオールドリベラリストは、やがて『世界』で主張される議論に対する保守側からの強力な批判者になっていく。その大きな契機が講和問題をめぐる議論であった。『世界』に集った論者たちは前述のように、やがて中立論を積極的に展開していくことになり、中立論は五〇年代から六〇年代にかけて日本の平和論の具体的な形として提起されていくのである。重要なことは、「進歩的文化人」と言われた人々の主張は、自らが共産主義を支持しているとは言わなくても、「反共主義」に対して反対の立場をとっている場合が多いことである。冷戦期にそのような立場をとることは、社会主義陣営についての親和性を意味している。こうした「共産主義」あるいは現実の共産主義国家であるソ連や中国に対する認識というものが、「進歩的文化人」とそれ以外の知識人を分けていく分水嶺になっていたことは間違いないであろう。敗戦からしばらくの間にあった「ソヴィエト政府のやりかたを何から何まで美化してソヴィエト国家を平和思想の化身のように主張する平和思想」[47]は少なくなったとしても、ハンガリー動乱時でも軍事制圧したソ連ではなくハンガリーを問題視する議論が日本の知識人によって行われていた。六〇年代になっても日本では「マルクス主義の比重は依然として重く、漠然たる社会主義への信仰がかなり広い範囲に広がって」いた[48]。「反・反共主義」による言説は、その後も日本の論壇で重要な位置を占め続けたのである。

ところで、日本における平和主義の具体的な内容として中立論が高揚したわけだが、その内容の詳細まで多くの国民が理解していたか、また同調していたのかという点は疑問がある。すなわち、次項で見ていくように、世論調査が示す内容と、「進歩的文化人」と言われた人々が論壇で行った議論は、必ずしも同調していたわけではないのである。また、全面講和反対、中立論の主張は、保守政治勢力に対抗した革新陣営でさかんになされていたが、革新陣営内部でも、社会党左派と右派の対立に象徴されるように、主張内容には違いがあったのである。重要な点は、社会主義者といわれる人々の中でも、社会民主主義を主張する人々は中立論には強い反対の立場をとっていることである。彼らはやがて「進歩的文化人」と安全保障政策で鋭く対立し、のちに「現実主義」と呼ばれる人々のグループに収れんしていくことになる。この点は後述したい。

いずれにせよ、五〇年代から六〇年代にかけて、冷戦という国際情勢の中で日本では国会内でも論壇でも、盛んに中立論が主張されることになった。では国民世論は、どのような傾向を示していたのであろうか。

2 「戦後平和主義」世論の形成

ここでは世論調査を中心に、占領期からの防衛問題に関する世論の動向を見ていきたい。平和主義との関係で見ていくべき事項は、「憲法改正問題」「再軍備問題」「戦争観」「日米安保条約の評価」「自衛隊への認識」といったものである。

まず「憲法」に関する意識から見ていこう。新憲法が草案段階で示されたとき、明治憲法と比較してその民主主義的内容や平和主義について新聞各紙は高く評価していた。毎日新聞が一九四六年五月、全国二〇〇〇名の有識者に対して行った調査では、憲法九条の戦争放棄条項について、無条件に支持するものが五六%、修正は行うべきだが必要とするものが一四%で、合わせて七〇%が戦争放棄条項を必要と考えていた(49)。ただし、これは有識者であって国民一般ではないことに注意が必要だろう。時期は後になるが、講和後の五七年に総理府が行った調査では、戦後憲法が「日本の国にとってふさわしい」が一八%、「ふさわしくない」が四五%となっている。この数字は昭和三〇年代に入ると逆転し、「ふさわしくない」は五八年に三〇%、五九年二八%、六六年二一%と低下していく。一方で「ふさわしい」は五八年四〇%、五九年四三%、六六年四六%と上昇する(50)。現行憲法が国

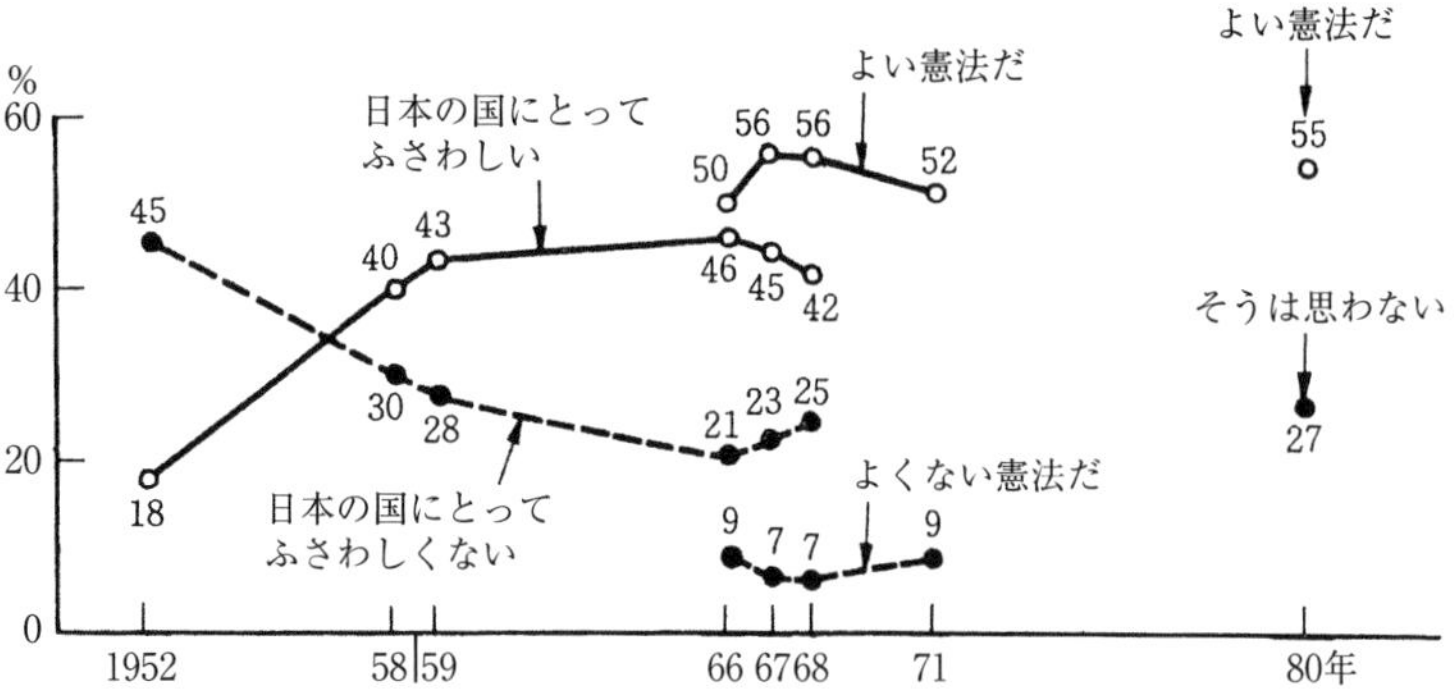

図6　憲法に関する全体的評価

民の間に定着していった状況が読み取れる（図6参照）。

一方で、軍隊の保有を禁じる憲法の平和主義との整合性が問われた「再軍備問題」に関しては、多くの国民が再軍備支持の姿勢をとっていた。警察予備隊ができた翌年に行われた調査では、再軍備賛成が七六％、反対が一二％であった。図7で見るように、保安隊が発足し講和・独立を果たした五三年の調査では賛成四八％、反対三三％で、警察予備隊から保安隊設置まで、国民の支持の下で行われたことがわかる(51)。

自衛隊創設後は、再軍備賛成と反対が逆転していく。これは総理府の「自衛隊に関する世論調査」および「防衛問題に関する世論調査」によれば、五六年には「自衛隊はあった方がよいと思いますか、ない方がよいと思いますか」という設問に、「あった方がよい」が三一％、「あってもよい」が二六％、六三年調査では「あったほうがよい」が五二・四％、「あってもよい」が二三・八％と次第に自衛隊の存在を肯定する人が増加していることから(52)、自衛隊の存在と「再軍備」を切り離し、自衛隊はよいけれど「軍隊」の保有は認められないという気持ちの表れと考えられる。図8（三八頁）に見るように、自衛隊の存在に対する肯定的評価は、年々増大していくのである(53)。

平和主義との関係で顕著な変化がみられるのが「戦争観」である。現実に戦争が起こる可能性については、冷戦の状況が反映して当初は「危険性がある」という意見が多かったが、やがて「危険性なし」のほうが多くなっていく（三九頁表3参照）。問題は、戦争についての認識である。「とにかく戦争はいけない」という絶対否定の立場と、「平和のため、悪い国をやっつけるためにはやむをえない」という条件付き肯定を比較した場合、五三年には絶対的否定が一五％だったのに対し、条件付き賛成派が七五％と圧倒していた。安保騒動直前の五九年でも絶対否定が三〇％で条件付き肯定が六〇と倍の数字であった。それが六七年になると絶対否定が七七％、条件付き肯定が二一％と完全に逆転するのである(54)（三九頁図9参照）。一九五〇年代から六〇年代にかけてのこの著しい変化はどのように考えるべきだろうか。

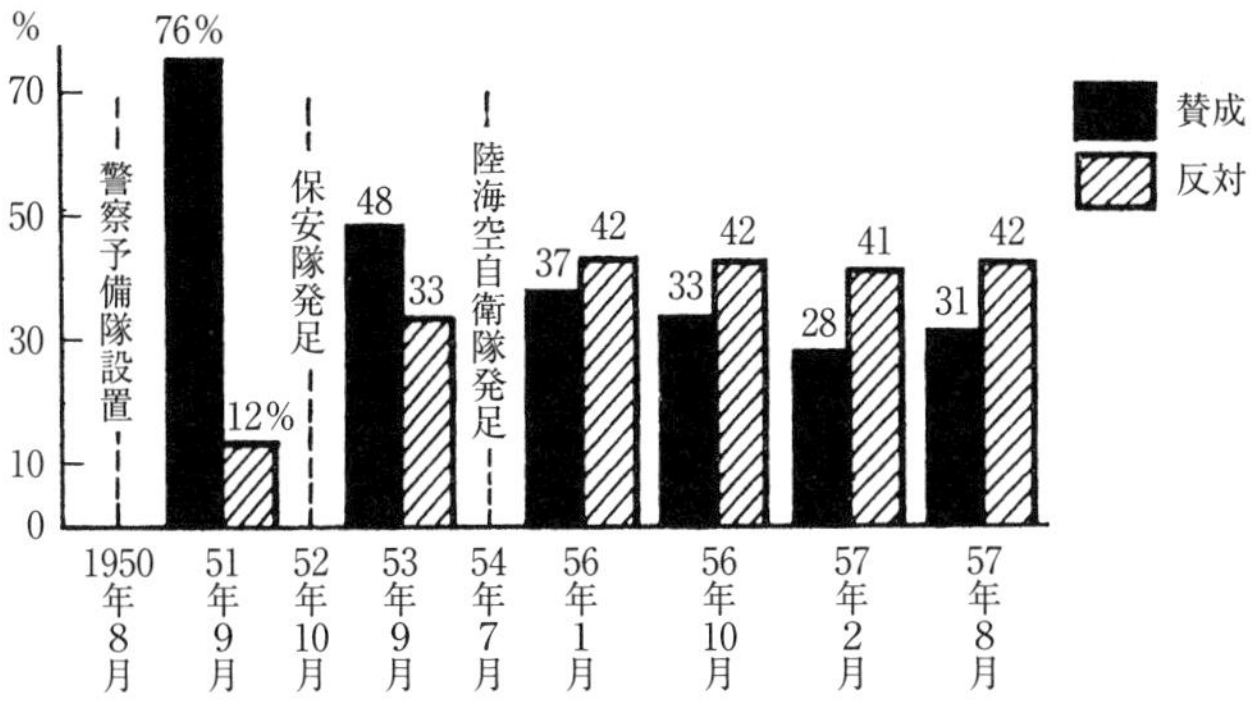

図7　再軍備に対する賛否

この問題を考える際に参考になるデータがある。それは再軍備問題に関する各種世論調査を分析した岡田直之によるもので、再軍備の賛否に関する意見を社会的諸属性で分類した資料である(55)（四〇頁表4参照）。岡田によれば、職業による明確な差はなく、世代間の意見の違いが明らかになっているという。これは、表5（四一頁）のように、憲法改正による全面的再軍備問題で顕著になっている(56)。

また岡田によれば、「反対層の場合、性別にかかわりなく、年齢の若くなるほど増大し、とくに二〇代の反対層は首尾一貫して賛成層を大幅に上回っているばかりでなく、調査ごとになだらかな上昇カーブを示し、反対世論の中核的存在」になっているという。若い世代に憲法改正に反対する割合が高いということは、ＮＨＫ放送世論調査所による図10（四

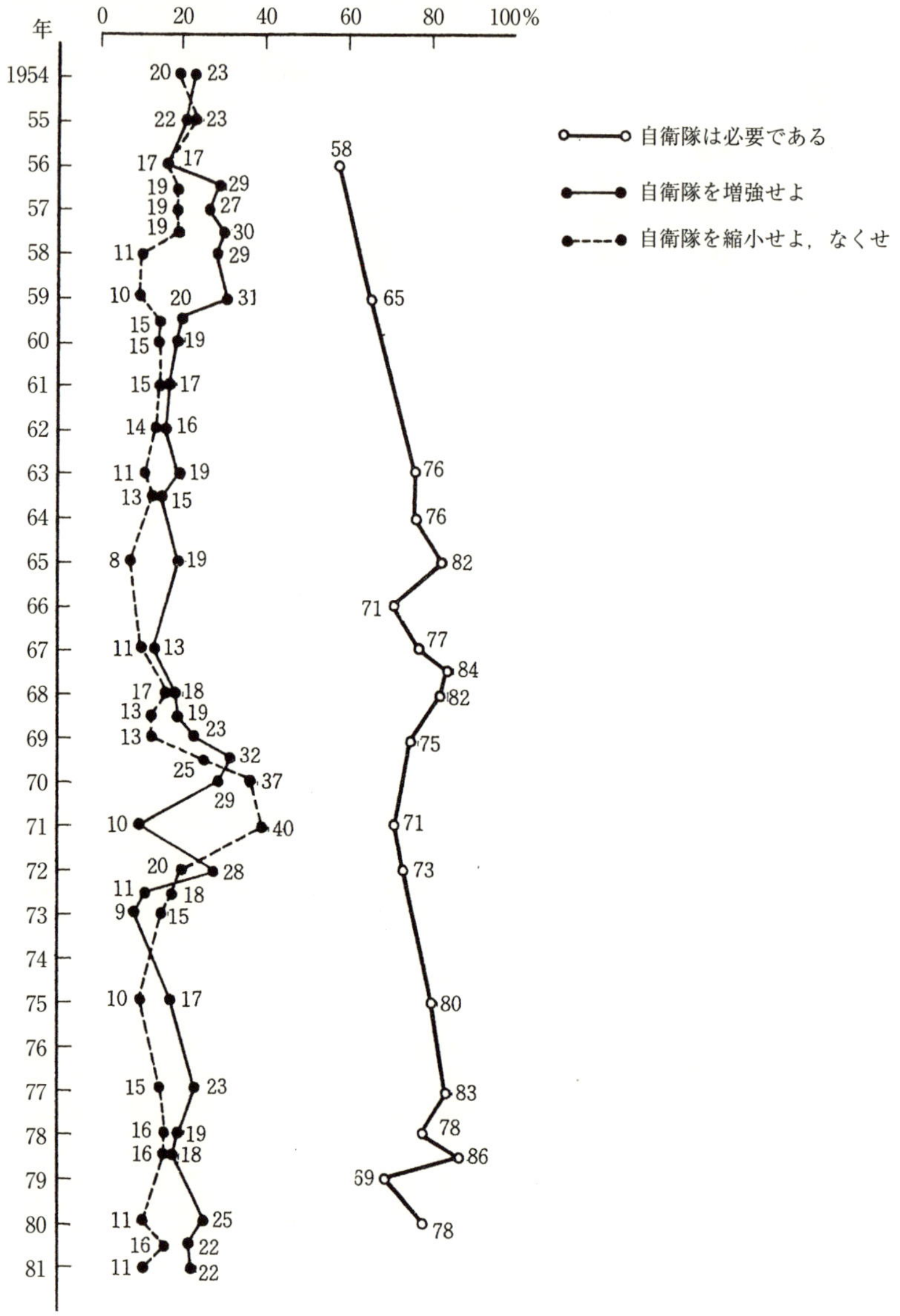

図８　自衛隊に対する態度

表3　戦争が起きる可能性についての世論調査

	戦争が起こる(だろう)	戦争は起こらない(だろう)	わからない
1954年	35.2	28.5	36.3
1956年	26	39	35

（注）1954年は「国際問題に関する世論調査」．1956年は「防衛問題に関する世論調査」．

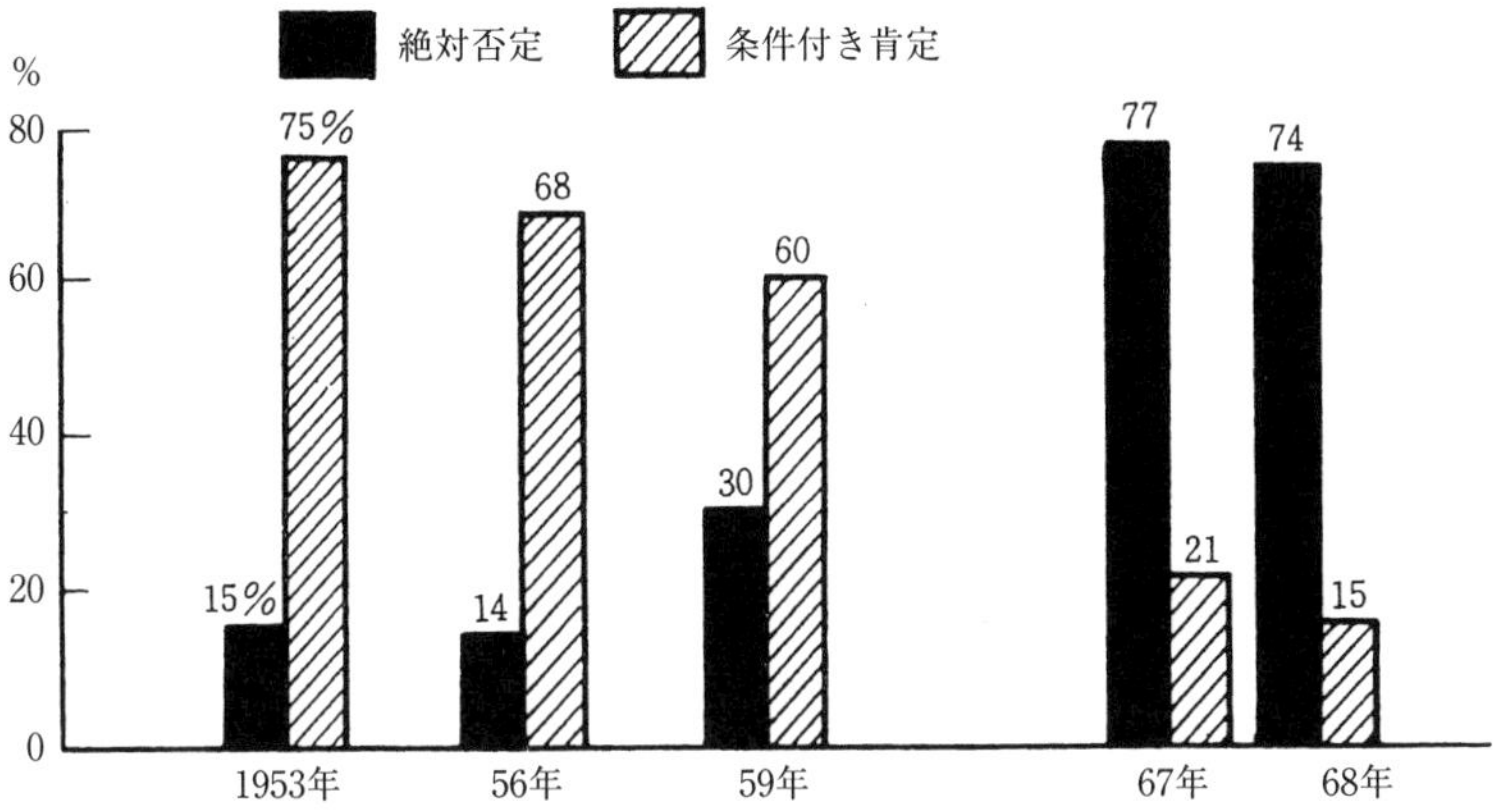

図9　戦争を否定するか肯定するか

二頁）でも示されている。(57)

では、なぜ若い世代が再軍備反対派の中核的存在になっているかについて、岡田は明確な原因を示していない。一方で、再軍備に対する国民全般の比較的高い支持に関しては、「支配層の世論操作(58)」に原因を帰しているのは、当時のジャーナリズムや論壇の状況から考えて無理があろう。

各種調査で示される若い世代の意識という問題について考える場合、年齢の高い世代とのもっとも大きな差は教育であろう。憲法改正反対の若い世代について、たとえば表5の最終調査時点の一九六二（昭和三七）年に二九歳であるとすれば、終戦時は一二歳で、敗戦後に始まった教育を受けてきた世代である。それより若い世代となれば、初等教育段階から戦後教育である。戦後憲法の意義や「平和教育」が行われた世代が社会の中で占める割合が多くなるにし

表4　社会的諸属性別にみた再軍備世論の実態（数字は％）

軍隊の必要性の是非			必要がある			条件による			必要がない			わからない（意見なし）		
社会的属性／調査時点			28.2	28.6	29.5	28.2	28.6	29.5	28.2	28.6	29.5	28.2	28.6	29.5
性別	男		47	50	48	18	20	18	28	21	25	7	9	9
	女		29	33	26	10	12	12	31	25	36	30	30	26
年齢別	20〜29才	男	37	42	37	15	19	21	42	31	36	6	8	6
		女	26	29	25	11	13	14	39	32	42	23	25	19
	30〜39才	男	48	51	45	21	24	18	24	19	30	6	6	7
		女	27	36	26	12	14	18	34	29	36	27	22	19
	40〜49才	男	46	55	50	21	23	20	26	17	21	7	5	8
		女	34	38	28	12	14	13	27	21	34	26	27	25
	50〜59才	男	54	54	55	18	19	18	21	16	15	7	11	12
		女	34	35	33	8	9	8	28	22	32	30	34	27
	60才以上	男	53	54	62	15	15	10	17	12	13	14	9	14
		女	28	23	18	2	6	3	15	14	27	55	57	52
地域別	都　市		40	41	36	14	19	17	31	24	32	15	16	15
	郡　部		37	40	38	14	14	14	28	28	29	21	23	19
学歴別	小学卒		38	41	36	12	13	14	27	21	29	24	24	21
	中学卒		37	39	39	19	25	19	36	26	34	9	9	9
	高専・大学卒		42	39	39	19	20	21	31	34	34	9	7	6
職業別	給料生活者		33	38	36	20	26	22	34	26	33	12	10	9
	産業労働者		40	39	35	12	16	14	32	28	39	16	17	13
	商工業者		33	45	42	14	19	19	28	21	27	15	15	12
	農林漁業者		36	41	37	13	12	12	27	21	28	24	26	23
	その他		33	41	29	9	6	14	27	24	21	31	29	37

（注）「調査時点」の表記は「昭和」である．すなわち「28.2」は「昭和28年2月」を示している（表5も同じ）．

表5　社会的諸属性別にみた改憲・再軍備世論の実態（数字は%）

憲法改正による再軍備の是非			賛成			反対			その他・答えない		
社会的属性＼調査時点			30.11	32.11	37.8	30.11	32.11	37.8	30.11	32.11	37.8
性別	男		51	43	33	38	48	60	11	9	7
	女		24	22	20	45	54	62	32	24	18
年齢別	20～29才	男	37	28	18	55	66	76	8	7	6
		女	20	17	14	61	67	74	19	17	12
	30～39才	男	52	41	25	42	54	68	7	5	7
		女	27	22	19	49	62	70	24	16	12
	40～49才	男	57	50	42	33	44	52	10	6	6
		女	29	26	21	38	55	63	33	19	15
	50～59才	男	56	52	48	32	39	45	12	10	8
		女	25	29	29	31	43	53	44	27	18
	60才以上	男	59	55	41	18	26	26	23	19	11
		女	19	20	23	26	29	37	55	51	40
学歴別	0－6年		31	30	27	31	39	49	38	32	24
	7－9年		39	34	27	44	54	62	17	13	10
	10－12年		40	29	25	52	64	68	8	6	6
	13年以上		43	39	24	53	58	73	4	3	3
職業別	給料生活者		33	26	20	56	64	74	11	10	6
	産業労働者		34	32	23	50	54	67	16	13	11
	自営・商工業者		47	41	35	36	45	55	17	13	11
	農林漁業者		35	30	28	35	49	53	30	21	19
	その他・無職		36	30	25	30	39	43	33	31	31

たがって、憲法が定着していき、戦争を絶対的に否定する意見が増大したと考えることができる。戦前の教育を受けて育った世代は、軍事や戦争に対する考え方について、太平洋戦争によって影響を受けていたとしても、それは若い世代より比較的小さく、伝統的な見方を継続していたと言える。また、戦後のGHQによる検閲や情報操作にしても[59]、若い世代への影響が大きかったものと考えられる。もちろん、戦後教育が果たした役割を検証するためには、どのような内容の教育が実施されたのか、また日本教職員組合の活動についても詳細に見ていく必要がある。その点については今後の課題とした上で、前述の世論調査の内容からは、教育の役割の重要性について、ここでは指摘しておきたい。

さて一方で、論壇でさかんに主張される「中立論」や「反・反共主義」的言説とは異なる傾向が世論調査から

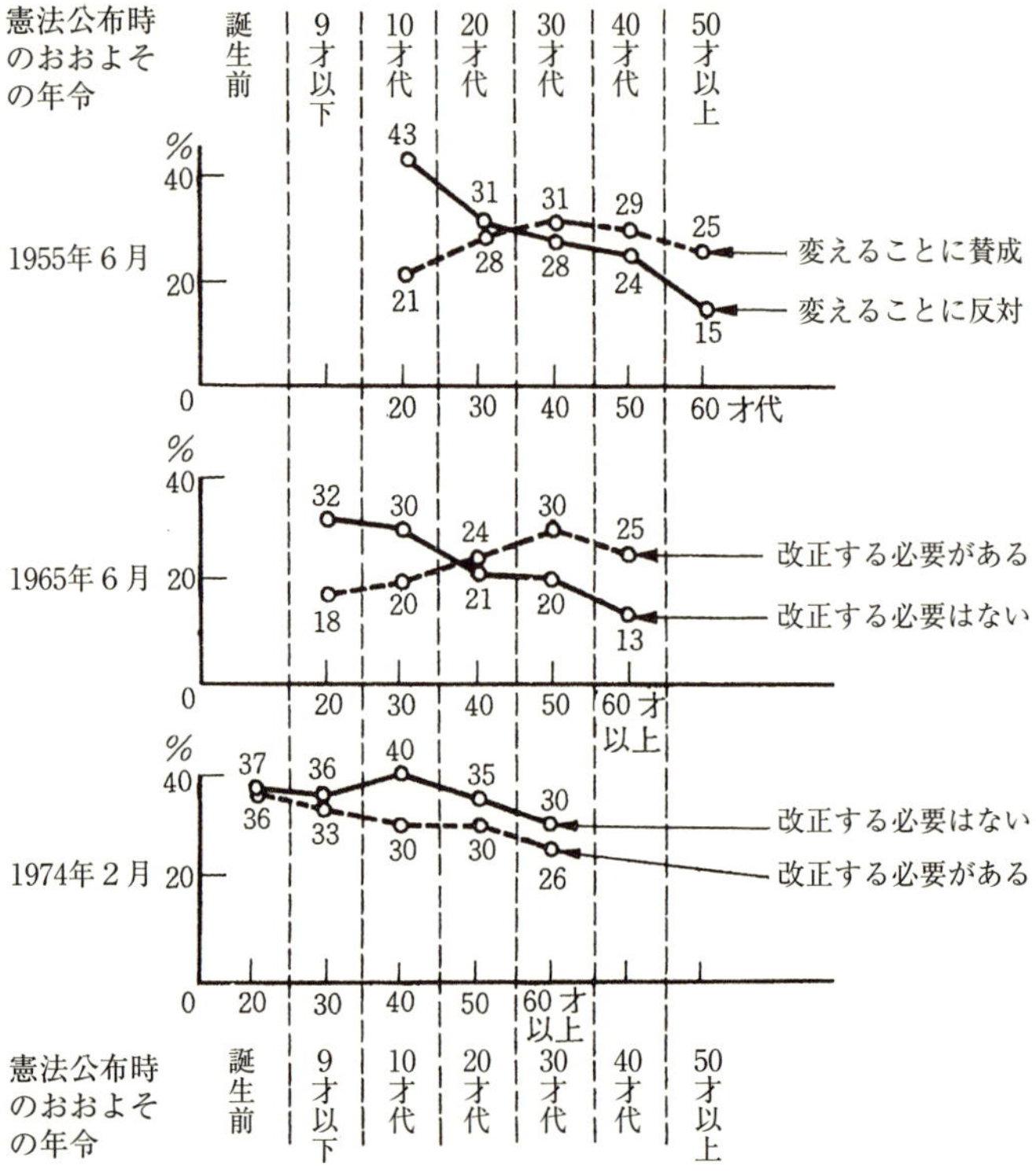

図10　憲法改正に対する年齢別賛否

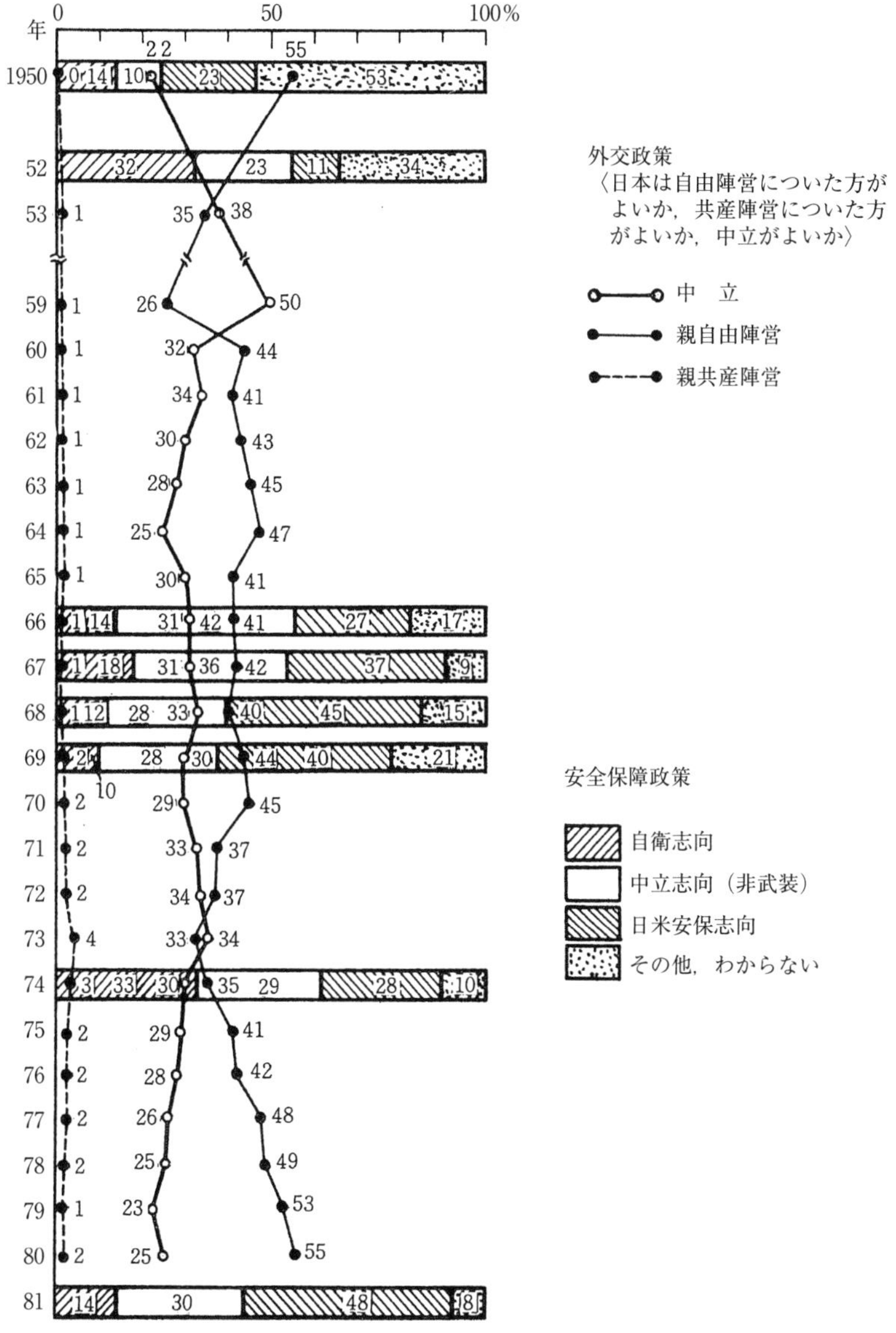

図11　安全保障政策と外交政策（NHK 放送世論調査所編『図説戦後世論史　第二版』167頁より）

見て取れる。それは、「中立論」に関しては、安保騒動時の五九年の五〇％をピークに年々減少し、三割前後の支持しか集められなくなる一方で、「自由主義陣営」を志向する意見が強まっていくことである（図11参照）。しかも、「進歩的文化人」とは正反対に、共産主義陣営に対する親和性はきわめて低いまま推移している。この点で、多くの国民の意見と「進歩的文化人」の意見は大きくかい離していたわけである。

以上の点から見ても、六〇年代になると多くの国民が「非武装中立や社会主義を支持するわけではないが、さりとて戦前の暗い時代を思わせるような再軍備に取り組むため、無理に憲法を改正することもない[60]」というメンタリティとなっていたことがわかる。「再軍備」ということに関しては、戦前の教育を受けた世代が多い時代に警察予備隊から自衛隊に至る過程が実施されたために、比較的肯定的にそれが受け入れられたこと、一方で自衛隊の存在は認めるが、憲法を改正しての本格的な軍備は支持しないという基本的なあり方が六〇年代に固定化していく。こういった傾向は、次章で述べる「現実主義」の論者の登場を支持する背景になっていたと考えられる。「進歩的文化人」の言説は、ジャーナリズムやアカデミズムではその後も強い影響力をもっていたが、一般の多くの国民にはその意見は浸透せず、現実主義の論者の意見の方が受け入れられていくのである。

さて、ここで重要なのは、前述の若い世代の問題である。戦争絶対否定の増大も、戦後平和教育を受けた若い世代が増えていくことで説明できるが、こうした世代がより古い世代と交代し、三〇代から四〇代という社会の中堅になっていくのが高度経済成長期以降である。この人々の中から、この時期以降に活発化していく市民運動を推進するグループが現れ、全国に革新自治体ができていくときの支持層になっていくと考えられる。こうした革新自治体の多くが、自衛隊に対してきわめて厳しい態度をとっていく。「革新首長は、「自衛隊は憲法違反だから市民ではない」として、自衛官とその家族の住民登録を拒否したり、成人となった自衛官を地方自治体主催の成人式に出席させなかった。また、地方自治法では地方自治体が国の各省庁から委託されて行う窓口業務が規定されているが、自衛官募集窓口業務のみ行わないなど、各地で自衛隊は市民生活から締め出され[61]る事態となっていくのである。

注

(1)「文民優位制」あるいは「文官統制」については、廣瀬克哉『官僚と軍人——文民統制の限界』(岩波書店、一九八九年)参照。

(2) 警察予備隊設立から自衛隊創設に至る時期に関しては、現在までですでに多くの研究蓄積がある。代表的なものとして、秦郁彦『史録 日本再軍備』(文芸春秋、一九七六年)、読売新聞戦後史班編『昭和戦後史「再軍備」の軌跡』(読売新聞社、一九八一年、以下『「再軍備」の軌跡』と略)、ジェームズ・E・アワー『よみがえる日本海軍——海上自衛隊の創設・現状・問題点 上下』(妹尾太男訳、時事通信社、一九七二年、『よみがえる日本海軍』と略)、大嶽秀夫『再軍備とナショナリズム』(中央公論社、一九八八年)、植村秀樹『再軍備と五五年体制』(木鐸社、一九九五年)、波多野澄雄「『再軍備』をめぐる政治力学」(年報・近代日本研究「協調政策の限界」)などを参照されたい。

(3) たとえば海原治は、警察予備隊の編成表を見て、「ああこれは軍隊だな」と思ったと述べている。政策研究大学院大学『海原治 オーラルヒストリー 上』(政策研究院COE・オーラル・政策研究プロジェクト、二〇〇一年、以下『海原治オーラルヒストリー 上』と略)一七六頁。

(4) 以上の事情は、F・コワルスキー『日本再軍備——私は日本を再武装した』(勝山金次郎訳、サイマル出版会、一九六九年)二二二～二二五頁参照。

(5) 占領軍の初期の占領方針は「民主化」と「非軍事化」であり、「民主化」推進のために以前は非合法であった共産党も合法政党となり、労働運動も活発化した。しかし、労働運動は次第に先鋭化し、共産党は四九年一月の総選挙で三五人当選するという党勢拡大なども背景に、「九月革命方針」を決定。さらに五一年には武装闘争を内容とする「五一年綱領」を決定するなど、反政府的姿勢を明確にしていた。また、四九年に相次いで起こった「下山事件」「三鷹事件」「松川事件」など社会不安を呼ぶような事件も多発しており、治安対策は占領軍・日本政府ともに重要課題としていた。当時の共産党の活動や社会状況については、政治経済研究会編『公安百二十年史』(政治経済研究会、二〇〇〇年)一八九～一九三頁参照。

(6) 保安庁成立の経緯については前掲、『「再軍備」の軌跡』参照。

(7)「軍隊とは、国家の実力組織のうち、外敵の防衛を主要任務とする組織をいう」眞邉正行編著『防衛用語辞典』(国書刊行会、二〇〇〇年）九四頁。
（8）拙著『戦後日本の防衛と政治』（吉川弘文館、二〇〇三年）第一章第二節参照。
（9）海原治は一九一七年生まれ。三八年一〇月高等試験行政課合格、三九年四月内務省大臣官房文書課、四〇年二月入営（二等兵）、以後主に満州（現中国東北地域）に駐屯しその後本土防衛のため内地に移動し、四五年八月主計大尉で終戦を迎える。四五年高知県渉外課長、四六年警視庁警視、四八年八月国家地方警察本部警視・総務部企画課長（このとき警察予備隊創設に関与）、五一年六月国家地方警察警視正・東京警察管区本部警備部長、五二年八月保安庁保安局保安課長、五四年七月防衛庁防衛局第一課長、五七年一一月外務省在アメリカ合衆国日本国大使館参事官、六〇年二月防衛庁長官官房考査官、六〇年九月防衛庁防衛審議官、六〇年一二月防衛庁防衛局長、六五年六月防衛庁長官官房長、六七年七月内閣国防会議事務局長、七二年一二月退官。二〇〇六年没。内務省の同期に、後に衆議院議員、官房長官、副総理となった後藤田正晴がいる。
（10）このグループは、井本熊男、稲葉正夫、原四郎、水町勝城、田中耕二、田中兼五郎、山口二三など参謀本部、陸軍省の中枢にいた将校で構成されていた。服部グループの形成については、秦、前掲書、一五六〜一六二頁、波多野、前掲論文、一八一〜一八六頁、「井本熊男インタビュー記録」（一九八〇年八月二七日）『戦後日本防衛問題資料集①』二七〇頁（以後「井本熊男インタビュー」と略）参照。
（11）服部卓四郎は陸士三四期、昭和五年に陸大卒業、ノモンハン事件の時の関東軍参謀（作戦主任）、開戦時の参謀本部作戦課長、さらに東条陸相秘書官なども歴任、終戦時は歩兵第六六連隊長であった。
（12）コワルスキー、前掲、『日本再軍備――私は日本を再武装した』二二一〜二二五頁。
（13）拙著『戦後日本の防衛と政治』第一章第一節参照。
（14）柴山太『日本再軍備への道』（ミネルヴァ書房、二〇一〇年）四九四〜五〇九頁。
（15）旧海軍軍人が海上自衛隊創設に深く関係していく過程については前掲、ジェームズ・E・アワー『よみがえる日本海軍』、阿川尚之『海の友情――米国海軍と海上自衛隊』（中公新書、二〇〇一年）参照。
（16）拙著『戦後日本の防衛と政治』第二章第二節参照。
（17）保科は海軍省兵備局長を務めた時代に経済界との関係を持ち、石川一郎とは、石川が化学工業統制会会長に就任したときから交友を深め、のちに石川の息子の媒酌人を保科が務めるほどの関係となる。また、保科が立候補する際にも石川の支援があったといわれている。保科善四郎「防衛生産力の再建と石川会長」『石川一郎追想録』（経済団体連合会編集・発行、一九七一年）三一五頁。

(18) 前掲、『海原治オーラルヒストリー　下』三〇〜三一頁。防衛生産委員会については、防衛生産委員会編『防衛生産委員会十年史』（防衛生産委員会、一九六四年）参照。

(19) 船田は一八九五年生まれ、一九一八年東京帝国大学を卒業し内務省入省。東京市助役などを経て三〇年に衆議院選挙に立候補し当選。大政翼賛会などに関係したことで戦後に公職追放となり、五一年に追放解除。五二年の選挙で自由党より衆議院選挙に出て当選。鳩山一郎内閣で防衛庁長官となり、有力な国防族となる。第五一代（一九六三〜六五年）、第五六代（七〇〜七二年）衆議院議長。

(20) 植村甲午郎伝記編集室編『人間・植村甲午郎——戦後経済発展の軌跡』（サンケイ出版、一九七九年）二七〇〜二七四頁。

(21) 海原自身は疑獄に巻き込まれた点は否定しているが、F-104戦闘機導入をめぐる商戦に関連して、海原を批判する怪文書も撒かれている。ベストセラーとなった山崎豊子の『不毛地帯』では、海原を明らかにモデルとする官僚が登場し、批判されるべき人物像に描かれている。また、「河野派」と思われて（海原自身は否定している）、「佐藤派対河野派」の政争にも巻き込まれる形となった。そのことも次官就任を目前にして官房長から国防会議事務局長に転出することになった要因の一つと言われている。海原は、後述する「赤城構想」を撤回させ、制服組の役割を終始抑えることに努めるなど、強力な指導力の一方で批判が多かったのも事実である。しかし、防衛庁を取材してきた記者が、「こういう男がいなければ、或いは創設期の防衛庁はやって来れなかったかも知れない」（堂場肇・田村祐三・園田剛民『防衛庁』朋文社、一九五六年、二二〇頁）と述べているように、新設で寄り合い所帯であった防衛庁という組織が、なんとか軌道に乗っていくにあたって果たした役割は評価すべきであろう。また、後述のように、海原は多くの著作によって日本の防衛政策の不備を指摘しているが、その中には現在も傾聴すべき議論が多いのである。

(22) この点に関しては、拙著『戦後日本の防衛と政治』第二章第一節参照。

(23) 吉田の安全保障政策および日米安保体制成立については、楠綾子『吉田茂と安全保障政策の形成——日米の構想とその相互作用一九四三〜一九五二年』（ミネルヴァ書房、二〇〇九年）参照。

(24) この点については本書第三章参照。

(25) 憲法問題という点からは、憲法についてのテキストには必ず憲法の平和主義に関する説明が記載されている。代表的な教科書として、芦部信喜『憲法　第五版』（岩波書店、二〇一一年）、野中俊彦・中村睦男・高橋和之・高見勝利『憲法　Ⅰ』（有斐閣、二〇一二年）を挙げておく。国会における議論の変遷を追ったものとして粕谷進『戦後日本の安全保障論議――憲法九条と日米安保の原点』（信山社、一九九二年）、前田哲男・飯島滋明『国会審議から防衛論を読み解く』（三省堂、二〇〇三年）がある。

(26) 大村清一防衛庁長官答弁「第一に、憲法は、自衛権を否定していない。自衛権は国が独立国である以上、その国が当然に保有する権利である。憲法はこれを否定していない。従って現行憲法のもとで、わが国が自衛権を持っていることはきわめて明白である。第二に、憲法は戦争を放棄したが、自衛のための抗争は放棄していない。一、戦争と武力の威嚇、武力の行使が放棄されるのは、「国際紛争を解決する手段としては」ということである。二、他国から武力攻撃があった場合に、武力攻撃そのものを阻止することは、自己防衛そのものであって、国際紛争を解決することとは本質が違う。従って自国に対して武力攻撃が加えられた場合に、国土を防衛する手段として武力を行使することは、憲法に違反しない。」（衆議院予算委員会、一九五四年一二月二二日）。

(27) 大村防衛庁長官答弁「憲法第九条は、独立国としてわが国が自衛権を持つことを認めている。従って自衛隊のような自衛のための任務を有し、かつその目的のため必要相当な範囲の実力部隊を設けることは、何ら憲法に違反するものではない。」（衆議院予算委員会、一九五四年一二月二二日）。

(28) 林修三法制局長官答弁「憲法第九条は、（略）第一項におきまして、国は自衛権、あるいは自衛のための武力行使ということを当然独立国家として固有のものとして認められておるわけでありますから、第二項はやはりその観点と関連いたしまして解釈すべきものだ、かように考えるわけでございます。（略）この陸海空軍その他の戦力を保持しないという言葉の意味につきましては、戦力という言葉をごく素朴な意味で戦い得る力と解釈すれば、これは治安維持のための警察力あるいは商船とか、そういうものもみな入ることに相なるわけでありますが、憲法の趣旨から考えて、そういう意味の国内治安のための警察力というものの保持を禁止したものとはとうてい考えられないわけであります。（略）従いまして国家が自衛権を持っておる以上（略）、憲法が（略）、今の自衛隊のごとき、国土保全を任務とし、しかもそのために必要な限度において持つところの自衛力というものを禁止しておるということは当然これは考えられない、すなわち第二項におきます陸海空軍その他の戦力は保持しないという意味の戦力にはこれは当たらない、さように考えます。」（衆議院予算委員会、五四年一二月二一日）。

(29) 林修三『法制局長官生活の思い出』（財政経済弘報社、一九六六年）八八～八九頁。

(30) 同右、一〇〇～一〇一頁。

（31）五百旗頭真編『戦後日本外交史』（有斐閣、二〇一二年）一〇六～一一〇頁参照。
（32）拙著『戦後日本の防衛と政治』第一章および第二章参照。
（33）ともに陸軍に徴兵され、海原は中国大陸、後藤田は台湾に出征する。二等兵から始め、主計将校として大尉で終戦を迎える点も同様である。
（34）内務省の同期に、「海原組」と言われた防衛庁の有吉久雄、のちに文民統制違反で制服組トップの統合幕僚会議議長を解任された栗栖弘臣がいる。また防衛庁・自衛隊以外では、のちに警視総監となる土田國保、宮内庁長官となる富田朝彦も同期である。
（35）占領時代には、米国から「パブリック・サーバントとしての官僚」という考え方も教育された。この点について、海原世代と講和独立後の官僚世代の中間に位置する伊藤圭一は次のように話している。

「（敗戦・占領で―引用者注）財閥がつぶれましたね。それから陸海軍がつぶれたでしょう。（略）ところが官僚組織だけが残ってしまったのです。確かに官僚組織というのは世代は交代しました。しかし組織が残っているということは、やっぱりやり方は変わらないのです。だから、組織が残っているために、若い人たちは、俺は内務省だ、俺は外務省だ、俺は大蔵省だというものがずっとそのままいくわけですからね。（略）私は、「内務省なんてなんだ」と言うのですよね。というのは、私はあのときに海原さんなんかといろいろ話をしておって思ったのは、やっぱり内務省の人の誇りというのは天皇の官吏ですよね。パブリック・サーバントという感じはありません。その点、私が人事院に入って最初に言われたのがパブリック・サーバントなんです。だから、どうもこの点は彼と意見が合わないですねぇ。（略）（今の官僚は―引用者注）パブリック・サーバントでもないし、天皇の官吏でもないし、ただ単なる職業という感じですよね。「上級職を通ったから」、というようなことでしょう。」政策研究大学院大学ＣＯＥ・オーラル・政策研究プロジェクト『オーラルヒストリー伊藤圭一 上』（政策研究大学院大学、二〇〇三年、以下『伊藤圭一オーラルヒストリー』と略）一二一～一二三頁。

（36）たとえば「政府は総司令部から兵器等の生産禁止に関する覚書を緩和する旨の覚書を受け取る」（日本経済新聞、一九五二年三月一五日）、「兵器・航空機等の生産禁止を緩和した総司令部の覚書に対して、政府は特需および一般輸出が活況を呈するものと期待し対策を検討、助成法の必要を認める」（東京新聞、三月一五日）など。
（37）「日本経済新聞」（一九五二年五月五日）は、通産省が防衛生産が産業政策の重点となりつつある情勢から工作機械輸入の免税・融資施策を盛り込んだ「兵器・航空機生産助成法（仮称）」を考慮していることを報じたほか各紙が兵器業界の動向を報じている。

(38) 鈴木茂「日本の防衛産業」『防衛論集』(防衛研修所、一九六二年七月)五三頁。
(39) 米国からの特需の内容については、前掲、『防衛生産委員会十年史』七六～八八頁参照。
(40) 前掲、『防衛生産委員会十年史』八九頁。
(41) 堂場肇『日本の軍事力』(読売新聞社、一九六三年)一四五頁。
(42) その経緯については、拙著『戦後日本の防衛と政治』第二章第二節を参照されたい。
(43) 「戦後平和主義」の内容については、鶴見俊輔「解説　平和の思想」鶴見編『戦後日本思想大系四　平和の思想』(筑摩書房、一九六八年)参照。
(44) 北岡伸一「解説/戦後日本の外交思想」『戦後日本外交論集』(中央公論社、一九九五年)一四頁。
(45) 戦後の論壇で大きな位置を占めていた「進歩的文化人」に関しては、奥武則『論壇の戦後史一九四五～一九七〇』(平凡社新書、二〇〇七年)、竹内洋『革新幻想の戦後史』(中央公論新社、二〇一一年)、稲垣武『「悪魔祓い」の戦後史――進歩的文化人の言論と責任』(文芸春秋、一九九四年)参照。
(46) 坂元一哉『日米同盟の絆――安保条約と相互性の模索』(有斐閣、二〇〇〇年)一九一～二〇三頁。
(47) 鶴見、前掲、「解説　平和の思想」一〇頁。
(48) 本間長世『現代文明の条件――一九七〇年代への考察』(ダイヤモンド社、一九六九年)一七〇頁。
(49) 「新憲法草案への輿論」『毎日新聞』一九四六年五月二七日。岡田直之「再軍備の政治的展開と国民世論の動向(上)」『成城文芸』(通巻四一号、一九六五年一二月)二一～三頁から再引。
(50) NHK放送世論調査所編『図説　戦後世論史　第二版』(日本放送出版協会、一九八二年)一二二～一二三頁。
(51) 同右、一七一頁。
(52) 総理府「自衛隊に関する世論調査　昭和三一年」および「同　三八年」参照。この調査の詳細については、内閣府ホームページで閲覧できる。http://www8.cao.go.jp/survey/index-all.html
(53) 前掲、NHK放送世論調査所編『図説　戦後世論史　第二版』一七三頁。
(54) 同右、一六四頁。
(55) 岡田直之「再軍備の政治的展開と国民世論の動向　下」『成城文芸』(通巻四四号、一九六六年一〇月)七九頁。

(56) 表も引用も、同右、八二頁。
(57) 前掲、ＮＨＫ放送世論調査所編『図説　戦後世論史　第二版』一二九頁。
(58) 岡田、前掲、「再軍備の政治的展開と国民世論の動向　下」六一頁。
(59) ＧＨＱの検閲・宣伝工作に関しては、山本武利『ＧＨＱの建設・諜報・宣伝工作』（岩波現代全書、二〇一三年）が最新の研究である。
(60) 前掲、『戦後日本外交史』一〇九頁。
(61) 守屋武昌『日本防衛秘録』（新潮社、二〇一三年）一二二頁。

第二章　五五年体制成立と防衛論の変化

一　政府内の防衛議論

　ここでは五五年体制が成立した後の防衛問題をめぐる論議の内容を見ていきたい。ただし、韓国や中国、台湾との関係を含めた安全保障政策全般ではなく、自衛隊や防衛力整備を中心とした防衛論を中心に検討することにしたい。

　さて、五五年体制下における防衛問題という場合、当然、五五年体制とはどういった性格のものかということが問題となる。五五年体制は、一九五五年に左右社会党の統一によって社会党が、そして保守勢力である自由党と民主党が合同して自民党ができたことによって、その後長く続く政治体制が成立したことに由来する。ただ、五五年体制といわれる政治の実態については、六〇年の安保騒動後の高度成長時代に定着していったとみることができる。

　では五五年体制の内容はどのようなものかというと、中選挙区制度による派閥政治や政官業の強固な結びつきなど様々な側面があるが(1)、防衛問題との関係でいえば、外交・安全保障政策は米国に大きく依存し、非常に国内志向が強い体制であったと言うことができる。すなわち、政府のもっとも基本的な役割である国家安全保障政策に関しては実質的に日米安全保障体制の維持が中心課題であり、一方で自らの選挙区への利益誘導を主とした

「開発型政治」にまい進するという政治体制であった。こうした体制が成立したことで、政府内でも国会内でも具体的な防衛政策が論じられることはほとんどなくなっていったのである。「外交・安保は票にならない」ということで、首相や外相を務める派閥の長クラスの政治家はともかく、大部分の政治家は外交問題への関心が薄くなっていくのである。

自衛隊創設後、岸内閣以来米軍の陸上兵力は漸次撤退し、米軍に交代するように自衛隊の北海道などへの移駐が進められた。「北方重視」戦略はその後の陸上自衛隊の基本戦略となっていく。(2) しかしこうした戦略の是非が政府内で議論されることはないし、国会でも議論はされなかった。野党の安全保障・防衛政策は次節で見ていくことにするが、最大野党であった社会党は自衛隊の存在を憲法違反とする立場であり、国会で防衛戦略や自衛隊の在り方を論ずることは自衛隊の存在を認めることになるわけで、立場上からも自衛隊や防衛戦略を論じるわけにはいかなかった。

一方で政府の側は、次章で論じる「防衛庁の省昇格問題」に象徴的に表れているように、防衛問題で国会が紛糾することを警戒していた。安保改定騒動の再来を恐れたわけである。日米安全保障体制という点から言えば、当然検討されるべき具体的な米国との防衛協力などのテーマは議論されなかったし、むしろ議論することが避けられていたといってよい。これも次章で述べる「三矢研究問題」での国会の紛糾ぶりを見れば、とても議論できる状況ではなかったといえるだろう。むしろ、六〇年代の防衛問題で大きな役割を果たした防衛庁の海原治は、自衛隊の能力には非常に懐疑的であり米軍の存在自体が重要であったと次のように明確に述べている。

（有事になった場合について──引用者注）アメリカがいる限りそういうことはないと。それはもうちゃんと先を見通しているわけですよ。万一あったとしても、それはもう〝アメさん〟にやってもらうよりしょうがない。われわれにはそんな能力はない。当分持ちえない。(3)

日米の防衛協力に関しては、革新側は日米協力が具体化しているとさかんに批判していた。(4) しかし実際はほとんど行われていないと考えるほうが妥当だろう。陸海空自衛隊のうち、海上自衛隊は米海軍との関係が深かったが、陸も空も米国との接点はそれほど多くはなかった。また、日米協力の具体化が進んでいなかったことが、後述するように七八年の日米ガイドライン策定にあたって問題となるのである。

六〇年代から七〇年代にかけて政府の防衛論で中心的位置を占めていたのは、「自主性」「防衛生産問題」「年次防の規模」といった事項であった。ではどのように議論されていたのだろうか。これらのうち、「自主性」と「防衛生産問題」は密接に関係している。それは五〇年代から議論されていた「自主防衛」の内容が、六〇年代になると「防衛装備の国産化」という議論になっていったためである。まずその点を見ていこう。

自主防衛論はもともと吉田政権時代に日米安保体制に対する批判として主張されていた。吉田が推進したサンフランシスコ講和は、日米安保条約とセットになっており、それは占領軍が在日米軍としてそのまま残ることを意味していた。そのため、朝鮮戦争や冷戦の進展を背景に大規模な米軍が地上軍を含めて日本に駐留した。改定前の旧日米安保は実質的に駐軍協定であり不平等な性格を持ち、さらに駐留軍の法的地位を定めた行政協定も同様であったことから、基地が残ることによって起きた犯罪等で多くの国民は反発した(次頁表6参照)。また、第五福竜丸事件なども反米機運に拍車をかけた。五〇年代の日本では、内灘や砂川に代表されるような反米軍基地運動が平和運動とも連動して高揚していた。現在の沖縄における米軍基地問題のようなことが本土でも行われていたのであり、中立論が高揚する背景でもあったのである。

鳩山一郎、岸信介、芦田均、重光葵といった反吉田勢力は、外国の軍隊によって日本を防衛してもらうという吉田の政策を正面から批判していた。鳩山らは、早急に自衛軍を組織し、外国軍隊の駐留を終わらせるべきだと主張していたのである。たとえば鳩山は次のように述べている。

表6　在日米軍基地の推移

年	兵力合計(人)	陸	海	空	件数	面積（㎡）	犯罪検挙件数	備　　考
52年	260,000	—	—	—	2,824	1,352,636	1,431	平和条約発効
53年	250,000	—	—	—	1,282	1,341,301	4,152	内灘闘争深刻化
54年	210,000	—	—	—	728	1,299,927	6,215	
55年	150,000	—	—	—	658	1,296,364	6,952	
56年	117,000	—	—	—	565	1,121,225	7,326	砂川事件
57年	77,000	17,000	20,000	40,000	457	1,005,390	5,173	岸・アイゼンハワー会談，ジラード事件
58年	65,000	10,000	18,000	37,000	368	660,528	3,329	
59年	58,000	6,000	17,000	35,000	272	494,693	2,578	
60年	46,000	5,000	14,000	27,000	241	335,204	2,005	安保条約改定
61年	45,000	6,000	14,000	25,000	187	311,751	1,766	
62年	45,000	6,000	13,000	26,000	164	305,152	1,993	
63年	46,000	6,000	14,000	26,000	163	307,898	1,782	
64年	46,000	6,000	14,000	26,000	159	305,864	1,658	東京オリンピック
65年	40,000	6,000	13,000	21,000	148	306,824	1,376	ベトナム戦争本格化
66年	34,700	4,600	12,000	18,100	142	304,632	1,350	
67年	39,300	8,300	11,400	19,600	140	305,443	1,119	

（注1）統計によって基準にした月にズレがあるので，各年ごとの概数として見ていただきたい．
（注2）「兵力数」は『安保関係資料集』（毎日新聞社，1969年），「基地件数」および「面積」は『防衛年間1988年版』，「犯罪検挙件数」は『安保条約体制史③』（三省堂，1970年）より作成．

日本は平和条約が発動したらすぐ、再軍備すべきであったと思う。自衛軍は独立直後にもつべきだった。それをせずに、日米安保条約をもちこんでしまった。だから日本における米軍軍事基地の設定にからんで、いろいろな不満がうまれもした。事件もおこっている。日本の国内を戦場にしている。そればかりか、国民の間に、卑屈な属領意識さえ生みつけてしまった。およそ不名誉、不見識なことだ。日本は自由主義陣営の独立国家として、共産主義の侵略を防衛するのだという、自主的な意識ですすむのが本当だった。このために早速自衛軍をつくるべきであった[5]。（傍線引用者）

自衛軍の創設によって米軍撤退を求めるという主張をもっとも先鋭に行ったのが、重光葵を党首とし、熱心な再軍備論者であった芦田均元首相が参加した改進党であった。改進党は結党にあたって作成した政策大綱の中で、「わが国が真の自主独立を回復しようとすれば最小限度の自衛軍備を整備して外国駐留軍の撤退を図るべき」と、自衛軍創設による米駐留軍撤退を主張していた。さらに、「わが改進党が立党以来主張して来た自衛軍はまさにかくの如きものであり、事実わが党の主張により自衛隊が創設されるや、アメリカは北海道からその撤退を開始した。もし吉田政府にして講和と同時に自衛軍の創設に着手していたならば、すでにアメリカ軍隊の大軍は撤退し、今日の如き莫大な基地を必要としなかったことは明らかである」(6)と、自衛軍の創設こそが基地問題解決への道であると説いていた。改進党が自衛隊創設をめぐる三党協議で、軍隊としての性格を明確にするように要求したのも早急に自衛軍の創設を果たしたいと考えたからであり、鳩山内閣の外相に就任した重光がダレスと行った日米安保条約改正交渉で、日米の双務的関係や在日米軍撤退を求めたのも、自主防衛による従属的関係からの脱却を求めていたからであった(7)。

しかしこうした自主防衛論は、反吉田勢力であった鳩山が政権を獲得し、かつて批判した吉田・自由党勢力と合同して自民党を形成することになると三つの壁にぶつかった。第一は憲法、第二は予算、第三は米国である。

第一の憲法であるが、改進党の重光や芦田と異なり、首相となった鳩山は再軍備・自主防衛を主張してはいたがその内容は具体性を欠いており、むしろ憲法改正の方を重視していた。すなわち憲法を改正して正面から再軍備をという主張であった。しかし、五五年二月の総選挙では鳩山の民主党が一八五議席、自由党が一一二議席であり、一方、左派社会党八九議席、右派社会党六七議席と、その他の改憲反対勢力を合わせて三分の一以上の議席を得ていた。これは憲法改正発議に必要な勢力が得られなかったことを意味しており、当面、憲法改正の実現は遠のいたのである。そこで、選挙前と選挙後における鳩山政権の自主防衛論について野党から追及されることとなる。すなわち、憲法改正による本格的再軍備が困難になる直前まで、鳩山は次のように国会で述べていた(8)。

○国務大臣（鳩山一郎君）　さきに私は本国会の指名によりまして内閣総理大臣の重責につき、ここに政府の所信を申し述べる機会を得ましたことは、私のまことに光栄とするところであります。（略）変転する国際情勢のもとにあって、わが国の自主独立の実をあげるためにも、国力の許す範囲において、みずからの手によってみずからの国を守るべき態勢を一日も早く樹立することは、国家として当然の責務であろうと存ずるのであります。（拍手）従って、防衛問題に関する政府の基本方針は、国力相応の自衛力を充実整備して、すみやかに自主防衛態勢を確立することによって駐留軍の早期撤退を期するにあります。（傍線引用者）

しかし総選挙後、社会党からさっそく自主防衛論のあいまいさについて追及されている。

○永井純一郎君　非常に政府が無責任で何ら自主的に、あれだけ自主外交とか自主防衛を総理大臣は言ってきましたが、何らそういうものがないということが順次明らかになってきましたが、私は更に今の防衛庁長官が言う将来六年先のめどの大体の数字をお示しを願いたい。それから米軍の件について、外務大臣も、あるいは防衛庁長官もはっきりしておりませんが、幾らを大体日本に要求しているのか、そうしてどの程度の日本に軍隊の規模ができたら米軍を基地から撤退せしめようと言っているのか、この点を私ははっきり知りたいと思います。(9)

こうした追及に鳩山は明確な答えを示すことはできなかった。また、総選挙後の一一月に、もともと現行憲法を前提として日米安保体制を形成・推進してきた自由党を合わせて自民党を創設したこともあり、本格的な再軍備路線に踏み出す条件は整わなかったのである。

第二の予算問題であるが、当時の財政状況下においては、米国からの支援を前提として防衛力増強が行われてきた。岸内閣で初めて作成した長期計画でも、米国からの支援を基礎においていた。高度経済成長に入る前の段階であり、戦後復興を第一の課題としていた当時の日本は、それだけ財政状況が脆弱であったということであった。すなわち、それまでは反吉田の立場で批判していればよかったが、自らが政権を担当することになると、きびしい財政状況の中で誕生したばかりの自衛隊を育成していかなければならないという現実の問題に直面したわけである。厳しい財政状況の下での防衛力整備について、鳩山内閣の杉原荒太防衛庁長官は「国内の財政経済の状況、ことにこの三十年度という年は、何としても経済の将来の発展のための基礎の地固めという上から非常に大事な年である。従って防衛力の漸増といっても、そこにおのずから制約がある。そういうふうに私は解釈いたしております」(10)と述べていた。しかし国会では予算問題など具体的な質問が行われることになる。こうして、次のような、直接質問に答えない苦しい答弁が行われることになる。(11)

（略）

○西ケ久保委員　（略）前国会からいわれておりました政府の（略）長期防衛計画の最終目標決定の根拠というものをどこに置いておられるのか。これをさらに具体的にお聞きしますと、自主防衛の確信を持つだけの一つの根拠によってお作りになっておるのか、これだけの最終目標が完成したあかつきには、日本がいわゆる自主防衛の確信を持てるという根拠があるのか、あるいはまたそういった自主防衛の確信は持てないけれども、日本経済の情勢からこれ以上の防衛力を持つことは不可能だという一つの限界点に立っておるのか

○船田国務大臣　（略）われわれとしましては、仮想敵国は持っておりませんけれどももしかし今日の国際情勢は全く部分戦争も冷戦もないというふうに見るわけには参りません。その国際情勢を前提といたしまして、日本丸を太平洋のまん中に乗り出す以上は、不測のいろいろな障害に対しまして、それを排除しあるいは防衛するというその必要最小限度の自衛体制を整備していきたい、かように考えまして、今せっかく努力をしている、こういう次第でございます。

予算を前提として具体的な政策を説明していかなければならなくなったとき、あいまいなスローガンを続けていくことは難しかった。そして一番問題であったのは、第三の米国の壁であった。すなわち、前述の重光外相の

日米安保改定交渉において、日本の要求をダレス国務長官が拒否した一番の理由は、日本における基地使用の問題であった[12]。米国は、「基地と兵隊の交換」といわれる日米安保条約の根幹である基本的性格の変更を望まなかったのである。重光に同行してダレスとの交渉にも同席し、重光が失敗した状況を見ていた岸首相は、日米安保条約の基本的性格は残したまま双務性の高い条約に変更するべく交渉することになっていった。つまり、自主防衛力の構築によって米軍基地の撤退を図るという当初の自主防衛論の在り方を変更したわけである。

ただし、米国との交渉によって在日米軍の地上部隊は大幅に撤収することになったものの依然として米軍基地は存在し、基地問題は革新勢力によってナショナリズムを高揚させるシンボルとして使われていた。したがって、保守勢力側も「自主」の旗だけは降ろすわけにはいかなかったのである。そこで登場してくるのが、「自主防衛＝装備国産化」という論理であった。この点について防衛産業とも関係が深く防衛庁長官も務めた船田中が次のように述べていた。

○船田委員（略）政府は岸総理大臣を初め、自主防衛ということをよく言われるのであります。自主防衛ということは、必ずしも独力で日本の国土を防衛するという趣旨ではなかろうと存じます。そういうことの意味であるならば、これはとてもできることじゃありません。しかしながらいつまでもアメリカの兵器弾薬、あるいは装備、艦船、飛行機をもらって、これでもって自衛隊を育成するということでは、ほんとうの日本の防衛は全うし得るものじゃなかろうかと思います。（略）自主防衛を実現するためにはできるだけすみやかに日本が日本の国力によって防衛生産を育成強化していくということの必要があると考えられるのであります（略）[13]。

以上のような「自主防衛＝装備国産化」という論理が、六〇年代になると米国の要求を受けての防衛努力強化の必要性、米国援助打ち切りによる自主調達問題、さらに防衛産業による装備国産化要求が結びついて、急速に定着していくのである。[14] たとえば、池田内閣の志賀健次郎防衛庁長官は、自主防衛が装備の国産化を進めることであると明確に述べている。[15]

いつまでもアメリカに依存して日本の防衛力を整備する考えはないのでございまして、やはり日本としては、日本の経済の力、または技術能力に基づいて、でき得るだけ装備の国産化を推進して、自主的な防衛の態勢をつくり、整備することが日本の防衛の基本的な方針でございます。

さて、以上のような自主防衛＝装備国産化という議論は、六〇年代半ばになるとほとんど使われなくなっていった。一方で「自主防衛」という問題は、以前に増して高揚していった。これはいくつかの要因があった。

第一に、六三年に米原潜の日本寄港が問題となったのを初めとして六〇年代半ばからベトナム戦争が激化するという状況となり、日本がそれに巻き込まれるのではないかという「巻き込まれ論」がさかんになったことである。これで日米安保体制下における日本の主体的姿勢が問われることになった。

第二に、七〇年の安保延長問題を控えて、日米安保条約をどうすべきか、固定延長論から廃止論まで幅広い意見が提起された。この時期に、与野党を問わず各党が安保条約に対する考え方を公表している。安保延長問題を契機に、日米安保体制を再検討する機運が醸成されたのである。第三に、沖縄返還問題が具体化することになり、その返還の態様や基地機能の問題が日米政府間で議論の対象となり、日本の防衛負担という問題が大きく浮かび上がってきたことである。第四に、六〇年代後半から基地公害といわれる被害が起きる事件も生じ、ふたたび日本の「対米従属の象徴」たる在日米軍基地問題が日米関係における重要な争点になる可能性が高まっていた。こうして六〇年代中盤から、改めて日米安保体制と日本の在り方が議論され始め、自主防衛が問題となったのである。

以上の問題の背景には、日本が高度経済成長によってＯＥＣＤ（経済協力開発機構）にも加盟する経済先進国になることによって、今までのような米国依存がもはや許されない状況となっていったことも背景にある。また米国自身、ベトナム戦争の影響で疲弊し、今まで通りの役割を担えなくなっていたという、国際政治状況の大きな変化も影響していた。日本の防衛政策は、六〇年代後半から七〇年代初頭にかけて、日米安保体制の見直しも含めた転換期に入っていったということができる。この点については、日本が初めて策定した基本的防衛戦略ともいえる「基盤的防衛力構想」について見る第三章三節で検討していきたい。

さて、政府が日米安保体制という土台の上で、自らの役割をどう考えるかという自主防衛の在り方について前述のような議論をしていた中で、自民党や野党である各党はどのような防衛政策を主張していたのであろうか。次に見ていくことにしたい。

二　各政党の防衛論

ここでは五五年体制下の各政党の防衛政策を概観し、防衛問題の中で果たした役割について検討していきたい。まず政権与党である自民党から見てみよう。

自民党の政策といった場合に注意しなければならないのは、政府の政策がいつもそのまま党の政策と同じというわけではないことである。たとえば、後述の「防衛庁の省昇格問題」は党の方針と政府の考え方が異なった顕著な例である。また、実質的に派閥連合体である自民党の場合、個別の事例については意見の隔たりも大きく、党内の意見をまとめること自体、難しい場合もあった。ただし、防衛政策に関しては、「日米安保体制を堅持しつつ、抑止力強化のために自衛力の増強に努める」という基本方針は一貫している。

自民党の防衛政策という場合、国防部会や安全保障調査会の議論が重要である。安全保障調査会は一九六六年四月に「わが国の安全保障に関する中間報告」として、安保政策の基本をまとめている[16]。六六年といえば高度経済成長期でオリンピックを実現し、ＯＥＣＤ加盟も果たして経済的先進国の仲間入りを果たした後である。ちょうど三次防が策定されたころであり、沖縄返還問題が交渉のプロセスにあった時期であった。同報告は、新日米安保条約の期限である七〇年が迫ってきていることから、再び六〇年の安保騒動のような国論分裂状態とならないように、安全保障政策の基本方針をまとめたものであった。したがって、日米安保体制を批判する社会党などが主張する中立論、とくに非武装中立論に対して厳しく批判し、核攻撃回避のためにも日米安保体制が必要であると次のように述べていた[17]。

今日の世界の平和は、集団安全保障によって維持されており、もしわが国のような政治的、経済的、軍事的に重要な国が、突如として中立政策に転ずるようなことになると、現在の国際間の勢力均衡を破ることとなり、これが世界的紛争を誘発することになりかねないこと、とくに危険なものは、いわゆる非武装中立であって、わが国がこうした非現実的な政策をとった場合、抵抗力のない価値ある国土は、他国の侵略を誘発しやすく国の破壊を招くこと、米軍基地がなくともわが国の安全を守れるとか、米軍基地があるからかえってわが国が戦争にまきこまれるなどと説くのは、いずれも現実に立脚しない観念論であること、現行の日米安保条約においては、わが国は基地を提供し、米側はこれに所要の兵力を配置することによって、特殊な形ではあるが双務関係が成立していること、わが国に加えられる恐れのある核攻撃の脅威に対しては、日米安保条約第五条の規定及び佐藤・ジョンソン共同声明によって、米国の核戦力による保障が確認されており、こうした米国の保障がわが国に対する核攻撃を未然に防止するための主たる抑止力となっている。

それでは、こうした政府・自民党が推進する日米安保体制を批判していた野党側の安全保障政策はどのような内容だったのだろうか。まず野党第一党であった社会党の政策から見ていきたい。社会党といえば「非武装中立論」だが、最初からそれでまとまっていたわけでない。まずはサンフランシスコ講和を前にして五一年一月の第七回社会党党大会で決まった「平和四原則」（全面講和・中立堅持・軍事基地反対・再軍備反対）が出発点であった。その後、五五年に左右社会党が統一し、さらに六〇年に右派の一部が分離し民社党を結成するという経過を経て、やがて党内で左派の指導権が確立していく[18]。そして平和四原則をさらに推し進めて、日米安保廃棄、米軍基地撤廃、自衛隊解消などが基本方針となっていくのである。自民党の前記中間報告が出た直後の六六年八月、「日本の平和と安全のために――積極中立と平和五原則に基づく平和共存を目指して」と題して提示された基本方針には、日米安保廃棄に至る過程について次のように説明されていた[19]。

広範な国民運動を背景として、外交上の手続きを経て安保条約を廃棄する。そして米軍隊の撤退、軍事基地の撤去、沖縄、小笠原の返還を実現し、また日中、日ソの平和条約を締結する。平和条約の締結と同時に日本は、ソ連、中国、朝鮮（統一朝鮮）と友好相互不可侵条約を結び、相互の不信と脅威を除去する。またこの不可侵条約は、日米安保条約廃棄の上に立って、米に対しても提案される。これらの相互不可侵条約を基盤として国際世論に呼びかけつつ日米朝中ソ等、日本をとりまく関係諸国の参加する平和保障体制を樹立し、日本の平和と安全、中立を保障する国際的基盤を確保する。

自衛隊については、現在の隊員のことも考慮して、職業転換を図るとともに次のように一部を国民警察隊などへ改組する構想も明らかにしていた[20]。

社会党政権は、その成立とともに、ただちに自衛隊員の募集と戦闘訓練を停止し、自衛隊員のもつそれぞれの技能を生かしつつ、平和的な職業転換を十分保障する。同時に自衛隊の一部を国民警察隊に切り替える。国民警察隊は、都道府県自治体警察を補完するものとする。自衛隊のもつ土木、建築機械等の技術を平和的に活用するため平和国土建設隊を設置する。この建設隊には高度の技術的訓練と優秀な建設機械を装備し、国土大改造計画を実施させる。また平和共栄の思想に基づき、開発途上国に対する技術協力のための部隊を創設し、自衛隊の一部をこれに編入する。以上のほか軍縮の推進と非武装地帯の設置、国連の平和機能強化等に努める。

社会党はその後、六八年の第三〇回党大会で「日本における社会主義への道と一九七〇年闘争」を決定して安保廃棄、非武装中立路線を確認し、その後の運動方針でも非武装中立・安保廃棄・自衛隊の縮減改組を主張していく。こうして「社会党＝非武装中立」という図式が定着していくのである。

中立と日米安保反対という方針では共産党も共通している。ただし、中立と自衛権行使の在り方については社会党と異なっていた。すなわち、日米安保を廃棄して、中立となった場合に日本の安全が守れるのかという自民党や、後述の民社党の批判に対し、共産党はまず自衛権に対する立場を明確にする。(21)

日本共産党は、これまで、日本民族が、自国を外国の侵略からまもる固有の自衛権をもっていることを、否認したことは一度もない。自衛権というのは、国家あるいは民族が、自国および自国民にたいする不当な侵略や権利の侵害をとりのぞくため行使する正当防衛の権利で、国際法上もひろく認められ、すべての民族の国家がもっている当然の権利である。日本民族ももちろんその例外ではなく、日本の国家主権がおかされ、国土が侵害をうけたり、民族の基本的権利がじゅうりんされた場合に、これを排除することは、日本民族の権利であり責任でもある。

そして、日米安保条約を日本が米国に従属している証と見る立場から以下のように主張している。

わが党が、日米安保条約の破棄と自衛隊の解散を主張するのは、けっして日本民族としての自衛権を否認するからではなく、日米安保条約がアメリカ帝国主義による対日侵略と主権侵害の条約だからであり、また、自衛隊が憲法違反の対米従属と人民弾圧の軍隊だからである。日本人民が、日米安保条約を破棄し、自衛隊を解散させることは、民族の主権と安全をアメリカ帝国主義の侵略からまもる立場、政治的独立と自衛の権利をもっとも断固としてつらぬくことにほかならない。

戦後日本政治においてまさに革新勢力側がナショナリズムを背負っていた証左となる議論の立て方である。そして肝心の安保廃棄後の日本防衛については次のように説明している。

日本が安保条約を破棄したからといって、自民党が宣伝しているように、ソ連や中国など社会主義の国家が日本に侵略をしかけてくるような心配はまったくない。しかし、帝国主義がなお存続する以上、独立して、平和、中立化の政策をとる日本が、アメリカを先頭とする帝国主義陣営から侵略をうける危険は、依然としてのこっている。この点からいっても、独立した日本が、自衛の問題を無視するわけにはいかないことは明白である。

一般的にいえば、安保条約を破棄し、米軍を追いはらい、サンフランシスコ条約第六条、第三条による拘束をたちきるなど、サンフランシスコ体制を打破して対米従属状態がなくなった独立国日本が、他のすべての主権国家と同じように、かちとった政治的独立をまもるために、必要適切な自衛の措置をとる完全な権利をもっていることは、いうまでもないことである。

しかし、現在の憲法のもとで国が軍隊をもつことは正しくない。われわれが改悪をはばんでたたかっている現行憲法をもっているかぎり、日本は、日本の中立をまもるために、全世界の平和勢力、反帝民主勢力と共同し、日本の中立にたいする国際的保障をも利用しながら、日本人民の独立、民主、平和のための団結の強化によって、他国の侵略政策に対処する必要がある。

このことは、完全に独立し、新しい民主的発展の道にふみだした日本が、どのような内外情勢の変化があっても、いつまでも現行憲法のままでよいということを、意味するものではない。

（略）

将来、日本が、独立、民主、平和、中立の道をすすみ、さらに社会主義日本に前進する過程で、日本人民の意思にもとづいて、真に民主的な、独立国家日本にふさわしい憲法を制定するために前進してゆくことは、歴史の発展からいっても当然のことである。そして、そのとき日本人民は、必要な自衛措置をとる問題についても、国民の総意にもとづいて、新しい内外情勢に即した憲法上のあつかいをきめることとなるであろう。

以上のような論理はすなわち、共産党が政権を取ったのちに新たな憲法を制定し、自衛のための実力を持つということである。

しかしながら、以上のような社会党や共産党の中立路線は、第一章で見たように六〇年代には国民の支持を大幅に減少させていく。中立路線だけでなく、多くの国民が自衛隊は必要だと認めていく中で、自衛隊の改組や解散という主張は現実性を失っていくのである[22]。

さて、同じ野党でも公明党や民社党の日米安保、自衛隊についての考え方は、社会党や共産党の政策と異なっていた。中道勢力と後に呼ばれることになる公明党と民社党は、民社党が九〇年代に解党して民主党の一部となり、公明党が自民党と連立を組んで与党となったように、五五年体制下においても社会党や共産党に比べると「現実主義的」路線を主張していた。特に民社党は後述のように、六〇年代になって「進歩的文化人」に対抗する有識者として登場した「現実主義」の論者と高い親和性があり、その安全保障政策は次第に自民党と類似したものとなっていく。そして自民党が推進する政策にも、場合によって協力することのできる政党となっていくのである。では公明党から見ていこう。

公明党は、六四年の結党当初は「絶対平和」や「日米安保解消」という立場であり、民社党より社会党に近かった。やがて日米安保も国際情勢の好転や国民的合意の確立などの条件を見ながら、一〇年から二〇年という時間をかけて段階的に解消するという方向に修正される。(23)防衛力に関しては必要最小限の「国土警備隊」を保持し、国連による全面的な集団安全保障の下で「国連警察軍」に移行するという考えであった。しかし、七〇年後半に連合政権構想などが浮上し、政権への参画が現実のものとなってきたことによって安保政策にも見直しが行われ、八一年には日米安保容認、自衛隊は日本の領域防衛に限るとしたうえで合憲という立場に転換した。これで自民党との協議・協力の土台が作られていき、やがて九二年の国際平和協力法での賛成につながっていくのである。

安保・防衛政策における民社党の立場は自民党と近いということで、野党の中で独自の位置を占めていた。六〇年に社会党から分離して結党した民社党は、岸内閣が推進する安保改定については、日米の相互防衛条約に切り替えるものであり両国の軍事的結びつきを強化しようとしているとして反対の立場であった。しかし、現行の条約を一挙に破棄することも事実上不可能で、大国間の軍事的均衡を破ることになるので平和が危うくなる。したがって日米間の軍事的結びつきを薄めていく方向で段階的に解消するという立場であった。(24)そして最小限度の自衛措置を認めるとともに、日米安保について、「緊急事態での米軍の有事駐留は認めるが、わが国の基地使用や常時駐留の撤廃に努める。駐留の目的は日本防衛のみに限り「極東の平和と安全のため」の駐留は認めない。」という「有事駐留論」を打ち出すのである。(25)この「有事駐留論」は「自主防衛論」と並んで民社党の安保・防衛政策の柱となっていく。

自民党の議論でも問題になった自主防衛について、民社党は六六年に「国民合意の防衛体制の確立――自主防衛の五原則」を打ち出していく。すなわち、自民党の日米安保依存、社会党の非武装中立という両極論が対立している現状を早急に打開する必要があり、そのための自主防衛体制として「憲法に基づく防衛、外交防衛、駐留なき安保、専守防御、国民意思による防衛」の五項目を主張した。各項目の具体的内容については、次のように説明されている。(26)

①　憲法に基づく防衛＝わが国の防衛は憲法の精神に基づいて推進する。憲法が求めているものは、国の安全と全国民の平和な暮しであり、それを損なう不当な侵略の排除すなわち安全の確保である。したがってそれ自体平和主義であり、国民の生命と暮しを守る基本法である憲法の当然認めるものである。無防備中立論者がとなえるところの、憲法はわが国の防衛体制を否定しているという議論は、憲法の精神と機能を否定したあやまれる憲法解釈である。

②　外交防衛＝平和外交は、今や防衛の重要な一部でありすべての国と平和的友好関係を増進する外交なくして防衛をまっとうすることは期しがたい。その意味で政府・自民党の共産国との敵対外交、ならびに社共両党の米国との対決外交は、ともにわが国の安全を損ねるものであり、わが国の平和確保の立場から、そのような特定国敵視の外交はこれを排除する。この基本的立場を基礎とし、とくに外交のいかんが防衛に果たす役割を重視し、いずれの国とも平和的に共存していく自主共存の平和外交を積極的に推進する。

③　駐留なき安保＝自分の国の安全に自ら責任を負う体制を確立するには、自主防衛を基本とし、日米安保を補完的なものに位置付けることが必要である。とくに日米安保は占領政策の遺物である駐留権と基地の保有を認める不平等条約であり、これの根本的改定、すなわち常時駐留の排除、基地の原則的撤廃は、自主的防衛体制確立の根本問題である。同時にこれの実現によって、米国の紛争にわが国が巻き込まれることの不安を一掃することが可能となる。わが党は現行安保の根本的改定によって、日米安保を駐留なき安保にきりかえ、これを通じて、わが国の安全の確保と自主性の確立をはかり、国論の統一を促進する。

④　専守防御＝自主防衛は、あくまで平和主義の立場から専守防御に徹する。それは、わが国領土、領域に加えられる不当な脅威を排除し、守ろうとするものである。したがってその保有兵器も攻撃的でない通常兵器に限り、核兵器ならびに弾道弾など攻撃兵器の保有を否定する。

⑤　国民意思による防衛＝防衛はつねに国民の意思と管理のもとに置く。この見地から国民が防衛力を支配する原則（シビリアン・コントロール）を徹底し、その具体化として、国会に「防衛に関する委員会」を設置し、国防のあり方を国民がつねに検討し、監督する体制を確立する。また現在の国防会議を「国家安全保障委員会」に改組し、シビリアン・コントロールをはっきり確立する。

以上の政策は、戦後憲法を維持しつつ自衛隊も保持し、日米安保体制の持続も受け入れつつ、日本の自主性も確保したいという当時の国民の考え方を反映したものであったと言える。ただし、防衛庁など政策当局にすれば、ここで主張されている「有事駐留論」は現実性に欠けたものであり、海原などは民主党に「有事駐留論」の問題性を説明していた。しかし、後述の「現実主義者」の議論をはじめ、最近でも「有事駐留論」は有力政治家によって主張されており[27]、一定の支持を得やすい議論であった。

また、「専守防御」という言葉で説明された内容は、中曽根康弘防衛庁長官時代の七〇年に初めて出された防衛白書において「わが国の防衛は、専守防衛を本旨とする」と明記され、基本方針となった。白書では「専守防衛」の内容を次のように述べている[28]。

専守防衛の防衛力は、わが国に対する侵略があつた場合に、国の固有の権利である自衛権の発動により、戦略守勢に徹し、わが国の独立と平和を守るためのものである。したがつて防衛力の大きさおよびいかなる兵器で装備するかという防衛力の質、侵略に対処する場合いかなる行動をするかという行動の態様等すべて自衛の範囲に限られている。すなわち、専守防衛は、憲法を守り、国土防衛に徹するという考え方である。以上の前提のもとに、わが国は制限戦争に有効に対処することができる通常兵器による防衛力を整備することを目標にしている。

民社党の「専守防御」と防衛白書の「専守防衛」の直接の関係は不明である。同白書の執筆の中心であった伊藤圭一もその点についての説明は語っていない。[29]しかしその内容は実質的に同じものとみてよいだろう。防衛政策における民社党およびその周辺の知識人と自民党・防衛庁との交流の中で、日本の防衛の在り方を「専守防衛」と定義づけることになっていったのではないかと考えられる。いずれにしても「専守防衛」という用語は、一部の防衛関係者を除いて、多くの国民には差し迫った軍事的脅威が感じられない時代に、日本が行使する自衛権は個別的自衛権であって、それは攻めてくる外敵に対する「正当防衛」のようなものですと理解させることには有益であったと思われる。ただし、それが現実の防衛論として持つ問題性や、現実の脅威が生じた場合に生まれる新たな課題については後述したい。

さて、民社党はさらに、高度経済成長後の不況と七〇年代の国際的な問題への対応について、五五年体制下での「自民党（保守）対社会党（革新）」という構図の下で行われてきた議会政治が機能不全になっているとして、政治の構造改革の必要性を強く主張した。すなわち、七八年七月に当時の民社党委員長佐々木良作は、「新たな政治選択の提唱」試案――中長期展望に立つ民社党の政治・政策路線――を発表した。それには次のように述べられている。[30]

一、戦後三十余年の間に、わが国の政治は日本の進路を左右する二つの選択を行った。（略）東西冷戦の中で外交防衛を米国に託し、戦後復興に国力を投入するという吉田内閣の選択、政治的対決を避け、高度経済成長政策に専念するという池田内閣の選択。この二つの選択を土台として、わが国は経済大国として発展した。今やわが国は戦後最大の不況と国際的摩擦の中で、日本の進路を決意するための第三の政治選択を迫られている。

二、それにもかかわらず、わが国の政治は重要な選択を行う機能を欠いている。五五年体制と呼ばれる自社二党の建前対決、実質相互依存の奇妙な政治構造の中で長くつづいてきたわが国議会政治は、惰性に流されて方向感覚を喪失している。長期政権に安住してきた自民党は、官僚機構に従属する政党と化し、事なかれ主義に終始し、現状を打破し、未来を創造する能力を持たない。本来政権を目指すべき社会党は、建前論政党から脱皮せず、現在の国際社会に不可欠な国際的均衡感覚を欠いている。

三、この際、第一に必要なことは、政治の構造改革である。われわれは、まず責任野党の結集によって自社五五年体制を打破し、議会政治本来の機能の回復を目指す。

以上の前提に立って民社党は「①多角的安全保障政策の確立、②活力ある福祉社会の建設、③国際的調和と完全雇用を目指す産業構造の転換」という三つの政治目標を掲げている。このうち「多角的安全保障政策」の内容について、次のように説明している。

多角的安全保障政策は、政治、経済、社会の各分野にわたる、わが国の安定と発展のための対策である。相互依存の国際社会にあっては、一国の安全保障には多角的対応を必要とする。

① 政治的安全保障＝平和共存路線を積極的に進める外交方針を貫く一方、アジアにおける米・ソ・中の力の均衡を直視し、見通し得る将来に関するかぎり日米安保条約を維持し、専守防御の有効な機能をもつ最小限の自衛力を保持する。

② 経済的安全保障＝南北問題の解決を最優先課題として取り組む姿勢で世界経済の行き詰まりの打開を図り、これに呼応してわが国の経済協力体制の抜本的建て直しを図り、同時に国際的立場に立って省エネルギー、代替エネルギー開発対策を確立する。これに必要な財源を計画的に確保する方針をたてる。

③ 社会的安全保障＝大災害ならびにこれにともない、またはこれに乗ずる諸種の社会的危険と混乱に対応する社会的危機管理体制を確立する。

この多角的安全保障の考え方は、安全保障を軍事のみで考えず、経済や社会全体の問題と広くとらえていくべきだと述べているところに、大平内閣時代に表れる「総合安全保障論」と共通性がある。これは、民社党のブレーン的組織である民主社会主義研究会の中で、国際問題に関する重要メンバーが猪木正道、高坂正堯らであり、猪木、高坂は「総合安全保障論」を打ち出す研究会の中心メンバーであったことを考えると、総合安全保障論の先取り的要素があったともいえる。なお、民主社会主義研究会については次節で検討することにする。

さて、以上のほかにも民社党は自主防衛推進の立場から、防衛問題について積極的に発言している。たとえば、七八年の栗栖弘臣統幕議長による「超法規発言」で、シビリアン・コントロールが問題となり栗栖が幕議長を解任された問題で、有事立法の必要性について社会党・共産党・社民連が相次いで有事立法は憲法違反であると批判し、公明党も一度は憲法の範囲内での有事立法を認めるとしておきながら[31]、矢野絢也書記長が有事立法の必要性は党は認めていないなどと揺れていた中で[32]、民社党は明確に有事立法推進を打ち出していた[33]。

以上のほか、八〇年代の重要な防衛問題である、防衛予算GNP1％突破問題や、イージス艦導入問題でも民社党は自民党と協力して推進に努めている。民社党委員長を務めた塚本三郎は、「防衛庁の諸君は、何事によらず民社党を陳情の窓口にした。自民党と政府は、みんな逃げて回って受け付けてくれなかった。だから議員会館の春日一幸や私の部屋を訪ねて、陸・海・空の幕僚長が陳情してくださった」と述べている[34]。また、陸幕や統幕事務局に勤務経験がある源川幸夫（後に東北方面総監、東部方面総監等を歴任し退官）も、自身へのオーラルヒストリーで、「防衛に対する最大の応援者は民社党だった。国会でも、自民党よりも民社党のほうが自衛隊寄りの質問をしてくれていた」と回想している[35]。こういった民社党の防衛問題への積極的取り組みは、他の野党とは全く異なる姿勢であり、社会党や共産党とはまさに一線を画すものであった。これは民社党が、そもそも共産主義との対立という立場が明確であった点が基礎にあったことが要因と考えられる。そこで次に五五年体制下の論壇の議論を検討するが、まず、民社党の問題とも関連して、社会民主主義者の動向からみていくことにしたい。

三　論壇

1　社会民主主義者の役割

第一章で見たように、一九五〇年代から六〇年代にかけて、論壇の主流をなしていったのは「進歩的文化人」と呼ばれる人々であった。彼らは岩波書店の月刊誌『世界』を中心舞台として、日米安保体制批判、中立論等を熱心に主張していた。また、その言説の特徴が「反・反共主義」であったのも前述のとおりである。

こうした「進歩的文化人」の議論に対しては、早い段階から、いわゆる保守側から強い批判が行われた。たとえば、慶応義塾塾長を務め、皇太子の教育係にも任ぜられた小泉信三による批判は、辛辣かつ的を射たものであった。[36]さらに、小泉だけでなく、当初は平和問題談話会で一緒に活動していた者も、やがて「進歩的文化人」グループと袂を分かち、やがて雑誌『心』を中心にまとまっていく。しかし、「進歩的文化人」といわれた丸山真男、都留重人、清水幾太郎、久野収といった人々からすれば、最年長の清水ですら一九〇七年生まれで一八八八年生まれの小泉とは二〇年近くの年齢差があり、丸山などとは親子ほど年齢差のある「オールド・リベラリスト」の批判は、あまり説得力のあるものとは受け止められなかった。むしろ、福田恒存や林健太郎といった同世代の人間が、「進歩的文化人」の論敵として、いわゆる保守言論層を構築していく（二八頁、表1参照）。

「進歩的文化人」に対して批判的な人々は、現在、一様に「保守派」や「現実主義派」と称されているが、その中でも「民主社会主義者」のグループは、反共産主義の立場から「進歩的文化人」の理想主義的言説を早くから厳しく批判し、後述の「リアリスト」国際政治学者とも密接な関係を持っている点で注目すべき存在である。

この民主社会主義者グループは、戦後政治において「保守対革新」という単純な構図からすれば右派社会党支持者であり、革新側に位置する。[37] また、戦前からの著名な研究者であり、右派社会党そしてのちの民社党の理論的指導者とも言われた蠟山政道を中心とするグループと、河合栄治郎の弟子たちによって結成された「社会思想研究会」に集ったグループの二つが中心である。このうち、安全保障・防衛問題との関係では後者の方がより重要な意味を持っている。それは、民主社会主義者の中でも、「進歩的文化人」の安全保障論に対し、積極的な批判を展開したのが後者に属する猪木正道であり、関嘉彦であったことによる。特に猪木は、京都大学教授としてアカデミズムにおける重要な位置を占めていただけでなく、「リアリスト」国際政治学者の中心的人物の一人である高坂の恩師でもあり、[38] 自らも防衛大学校長に就任し、[39] 安全保障関係の研究会や委員会のメンバーになるなど、実際の政策にも影響力を及ぼすことになる。そこで、猪木・関を中心に、社会民主主義者の活動を見ていきたい。

猪木、関ら「社会思想研究会」に集ったメンバーの師である河合栄治郎は「戦闘的自由主義者」とも呼ばれる。[40] 東京大学経済学部教授を務め、社会思想の研究者であり、また多くの人材を育て、学界や実業界に人材を輩出したことでも知られている。河合はマルクス主義に批判的であり、当時、大学生にも拡大しつつあった共産主義に対して対決的姿勢をとっていた。しかし三〇年代に国家主義が高揚した後は自由主義の立場に立ち軍部批判なども行い、言論弾圧の対象となる。大学を休職に追い込まれ著書は発禁となり、長い裁判闘争を戦ったあと、終戦を前に亡くなっている。

「社会思想研究会」（社思研）は河合の弟子たちを中心に、亡き恩師の志を継ぐ形で、戦後の日本に社会民主主義思想の啓蒙普及のために創設されたものであった。社思研は、一九四六年一一月一日、河合の支持者でもあった鶴見祐輔の支援の下、日比谷の鶴見事務所で発会式が行われた。理事には関（事務局長兼任）、猪木のほか、木村健康、山田文雄、長尾春雄、土屋清、石上良平が就任し、蠟山政道、海野晋吉（弁護士）、河合の未亡人国子が顧問となった[41]。社思研は、専門家による「社会思想史講座」の開催や、外国の本の翻訳を含めた出版など活発に活動している。終戦直後は共産党を含めた多くの政治団体がこういった活動をしており、また講和問題で知識人の間に意見対立が生まれる前の時期であり、社思研の活動にも丸山真男などその後に意見が対立する人々も参加していた[42]。

さて、一九六〇年に社会党から西尾末広らが分離し、民社党を作るという事態になった時、それに呼応した思想団体を結成しようということになった。そこで創設されたのが「民主社会主義研究会議（民社研）」である。蠟山政道が議長となり、日本フェビアン研究所出身の和田耕作が事務局長、土屋清、関嘉彦、猪木正道、中村菊男、土井章、武藤光朗、江上照彦が理事となって発足した民社研は、やがて、「民社党、全労会議（後の総同盟）と共通の目標を追求する三角同盟的関係となった[43]」と評されるなど、民社党と重要な関係を築いていく。民社研の発足に伴い、社思研は七二年に解散している。また、初代議長であった蠟山が退任した後、七〇年から八三年まで関が二代目議長となった。民社研は、日米安保を容認しつつ、自主防衛、有事駐留を主張する民社党の理論的な支えになっていったのである。

「進歩的文化人」グループに対抗する保守派文化人の集まりといえば、「日本文化フォーラム」や「日本文化会議」がよく知られており、特に「日本文化会議」に参加した幅広い知識人が行った言論活動は、戦後日本の世論形成において一定の役割を担ったことは間違いない[44]。ただ、特に安全保障問題に関して言えば、民社研の役割も決して見逃すべきではないと考えられる。民社研は七〇年代に入ると民主社会主義を体系的に検討する企画を行い、それを六巻の『体系　社会民主主義』として刊行している。その第六巻が「国際関係」で、そこで執筆したのは、関、猪木、高坂をはじめ、衛藤瀋吉、佐瀬昌盛、神谷不二、木村汎、矢野暢、志水速雄、桃井真、西原正、花井等といった研究者や、柴田穂、田久保忠衛といったジャーナリストなど、皆が社会民主主義者というわけではないが当時の代表的な「現実主義」言論人であった。保守派あるいは「現実主義者」と呼ばれる人々は、革新系の人々のように自らが身を置くべきグループを形成して活動するという傾向に乏しく、様々な「舞台」に横断的に参加して活動するのが特徴だが、民社研はその有力な一つを提供していたと言ってよいだろう。

さて、社会民主主義の人々がどのような議論を展開していたのか、関と猪木を中心に簡単に振り返っておきたい。まず重要な点は、その強い反共主義である。関も猪木も、マルクス主義に批判的であった恩師・河合栄治郎と同様、その言論活動の最初は共産主義批判であった。猪木は、四八年に自らの代表作の一つとなる『ロシア革命史――社会思想史的研究』を刊行している。本当は終戦の翌年、四六年に脱稿していたのだが出版社が見つからず、脱稿から二年後の四八年に白日書院からようやく刊行できたものである(45)。終戦後の出版ブームとも言える状況の中で刊行に二年待たねばならなかったのは、当時まだ猪木自身が著名な存在ではなかったことにまして、「一国社会主義の建設が成功したにもかかわらず、世界革命が惨憺たる失敗に終わったことは、したがって何ら奇怪ではない。ボリシェヴィズムの強制輸出による世界革命はただファシズムを生んだにすぎなかった。コミンテルンの意図したような世界革命は絶対にこないことは、もはや何ぴとにも明らかであろう(46)」というソ連共産主義批判を明らかにした本書が、当時の親ソ的雰囲気の中での刊行が困難であったためと考えられる。しかし、本書で猪木の名はよく知られることとなった。猪木は「暴力・ファシズム・共産主義」や「社会民主主義の使命と運命(47)」といった共産主義批判・社会民主主義の提唱を主題とする論考を発表し、論壇へ登場する。そして成蹊大学から京都大学に移籍し、学界で重要な位置を占めることになる。

共産主義批判の言論という点は関も同様である。関は『中央公論』に「共産主義と対立する民主的社会主義の根本問題」並びに、同論文への質問に答える形で「社会民主主義と国際民主主義」という論考を発表し、共産主義批判と社会民主主義者としての立場を鮮明にしている(48)。さらに関は、「中立主義者の国際政治観」という論文で平和問題談話会の「三たび平和について」を俎上に挙げ徹底的に批判している。関自身の整理に中立論を唱えていた「進歩的文化人」に対する批判点は、猪木も関もおおむね共通している。関自身の整理によれば、以下の五点が中心である。(49)

第一は、戦後の日本の知識人の国際政治観が希望的観測により左右されているということである。「三たび平和について」の平和問題談話会の声明以来、その種の人々の国際政治観は、世界が平和の方向に向かいつつある、それゆえに日本は再軍備は不必要であるし、中立主義でいきうるという類のものである。現実は冷戦がきびしい、にも拘らず、非武装中立主義で進もうという理想主義的態度ではなく、現実は平和に向かいつつあるから、平和主義でいこうという似而非な平和主義が、日本人の国際政治観に混迷をもたらすことになった。そこからは、つとめて外国の動向を平和に好都合なように解釈し、自分に不利な現象には眼をつぶるという傾向が生ずる。

第二に(略)、憲法第九条の規定を動かすべからざるものとして、その眼鏡を通じて国際政治をみるという傾向である。憲法第九条の規定に反する結論を生むような国際政治観を頭から否定し、そのような見解を反動視する見方がそれから生まれてくる。さらには、そのような見方は、国際政治における道義の役割を過大に評価することになる。その結果は、本来国際紛争の徴候に過ぎない武力を、国際紛争の原因とみる見方を生みだす危険をもっている。

第三の論点は、日本の知識人の間には、マルクス主義的見方が拡がっているため、第二次大戦後の東西両陣営の対立を、社会主義対資本主義の対立と見、資本主義は必然的に帝国主義になるという議論から、何らの論証なしに、東の陣営は平和愛好国、西の陣営は戦争挑発国という規定が生まれてくる、ということである。その結果、つとめてソ連圏に不利なことは言わずに、アメリカ側を批判し、アメリカに反対するような言論のみが、科学的議論であるかのように受け取られている傾向がある。

第四は、非武装中立主義者は、平和を最高価値と考えているが、その平和とはいかなる国際秩序を意味するかについてのビジョンが不明であるということである。その結果、何はともあれ武装さえ解除すれば、平和が維持されると考えるようになる。しかし、平和とは、武力が国際的機関により独占され、平和撹乱者に対し武力制裁の可能性があることにより維持されるのであるから、どのような国際的機関を作ろうとするのかはっきりしたビジョンをもつのでなければ、何ら積極的貢献を平和に対してなし得ないというのがその論点であった。

第五は、日本では、国際政治上の中立とイデオロギー上の中立主義とが混同されている。そのため、日本の憲法を守ろうとする人々が、民主主義でもなければ共産主義でもないという、イデオロギー上の中立主義と誤解されるようなことをいうのは、矛盾しているのではないかということである。

後述の「リアリスト」たちが行った批判と変わらない厳しい指摘である。こういった論点はすでに五〇年代の論文中に現れている。関は何度も「資本主義対社会主義」という図式で説明するのではなく「民主主義対共産主義」という対立図式で考えるべきだと指摘しており、たしかに「資本主義対社会主義」という図式は単純なイデオロギー論争に陥りやすかった。残念ながら、関の指摘にもかかわらず、実際には「資本主義対社会主義」という図式での論議が続いていくことになる。このほかにも、理想と現実との架橋の重要性や、「憲法は国民のためにあり、国民が憲法のためにあるのではない」という、現在ではごく当たり前の議論であるが、憲法論が膠着化していく五〇年代から指摘していたことは注目される。こうした現在も決して古くない様々な論点がすでに提示されていたのである。

また、猪木も関も、第二次大戦前の日本に関し、軍国主義のもとに対外侵略を行ったことについて批判的であった。猪木も関も軍人の横暴に苦労させられた経験もあり、関はボルネオで軍政の一端に参加してかろうじて帰国できた経験を持っている。こうした経験から、軍国主義時代の日本を反省したうえで、戦後の外交を行うべきだという一致した考え方をしている。猪木も関も、繰り返し中国侵略や韓国の植民地支配について日本人が忘れるべきではないと述べている。これは現在の一部の保守の言動とは異なる部分であろう。

前述の福田恒存や林健太郎といった保守派論客はそれぞれ演劇人や歴史家であったが、猪木や関は社会思想の面から「進歩的文化人」の言説に果敢に切り込んでいた。やがて猪木は国際政治学への傾斜を強め、国際政治学者として名声を得ていくことになるが、五〇年代から六〇年代の初頭における論壇では、「進歩的文化人」に対抗する保守派・現実主義者は孤軍奮闘の趣があった。しかし六〇年代に入ると、新たに若い政治学者が現実主義の立場から発言するようになってくる。彼らは政治学を専門とすることから、現実政治への関与も増大し、やがて日本の安全保障・防衛問題論議を大きく変化させていくことになる。そこで次に、「リアリスト」「現実主義者」と呼ばれた人々についてみていくことにしたい。

2　「現実主義者」の登場

「リアリスト」「現実主義者」と呼ばれた人々は、一九五〇年代の反米軍基地運動や中立論の高揚といった反米・反安保体制的風潮に対して、中立論の非現実性と日米安保の効用を説き、「吉田路線」と言われた戦後の日本外交の基本方針の再評価を行い、七〇年代を経てやがて論壇の主流となり現実の安全保障問題へも関与していく。そして八〇年代の新冷戦のなかで軍事力増強をめぐる議論がさかんに行われ、また冷戦後には実際に自衛隊が海外で活動し、日米協力が強化される中で、「吉田路線」とともに批判の対象ともなっていく。まさに、戦後日本における安全保障論の内容と展開の一面を象徴している存在でもある。そこで彼らの言説と具体的な政策展開との関連、そして安全保障政策をめぐって戦後外交に一貫して流れている特徴について検討していくことにしたい。

リアリスト・グループの基本的考え方は、代表的論者である永井陽之助によれば、「意思決定の基本的単位が民族国家である国際社会において、効果的な『法の支配』を欠くことを認め、平和の十分な条件ではないとしても、必要条件として、主要国家の勢力均衡によってのみ、ダイナミックな国際秩序が維持される」という考え方に立ち、「紛争の限定化、経験的な試行錯誤のつみかさねでルール（暫定協定）をつくり、秩序を動的に維持することが第一で、完全軍縮と法的機構の整備よりも、モラルと力を結合する外交と政治的かしこさが、平和維持に最も必要な保障である」というものである(50)（傍点原文）。今では当たり前とされるこうした考え方だが、中立論を展開する「理想主義」と言われる人々が論壇の主流をなしていた六〇年代にあっては驚きをもって迎えられた。国際政治における権力政治の側面を指摘し、日米安保体制の効用を主張するリアリスト・グループの登場で、政府・自民党も現実的な意見交換が可能な人々として注目したのである(51)。また、吉田路線の再評価も、このグループの代表的論者である高坂正堯によって行われ、以後、吉田路線が戦後日本外交の基本方針として正しい選択であったという評価が定着していく(52)。

さて、リアリスト・グループの議論で忘れてはならないのが、当時の憲法九条、そして「軍備の必要という国家のあり方の基本問題をめぐる」国論の分裂を憂慮し(53)、また、日米安保による「巻き込まれ論」や「対米追随論」の中で、日本の自主的な外交のあり方を模索した点である(54)。たとえば高坂は「理想主義」の議論を「核兵器の問題を重要視するあまり、現代国際政治における多様な力の役割を理解していない」と批判する一方で、中立論が「外交における理念の重要性を強調し、それによって、価値の問題を国際政治に導入したこと」を評価する(55)。「国家が追及すべき価値の問題を考慮しないならば、現実主義は現実追随主義に陥る」と指摘したうえで、「日本が追及すべき価値が憲法九条に規定された絶対平和のそれであることは疑いない」と述べ[56]、「日本の外交は、たんに安全保障の獲得を目指すだけでなく、日本の価値を実現するような方法で、安全保障を獲得しなければならない」いと主張したのである[57]。

以上のような考え方はリアリスト・グループにほぼ共通しており、憲法九条を前提としての防衛論、そして日本外交の基本構想が検討されている。たとえば永井は、日本が取るべき防衛政策として、「日本の防衛努力は、米国に安心感と信頼感を与え、しだいに安保体制から離脱していく前提条件であるし、自衛隊の存在理由の第一は、じつにそこにある」と述べ、また「外交努力で、米ソ中間の緊張緩和につとめ、その緩和のテンポに応じて、日米安保体制を、しだいに有事駐留の方向へ変えていくこと」を主張している[58]。また、高坂も、海洋国家としての日本の在り方を論じる中で、「日本本土の米軍基地はすべて引き揚げてもらう」と述べて、「もの（基地）と人（兵隊）の協力」を基本的性格とする現行の安保体制の修正を主張している[59]。

いずれも、現行憲法体制を前提として、吉田路線による経済中心の外交を基本とし、防衛力整備の必要性や日米安保の効用は認めるものの、軍事力の限界も同時に指摘するとともに、日米安保体制の修正を説いていた点が特徴であった。こうした議論の背景には、永井が「正直に言って、日本は、現在なお、半主権国家であり、国際社会における意思決定の完全な主体（独立国）となっていない[60]」という認識に基づく日本の自主・自立の問題と、国民の間に現行憲法が定着しているということがあったと考えられる。

ところで憲法についてみると、第一章でみたように、講和独立直前の五二年三月の世論調査では、「日本の国にとってふさわしい」が一八%、「ふさわしくない」が四五%だったのに対し、五〇年代後半にこの数字が逆転し、六六年には「ふさわしい」が四六%、「ふさわしくない」が二一%となっている[61]。また、日本人の戦争観についてみると、「戦争は絶対にいけない」という絶対否定は、五三年には一五%で、「自衛などやむをえない戦争がある」という条件付き肯定が七五％であったのに対し、六七年には絶対否定が七七％、条件付き肯定が二一％に逆転した[62]。注目されるのは自衛隊と憲法九条の関係で、自衛隊の必要性を認める意見が六〇年代以降は七〇％を超えていく一方で、九条の改正には反対という意見も六〇年代～七〇年代を通じて過半数を超えている[63]。自衛隊の存在と憲法九条が国民の間では定着していったということであろう。

さて、六〇年代末の全共闘による紛争や七〇年安保をめぐる対立を経て、七〇年代に入ると、かつての「進歩的文化人」と呼ばれた人々の影響力が大幅に減じていく。その一方でリアリスト・グループは、次第に論壇の主流になっていくのと同時に、実際の安全保障問題にも関与していくことになる。たとえば、高坂の師にあたる猪木正道は、中曽根防衛庁長官が作った「日本の防衛と防衛庁・自衛隊を診断する会」のメンバーとなり、また中曽根に請われて防衛大学校長に就任している。坂田道太防衛庁長官時代には、「防衛を考える会」が設置され、高坂がメンバーとなっている。「防衛を考える会」は、その後の「防衛計画の大綱」策定にも重要な役割を果たしており、これ以後、大綱の改定の前に有識者による懇談会が設置されるという手順が慣例化していく[64]。

以上のような、懇談会への参加という形式だけではなく、高坂の唱える「拒否力」という考え方が、久保卓也防衛次官が主張したとされる「基盤的防衛力構想」との親和性が高かったように[65]、のちに久保が退官後に入った平和安全保障研究所に、猪木や高坂が深く関係していくことを考えても、両者に相互的な影響があったことがうかがわれる[66]。

さて、前述のように、リアリスト・グループの主張にあった日本外交の自主性追及・日米安保改定であるが、そもそも現行憲法のもとで経済重視と軽武装を両立させるために、安全保障については日米安保体制を重視するという吉田路線とは矛盾する面を持っていたと言えるであろう。日本の防衛努力も増大することで在日米軍の撤退を図るという考えは、五〇年代から主張されていた議論でもあるが、米国が日本本土防衛だけでなく、日米安保条約六条の「極東条項」の問題を重視する限り、容易に安保改定、在日米軍撤退に応じることは考えにくい。また、ドルショックや石油ショック後の低成長時代に入ると、防衛力整備の限界も指摘されるようになり、自衛隊増強による米軍撤退＝安保改定は困難になっていくのである。

そうした中で、防衛力整備の限界と、日本における自主防衛の在り方を検討したものが基盤的防衛力構想に基づく「防衛計画の大綱」の制定（七六年）であった(67)。大綱の策定自体は防衛庁内局官僚が中心であるが、「防衛を考える会」への参加などによって、世論形成も含めた一定の役割をリアリスト・グループが担ったと考えていいであろう。

このような政府当局とリアリスト・グループとの連携は、大平内閣における「総合安全保障研究」で一層拡大する。これは後述の「日米防衛協力の指針」（ガイドライン）以降、日米の防衛協力が具体化していく中で、防衛力という軍事的側面は無視しないものの、それは「節度ある質の高い自衛力」というにとどめ、日米安保と内政の充実によって総合的に安全保障をはかろうという大平の考えを政策レベルまで具体化しようとするものであった。大平は全部で九の政策研究会を創設したが、そのうちで安全保障に関するものとして、当時創設されたばかりの㈶平和・安全保障研究所の理事長に就任していた猪木正道を議長として作られたのが「総合安全保障研究グループ」であった。そしてこの研究グループの中心が幹事として最終的に同報告書のとりまとめにあたった高坂であった(68)。

さて、大平首相の死後の八〇年七月に提出された「総合安全保障研究会」の報告書は、内容的には次の二点が大きな特徴であった。第一に、軍事的役割の限定性の問題である。ここで行われている議論は、高坂、そしておそらく久保などの考え方を反映したものであり、軍事力（防衛力）については拒否力が主たる役割として考えられており、その意味では久保理論をさらに総合的に発展させたものということができる。したがって軍事面では基本的に本土中心の自主防衛論であった。ただし、この報告書が当時顕著になっていった第二次冷戦とも言える状況を無視していたわけでは決してない。「米ソ間の軍事バランスは、一九六〇年代半ば以降のソ連の軍備拡張によって変化した[69]」とあるように、ソ連の軍事力増強がもたらす国際政治的影響についても正確に分析している。ソ連軍拡による変化の結果、「アメリカは過去のように、単独で、広い範囲にわたって、かつすべてのレベルで、安全を与えることはできなくなった[70]」。こういった変化は「日本にとっての軍事的安全保障の課題を増加させた」。すなわち、アメリカに依存していればよい状況が終わり、「局地的バランスについては、その地域の国々の軍事力が重要となった」というのである。

本報告書の問題は、議論がここで止まってしまっていることである。先の部分のあと、「こうして、日本は、戦後初めて自助の努力について真剣に考えなければならなくなったし、日米間の全般的な友好関係だけでなく、軍事的な関係が現実によく機能し得るよう準備しなくてはならなくなったのである[71]」と述べてあるものの、全般的な友好関係だけでなく、よく機能し得る軍事的な関係とは具体的にどういったことかということに関しては、議論が行われていなかった。この後は、軍事面におけるアメリカの優越の終了が、より広範な外交的意味を持つということで、日本の外交的役割といった問題に議論が移ってしまう。結論として軍事面においては自衛力増強という点に落ち着いているのが本報告の特徴であった。そして自衛力という問題で登場するのが、前述のように、拒否力という高坂と久保によって定式化された概念であった。ここでは明瞭に防衛大綱に至る久保と高坂の理論の影響を見ることができる。そして大綱で定めたことすら実現できていない状況を批判し、「(自衛力の強化に関する—引用者注) 以上の欠陥を埋めることは、高い優先順位を与えられるべき課題である。それは『大綱』の実施に過ぎない[72]」とまで言い切っているのである。

さて、報告書の第二の特徴が、軍事力以外の分野に関する広い視点である。具体的提言に及ぶ項目でも、1日米関係、2自衛力の強化、3対中・対ソ関係、4エネルギー安全保障、5食糧安全保障、6大規模地震対策—危機管理体制、と多岐にわたっている。それまでは日米安保体制の是非や憲法問題ばかりが議論されていた日本の状況を考えると、日本が抱える問題点や今後の課題をよく整理したものだと評価して間違いはないであろう。また、安全保障が基本的に総合的な問題であるという考え方に基づき、「より平和な国際体系の造出」を目指していた点は(73)、後述する「樋口レポート」や「荒木レポート」、二〇〇四年の防衛大綱でより具体化していくものでもあった。

以上のような内容的特徴をもつ総合安全保障論は、軍事力の役割をなるべく限定し、高坂らリアリスト・グループの考え方を土台とした、戦後の日本にふさわしい安全保障の在り方を模索したものとしてみることができよう。

ところで、大平正芳による「総合安全保障研究会」が活動していた七九年に、防衛問題で注目される論争が行われている。「関・森嶋論争」と呼ばれるものである。関とは、前述の関嘉彦、森嶋とは、国際的に著名な経済学者である森嶋通夫である。関が最小限の防衛力は必要と主張した論文に森嶋が反論。最初は「北海道新聞」が舞台であったが、やがて『文芸春秋』誌上での論争となり、多くの読者の注目をあびて、両者は翌年、文春読者賞を受賞したほど話題となった論争である。論点は多岐にわたっており詳細な紹介はできないが、「防衛力の役割」「中立」など、五〇年代から問われていた問題が集中的に議論されていた。関が「防衛力」の必要性や「中立」維持は簡単でないことなど、現実的視点から主張していたのに対し、森嶋は「進歩派」の観点から、もし不幸にしてソ連が攻めてきたら赤旗と白旗を掲げて占領を受け入れるべきと説き、決着はつかぬまま論争は終わった。重要なことは、五〇年代から続く前述のような問題に関する論争は、「関・森嶋」論争をもって一応の終焉を迎えたということである。この論争の時点でも、一般国民にはソ連の脅威というものがそれほど現実的なものとは感じられていなかった時代でもあった。しかし、論争から数か月たった七九年一二月、ソ連は突如アフガニスタンに侵攻し、やがて第二次冷戦とも呼ばれる状況が顕著となっていく。日本も、米国との具体的な協力の在り方が問われる時期に入っていくことになる。問題は、八〇年代になると、前述のリアリスト・グループの考え方と、現実の安全保障政策の展開、特に日米防衛協力の実態にズレが出てくることである。その問題は次章で改めて検討してみたい。

注

(1) 五五年体制については、北岡伸一『自民党——政権党の三八年』(中公文庫、二〇〇八年)二九七〜三〇六頁。
(2) 米軍にかわって自衛隊が北海道に移駐した件については、『海原治オーラルヒストリー 上』三二五〜三二六頁。
(3) 『海原治オーラルヒストリー 下』二〇頁。
(4) たとえば藤井治夫『日本の国家機密』(現代評論社、一九七二年)一五九〜一七九頁および同書資料編二六六〜二八〇頁参照。
(5) 鳩山一郎『ある代議士の生活と意見』(東京出版、五二年)『戦後日本防衛問題資料集③』(三一書房、一九九三年)八七頁に再録。
(6) 「衆議院選挙資料・日本復興への道——改進党政策大綱(草案)一九五四」『戦後日本防衛問題資料集③』五六頁。
(7) 重光が行った交渉については、坂元、前掲『日米同盟の絆』第三章参照。
(8) 「国会議事録 衆議院本会議」昭和三〇年(一九五五)一月二二日。
(9) 「国会議事録 参議院予算委員会」昭和三〇年(一九五五)三月二九日。
(10) 「国会議事録 参議院外務委員会」昭和三〇年(一九五五)四月一三日。
(11) 「国会議事録 衆議院内閣委員会」昭和三一年(一九五六)四月一七日。
(12) 坂元、前掲書、一五一〜一六二頁参照。
(13) 「国会議事録 衆議院予算委員会」昭和三三年(一九五八)二月二六日。
(14) 拙著『戦後日本の防衛と政治』第二章第二節参照。

(15)「衆議院予算委員会第一分科会速記録」(一九六三年二月二〇日)。
(16)全文は渡辺祥三・岡倉古志郎編『日米安保条約――その解説と資料』(労働旬報社、一九六八年、以下『日米安保条約資料』と略す)一四八~一六一頁に掲載。
(17)引用は同報告要旨。戦略問題研究会編『戦後世界軍事資料2』(原書房、一九七一年)六一八~六一九頁。
(18)この間の経緯については原彬久『戦後史の中の日本社会党――その理想主義とは何であったのか』(中公新書、二〇〇〇年)参照。
(19)前掲、渡辺・岡倉編『日米安保条約資料』三三九頁。
(20)同右、三三〇頁。
(21)前掲、渡辺・岡倉編『日米安保条約資料』三五八~三五九頁。
(22)地方自治レベルでは、自衛隊改組や解散という主張をしていた社会党や共産党を支持基盤に、六〇年代後半から革新首長が各地に登場してくる。そうした首長を支持した勢力が、やがて自衛隊員やその家族に人権問題が問われるような対応を行っていくのである。
(23)「日本の安全保障に対する公明党の立場」(一九六六年七月、公明党第三回臨時党大会)、前掲『戦後世界軍事資料2』六二三頁。
(24)民社党史刊行委員会、『民社党史 本篇』(一九九四年)四六頁。
(25)同右、四七頁。
(26)同右、九八頁。
(27)代表的なものとして、後に首相となる鳩山由紀夫も有事駐留論を主張していた。鳩山「民主党 私の政権構想」『文芸春秋』(文芸春秋、一九九六年一一月号)参照。
(28)『防衛白書 一九七〇年版』防衛省ウェブサイト http://www.clearing.mod.go.jp/hakusho_data/1970/w1970_02.html
(29)前掲、『伊藤圭一オーラルヒストリー 上』二二二~二二四頁に『防衛白書』のことが語られている。
(30)前掲、『民社党史 上』二四四~二四五頁。
(31)「朝日新聞」(一九七八年八月一七日)。
(32)「朝日新聞」(一九七八年九月七日)。

(33)民社党は、栗栖議長更迭後の八月二八日、永野茂門陸幕長、大賀良平海幕長、竹田五郎空幕長、左近允尚敏統合幕僚会議事務局長を招き意見聴取を行った。民社党からは佐々木委員長、塚本書記長ら幹部が出席した。これに基づき、民社党は有事立法の必要性を積極的に主張した。前掲、『民社党史　上』二四七頁。

(34)『塚本三郎オーラルヒストリー　下』(近代日本史料研究会、二〇〇八年)一四九頁。塚本はイージス艦の予算化について自民党の竹下登と直談判をしたと回想しているが、塚本と竹下は国会議員として同期生で親しい関係であった。

(35)防衛研究所戦史研究センター『オーラル・ヒストリー　冷戦期の防衛力整備と同盟政策②』(防衛研究所、二〇一三年)五一一頁。

(36)小泉の批判は「平和論」として雑誌『心』(一九五六年一〇月号)に掲載され、その後に発表された関係論文と合わせて、『平和論』(文芸春秋、一九五二年)として刊行されている。

(37)山本拓実『もう一つの講和論争』(現代図書、二〇〇九年)。

(38)高坂の指導教官は国際法の田岡良一であり、高坂は猪木の講義を受講していた。高坂が京都大学に残ることになった後、猪木との関係はより深まり、後述のように様々な活動を共にする。また、学生運動がさかんな六〇年代半ばには、猪木と高坂の二人を批判する立て看板が立てられていたと猪木は以下のように回想している。「六〇年代のなかばごろから、京都大学の構内には「京大をアメリカ帝国主義に売り渡した猪木教授、高坂助教授を追放せよ!」という大きな立て看板や垂れ幕が立ち並ぶようになった。」猪木正道『私の二十世紀【猪木正道回顧録】』(世界思想社、二〇〇〇年)三〇九頁。

(39)防衛大学校長時代の猪木については、猪木、同右、三二八~三六八頁参照。

(40)河合については様々な研究がある。最近の研究として、松井慎一郎『河合栄治郎　戦闘的自由主義者の真実』(中公新書、二〇〇九年)がある。

(41)関嘉彦『私と民主社会主義——天命のままに八十余年』(日本図書刊行会、一九九八年、以下『私と民主社会主義』と略)七〇~七一頁、猪木、前掲、『私の二十世紀』一七五頁。

(42)社思研の活動については、関、前掲、『私と民主社会主義』七一~七九頁。

(43)同右、一一六頁。

(44)「日本文化フォーラム」や「日本文化会議」については、上丸洋一『『諸君!』『正論』の研究——保守言論はどう変容してきたか』(岩波書店、二〇一一年)参照。

(45) 猪木、前掲、『私の二十世紀』一六五～一六九頁。

(46) 猪木正道『ロシア革命史――社会思想史的研究』(中公文庫、一九九四年)二六八頁。

(47) 「暴力・ファシズム・共産主義」と「社会民主主義の使命と運命」は両論文とも『中央公論』に掲載された。前者は一九四八年一一月号、後者は四九年四月号である。

(48) 「共産主義と対立する民主的社会主義の根本問題」と「社会民主主義と国際民主主義」は、『中央公論』誌上に、前者は一九五五年七月号、後者は五五年一〇月号に掲載された。

(49) 関嘉彦・林健太郎『自由選書　戦後日本の思想と政治』(自由社、一九六六年)五〇～五一頁。これは「社会主義と国際政治」と題して月刊誌『自由』(一九六五年一一月号)に掲載された論文を同書にまとめたものである。

(50) 永井陽之助「米国の戦争観と毛沢東の挑戦」『平和への代償』(中央公論社、一九六七年)六頁。

(51) たとえば、佐藤栄作首相の秘書官として文化人と積極的に交流を試みた楠田實の日記には、永井や高坂への言及が多く見られ、特に高坂は佐藤のブレーンになっていくことになる。『楠田實日記――佐藤栄作総理首席秘書官の二〇〇〇日』(中央公論新社、二〇〇一年)参照。

(52) 高坂正堯『宰相吉田茂』(中央公論社、一九六八年)参照。永井の吉田路線評価については、永井陽之助『現代と戦略』(文芸春秋、一九八五年)所収の「安全保障と国民経済――吉田ドクトリンは永遠なり」を参照。

(53) 高坂、前掲書、七〇頁。

(54) 当時の自主防衛論については、拙著『戦後日本の防衛と政治』二〇三～二一五頁参照。

(55) 高坂「現実主義者の平和論」『海洋国家日本の構想』(中央公論社、一九六五年)五頁。

(56) 同右、六頁。

(57) 同右、八頁。

(58) 永井「日本外交における拘束と選択」、前掲、『平和への代償』一二九～一三〇頁。

(59) 西村熊雄『サンフランシスコ平和条約・日米安保条約』(中央公論新社、一九九九年)四八頁。

(60) 永井、前掲、「米国の戦争観と毛沢東の挑戦」九頁。

(61) NHK放送世論調査所編『図説　戦後世論史　第二版』(日本放送出版協会、一九八二年)一一三頁。

(62) 同右、一六四頁。

(63) 同右、一七二〜一七五頁。
(64) 「防衛を考える会」と防衛大綱については、前掲拙著、二八四〜二八五頁参照。
(65) 基盤的防衛力構想の中心となる「常備兵力」という考え方を言い出したのは後に次官となる西廣整輝であった。防衛大綱制定経緯からも、基盤的防衛力構想の真の生みの親は西廣であったと考えられる。政策研究院COE・オーラル・政策研究プロジェクト『宝珠山昇オーラルヒストリー　上巻』(政策研究院、二〇〇四年)一六〇〜一七二頁参照。
(66) 高坂の議論と久保の関係については、前掲拙著、二六八〜二七〇頁参照。
(67) この点については、同右、二五九〜二八五頁参照。
(68) 政策研究会総合安全保障研究グループ「総合安全保障研究グループ報告書」(一九八〇年七月二日、以下「総合安全保障報告書」と略す)一頁。
(69) 「総合安全保障報告書」二八頁。
(70) 同右、二九頁。
(71) 同右、三一頁。
(72) 同右、五四頁。
(73) 同右、二一頁。

第三章　五五年体制下の自衛隊

一　日米安保改定と自衛隊

1　自衛隊の役割は何か

一九五四年六月九日に防衛庁設置法・自衛隊法等が公布され、七月一日に防衛庁が設置、自衛隊が発足した。このとき航空自衛隊も創設され、陸海空の体制がスタートした。陸上自衛隊は五〇年の警察予備隊、五二年の保安隊を前身とし、海上自衛隊は海上保安庁内の海上警備隊、保安庁の警備隊を経て海上自衛隊となった。航空自衛隊については自衛隊発足時に新設され、自衛隊は陸海空の三つの部隊で構成される組織として誕生した。

以上の概略でもわかるように、陸海空自衛隊は、それぞれ成立の経緯が異なっていた。そのため、創設にあたって米軍の影響が大きかった警察予備隊を母体とした陸上自衛隊と、その後にできた海上自衛隊・航空自衛隊では幕僚監部の組織も異なっていた。たとえば、図12（次頁）のように陸上自衛隊は米陸軍に倣って「ライン・スタッフ制」が採用され、部の下に課が置かれるのではなく、課は直接陸上幕僚長に対して責任を負うシステムとなっていた。一方で各部長は基本的事項の企画立案等を行った。すなわち各部長は「幕僚長を補佐（一般幕僚）し、各課長は、技術的又は行政的事項の企画立案及び処理を含む職務を行い、且つ関係ある部課長の職務を援助することにより特定の隊務の運営について幕僚長を補佐（特別幕僚）する」システムであった[1]。

各幕僚監部の組織的相違以上に重要なのは、各自衛隊発足にあたって旧軍との関係および関係者に違いがあることである。陸上自衛隊の場合は、警察予備隊以来、旧軍の影響力をなるべく少なくする方針で創設・運営されていた。警察予備隊創設を担当したのは旧内務省警察官僚であり、部隊運用上の必要性から旧軍の将校ものちに

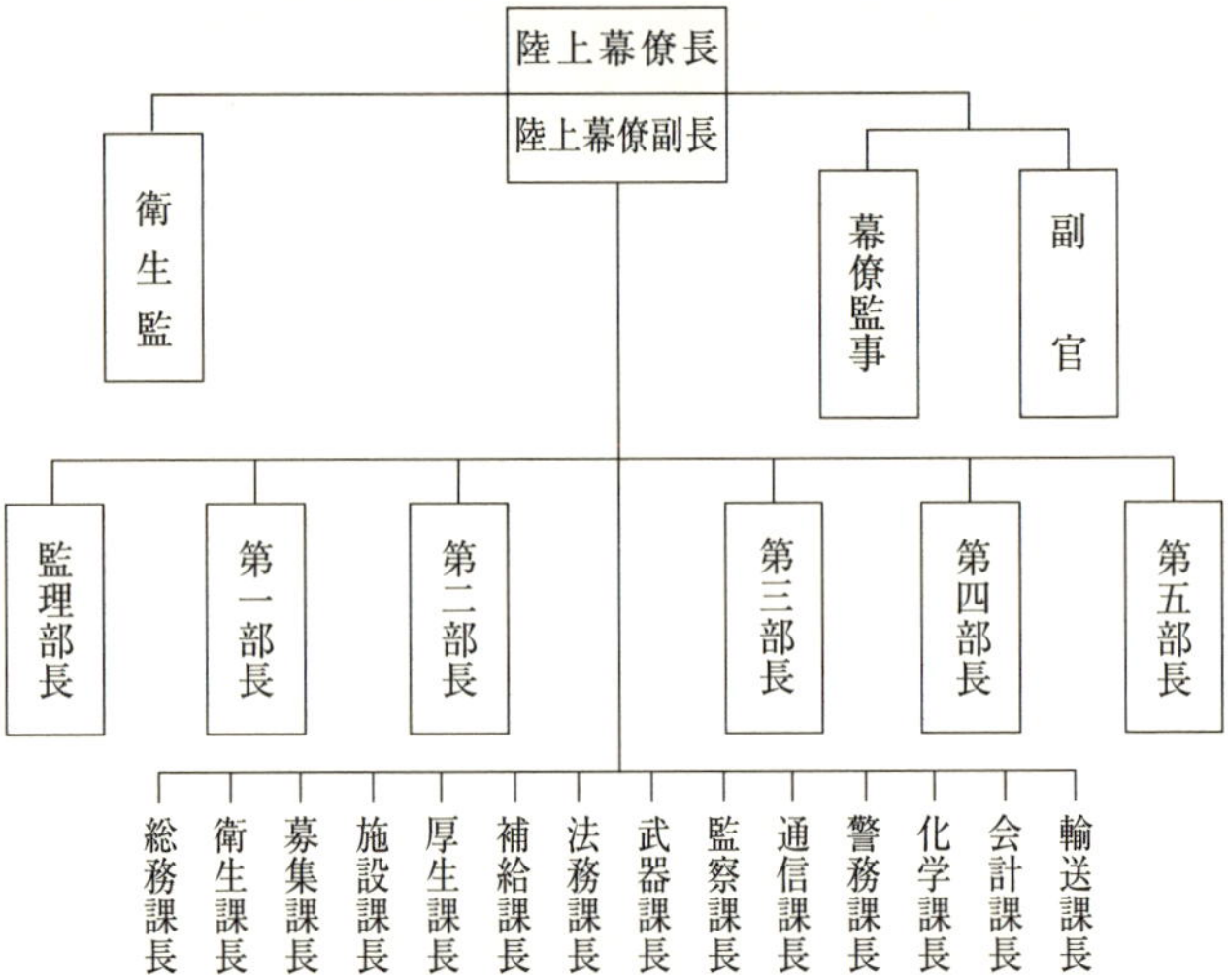

図12　陸上幕僚監部組織図（『防衛年鑑　1956年版』217頁より）

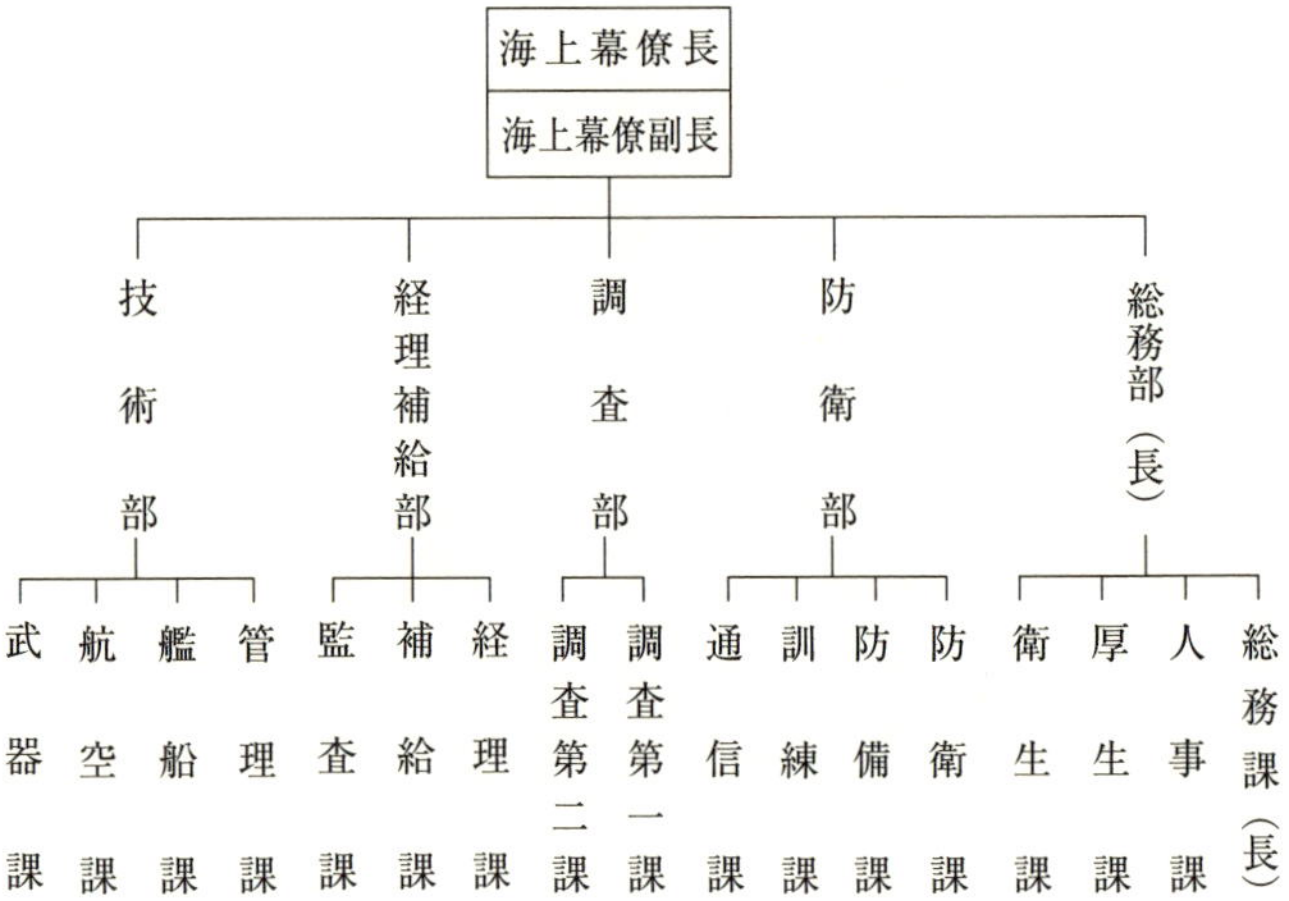

図13　海上幕僚監部組織図（『防衛年鑑　1956年版』224頁より）

採用されたが、その影響力は小さかった。陸上部隊のトップである警察予備隊中央本部長（一二月からは総隊総監）には内務省出身の林敬三が就任し、林は保安隊第一幕僚長、自衛隊発足後は初代統合幕僚会議議長に就任し、一〇年間その職を務めた。警察予備隊創設にあたって作られた組織関係、すなわち内局官僚と制服組の関係については、その後の防衛庁では前述のとおり「内局優位体制」であり、その内局では警察官僚の影響力が長く続いていくことになる。

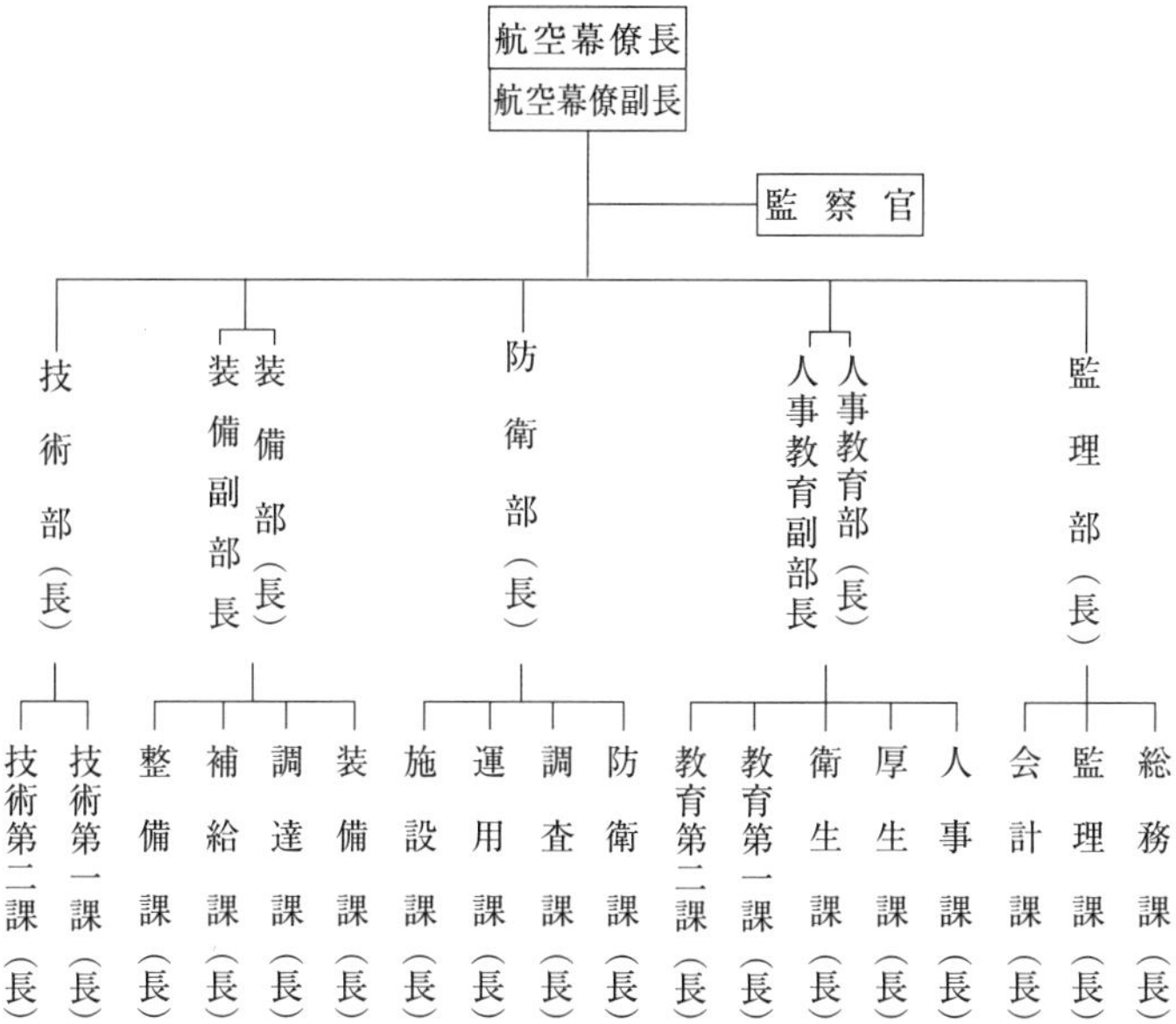

図14　航空幕僚監部組織図（『防衛年鑑　1956年版』230頁より）

一方の海上自衛隊は、野村吉三郎や保科善四郎といった旧海軍将官クラスも含めた旧海軍軍人が、米海軍のアーレイ・バーク提督（後の米海軍作戦部長）らの協力の下、海上保安庁のもとに海上警備隊を作り、それが海上自衛隊に発展していくことになるなど、旧海軍軍人との強い関係の下で発足し、成長していくことになった(2)。

新設の航空自衛隊は、旧陸海軍の航空部門の人々が、米軍の協力の下で誕生したが、創設にかかわった者がもともと陸軍と海軍の双方にまたがっており、旧軍の影響は大きくなかった。ここで重要なことは、陸海空の三自衛隊が創設される経緯も、かかわった人々も異なっており、それぞれの組織文化には大きな違いが生まれたということである。陸海空それぞれの部隊に独自の文化があり、戦略思想にも違いが生ずるのは自衛隊だけの問題ではなく、世界中の軍事組織に共通する現象でもある。戦前の帝国陸海軍の不仲は有名で、戦時中にもさまざまな対立があったことが明らかになっている。戦後創設された保安大学校（後の防衛大学校）では、戦前の陸海対立のような事態が生じるのを防ぐため、学生時代に陸海空に分けることをせず、共通の過程で学ぶようにしている。

それでは何が問題なのかといえば、陸海空の防衛思想が異なっているという点である。[3] 日本本土防衛を中心とする陸や空と、本土防衛第一ではなく、後述のように海上護衛戦や米海軍との協力を考慮した三海峡（対馬・宗谷・津軽）防衛を念頭に置く海上自衛隊では、しばしば課題となる「統合運用」も容易ではなかった。

では、そもそも日本自身を防衛する実力部隊として創設された直後の自衛隊は、如何なる防衛構想を立てていたのか。設立間もない五五年三月に統合幕僚会議事務局で作成された「所要防衛力の検討」という文書が参考になるので以下で見ていきたい。[4]

同文書は、当時の国際情勢の分析から始まっている。特徴は、すでに五五年になると米ソ両陣営の直接戦争の可能性は少ないが、制限された戦闘は生じるという前提に立っていることである。そのうえで、日本が極東に位置する重要性と、中立が不可能であることについて、以下のように説明している。

3　日本の地位

（1）冷戦の場合

アジアは共産陣営の冷戦指導上重点の一つと見られ、自由陣営側は各種の手段を講じて之に対処するであろう。そのアジアにおいて日本はアジア諸国民に及ぼす心理的影響、潜在工業力、軍事基地としての価値等の点から他の諸国に比し決定的意義を有する。

従って今後とも日本に対する共産陣営からの攻勢は活発化するべく、日本の防衛努力が足らない場合には自由陣営諸国の支援を失って孤立化し共産陣営にとって侵略の好目標となるために、武力紛争生起の算なしとしない。

（2）全面武力戦の場合

極東作戦は全面武力戦においては次等作戦正面であるが日本の地位は極東作戦に関する限り重要な意義を有する。従って両陣営とも日本を有効に利用するように努め、已むを得ない場合においても相手に利用させないように努めるであろう。

（3）日本の中立について

日本は上述の如く冷戦、全面武力戦何れの場合においてもその戦略的価値が重要であり、かつ日本の海外依存度は極めて大きいので、両陣営対立の圏外に出ることは極めて困難である。又中立を維持するには独力で両陣営に日本を利用させない丈の防衛力の保有が先決問題であり、日本の国力上不可能とするところである。

従って中立は不可能と断ぜざるを得ない。

同文書では、日本の防衛力の意義について、「冷戦の本質に鑑み、軍事的空白又は空白に近き状態は共産陣営の直接又は間接の侵略をうける算が極めて多い。従って国力に相応した防衛力を保有することは国際平和と日本の安全を保障する必須の要素となる」と、軍事的真空地帯にならないための手段であると述べている。さらに、「日本の国力、技術等より当面日本が整備しうる防衛力は在来様式の防衛力のみであろうが、冷戦においても全面武力戦においても当分の間対日作戦においては在来兵器が主体となることが予想され」ること、そして「日本の整備すべき防衛力は米軍の支援力と相俟って共産陣営特にその主動となるソ連の対日作戦兵力に対抗しうるものでなければ、防衛力としての意義を持たない」とされていた。

以上の想定のもとで、日本の基本的な防衛構想は「(1)米軍の協力を得て国土上空および周辺海域の制空制海権の確保につとめる。(2)敵の上陸(空挺)進攻に対しては、米軍の協力を得てわが陸、海、空の統合戦力を発揮し、敵を国土外に撃退する。(3)連合軍の協力を得て主要海上交通路を確保する。(4)治安維持に関し国内関係機関に協力する。」とされている。では、以上の構想下での陸海空各自衛隊の役割は何か、同文書は次のように述べている。

3 各自衛隊の任務

連合軍、他自衛隊および国内関係機関の協力を得て次の任務を行う。

(1)陸上自衛隊

イ 国土に来攻する敵上陸(空挺)部隊の撃破

ロ 国内治安維持に協力

(2)海上自衛隊

イ 海上交通路の確保。但し、外航護衛は「ハワイ」「ラポール」「シンガポール」までとする。

ロ 主要な海峡、水道および港湾の防備

ハ 主要水路の掃海

ニ 沿岸(一字欠)戒

(3)航空自衛隊

イ 国土要域の防空

ロ 哨戒、偵察

（傍線部引用者）

ハ　敵基地等の制圧

ニ　地上作戦および海上作戦協力

以上のように日本本土防衛を主眼とし、日本に侵攻してくる外敵から領土・領域を守るというのが自衛隊の任務と考えられていた。したがって、陸上自衛隊の「国土に来攻する敵上陸（空挺）部隊の撃破」や航空自衛隊の「国土要域の防空」は何の問題もない。しかしこの段階ですでに海上自衛隊には「上陸部隊の迎撃」といった事項がない一方で「海上交通路の確保」が入っている。これは後の「航路帯」防衛につながる問題で第二次大戦の教訓に学んだこととともいえるが、防衛力整備長期計画で内局とくに前述の海原ともっとも対立する問題となる。以上の点は、海上自衛隊は外敵が進行してきた場合にどのような行動をするのかという問題を生じさせる。実際、前述のように、海上自衛隊は米海軍との協同行動を創設当初から念頭に置いており、陸自や空自とは当初から防衛政策に相違があった。この点でも陸海空の統一行動（現在の統合作戦）は取りにくかったのである。

また、同文書によれば、前記の陸海空自衛隊の任務を遂行するためには、相当大規模な部隊編成を行わねばならなかった。まず戦時所要兵力については表7（次頁）のように算定している。

そして「以上の戦時所要兵力は、当然早急には建設できない。したがって平時において土台となる戦力を保持しておく必要がある。」として、平時の兵力については以下のように算定していた。

7　平時所要防衛力

前項において検討したところは戦時所要最小防衛力であって、平時において幾何《ママ》の防衛力を保有すべきかは更に運用的要求と国家経済力の両者を勘案して検討すべきである。

（1）平時所要防衛力に対する基本的考察

イ　有事に際し成る可く速やかに戦時最小防衛力に転換できること。

表7　戦時所要最小防衛力

(1)　陸上自衛隊	主動部隊(歩兵師団15，装甲師団5基幹) 後方および管理部隊	約60万人 約50万人
	合　計	約110万人
(2)　海上自衛隊	艦　　艇　約700隻	約45万トン
	航 空 機(第一線機)	約400機
(3)　航空自衛隊	戦 闘 機 偵 察 機 輸 送 機	約1,350機 約80機 約100機
	計	約1,530機
	高射部隊	約90大隊

ロ　共産陣営をして容易には侵略企図を起さしめず、かつその侵略に際し所要防衛力の整備するまで応急的防衛が可能であること。

(2)　各自衛隊に関し特に考慮すべき事項

イ　陸上自衛隊

急速拡張が比較的容易なことを考慮し、平時は当初の敵進攻に対し応急的防衛が可能で、かつ国内の治安確保に支障のない程度の防衛力を保有する。

ロ　海上自衛隊

戦時国家活動に必要な最低限度の海上交通を確保することを目途とし、急速拡張の困難な艦艇、航空機の大部を平時より保有する。

ハ　航空自衛隊

制空権の確保が全作戦の基礎となることおよび急速拡張が困難なことを考慮し、航空機の大部を平時より保有する。

(問題点)

国内情勢判断のとおり憲法改正の見込みが少ない現在、非常時態(ママ)における急速拡張は至難であるのみならず、将来戦においては急速拡張のための所要日時を極めて短縮しなければ間に合わない公算が多い。又急速な科学の進歩のため、各種兵器特に航空機の陳腐化の虞もあり更に検討を要する。

以上の方針に基づいて算定された平時所要防衛力を陸海空それぞれについて表にすると、表8～10のようになる。

これらのような平時所要兵力のために必要とされる予算は以下のようなものであった。

表8　陸上自衛隊平時所要防衛力

イ　所要防衛力

a．主動部隊		
部　隊　名	部　隊　数	人　員
歩兵師団	9	113,600
混成歩兵師団	4	24,000
装甲師団	3	36,000
空 挺 団	2	12,000
砲 兵 団	4	22,400
高射砲兵団	3	14,400
施 設 団	3	19,800
機動連隊	3	6,600
島嶼守備隊		1,500
司令部要員	軍2　軍団3	1,700
	計	252,000
b．後方および管理部隊		96,000
	合　計	348,000

ロ　根拠

近代戦の様相受動作戦の特質上平戦時の転換はなお，検討を要するが一応戦時における急速拡張の比率を約6か月の期間において，主動部隊を2倍，後方部隊を5倍程度と仮定する．

a．主動部隊

敵の可能行動とこれに対する応急防衛を考慮すれば，次のごとき兵力配備が必要である．

部隊／方面	北　海　道	東　北	西　部	中央直轄
歩兵師団	3	1	2	3
混成歩兵師団	2	1		1
装甲師団	1	1	1	
空 挺 団				2
砲 兵 団	1	1	1	1
高射砲兵団	1	3分の1	2分の1	6分の5
施 設 団	1	3分の1	2分の1	6分の5
機動連隊	1	2分の1	1	2分の1
島嶼守備隊	利尻・礼文・奥尻		対　馬	

b．後方および管理部隊

上述の主動部隊に対する平時管理および兵站支援に必要なものおよび戦時における基幹要員とする．

表9　海上自衛隊平時所要防衛力

a．艦　艇

区　分	隻数	排水量(トン)	記　事
外航護衛	約100	約160,000	DD(1,600トン)×100
内航護衛	約 80	約 48,000	DE(1,400トン)×6 DE(1,000トン)×30 SC(300トン)×30
対潜水艦	20	12,000	SS(600トン)×20
海峡水道港湾防備	60	29,000	DE(700トン)×25 SC(300トン)×15 PT(60トン)×25 SS(600トン)×10
掃　海	142	30,000	AM(600トン)×10 AMS(320トン)×60 MSB(30トン)×70 GP×2
輸　送	6	10,000	LST(1,600トン)×6
敷　設	9	6,000	ML(600トン)×4 NL(600トン)×3 CL(1,000トン)×2
補助艦	3	13,000	AD(5,000トン)×1 AO(5,000トン)×1 AF(3,000トン)×1
合　計	420	308,000	

b．航空機(第一線機)

対潜機(大型)	約160
対潜機(小型)	約110
ヘリコプター	約 30
輸送機および飛行艇	約 20
計	約320

根　拠

a．外航護衛

戦時所要最少量の80%を平時より保有する.

b．内航護衛沿岸哨戒

直接護衛兵力の80%および間接護衛兵力のおおむね50%を平時より保有する.

c．潜水艦

全部を平時より保有する.

d．海峡，水道，港湾の防備

おおむね50%を平時より保有する.

e．掃海

おおむね50%を平時より保有する.

f．その他

急速微備困難なものは平時より保有する.

8　平時所要防衛力を維持するに要する経費

前項で検討した平時所要防衛力を維持するに要する概略の経費は

陸上自衛隊　一、五〇〇～一、六〇〇億円

海上自衛隊　一、一〇〇～一、二〇〇億円

航空自衛隊　一、六〇〇〜一、七〇〇億円
その他　二〇〇〜　三〇〇億円
合計　四、四〇〇〜四、八〇〇億円

となり昭和三五年頃における分配国民所得に対しおおむね六〜七%である。

これは昭和三〇年度（一九五五年度）に初めて政府予算が一兆円を超えるということで話題になり、三五年度（一九六〇年度）に約一兆七六五〇億円という時代に、[5]実現可能な額ではなかった。海原は制服組の要求を「ないものねだり」と批判していたが、自衛隊発足当初の制服組による純軍事的考慮による所要兵力の算定では、確かに実現は困難であった。したがって、誕生まもない自衛隊は、財政的制約から可能な範囲で何がやれるかということを模索することになる。

すなわち、公式には一九五七年に国防会議において「国防の基本方針」が定められ、日本がとるべき防衛政策の方向が示されていた。しかし「国防の基本方針」は以下のように、日米安保体制の下で可能な範囲で日本も防衛力整備の努力をするという姿勢を明示したもの（特に基本方針の第三項）に過ぎず、具体性に欠けていた。[6]

国防の目的は、直接および間接の侵略を未然に防止し、万一侵略が行われるときはこれを排除し、もって民主主義を基調とするわが国の独立と平和を守ること

表10　航空自衛隊平時所要防衛力

a．航空機（第一線機）	戦闘機	約1,350
	偵察機	約　70
	輸送機	約　80
	計	約1,500
b．高射部隊	120ミリ AAA	約20大隊
	Skysueeper	約15大隊
	計	約35大隊
c．レーダー基地		24基地

根　拠
a．戦闘機およびレーダー基地は戦時所要最少量の全部を平時より保有する．
b．偵察機および輸送機はおおむね80%を平時より保有する．
c．高射部隊は根幹防衛力としておおむね40%を平時より保有する．

にある。この目的を達成するための基本方針を次のとおり定める。

① 国際連合の活動を支持し、国際間の協調をはかり、世界平和の実現を期する。
② 民生を安定し、愛国心を高揚し、国家の安全を保障するに必要な基盤を確立する。
③ 国力国情に応じ自衛のため必要な限度において、効率的な防衛力を漸進的に整備する。
④ 外部からの侵略に対しては、将来国際連合が有効にこれを阻止する機能を果たし得るに至るまでは、米国との安全保障体制を基調としてこれに対処する。

では、創設間もない自衛隊は何を目標と定めたのか。陸自の場合、それは米軍撤退の穴を埋める形で始まった「北方重視戦略」であり、それがそのまま陸自の基本戦略となった。そのため機動戦力などは優先的に北方に配備されていく。さらに「北方重視戦略」だけではなく重要な課題として「間接侵略」対処も加えられた。それは、一九五〇年代に反米軍基地闘争が高揚していたことを背景にしており、直接侵略の蓋然性は低くなりつつあるが、むしろ間接侵略の可能性は高いと考えられたことによる。また、安保条約の改定によって旧安保条約にあった「内乱条項」(日本の内乱鎮圧への駐留米軍の援助)が削除されたことによって、治安維持に関する自衛隊の責任が重くなったという認識も生じた[7]。

しかし実際は、六〇年の安保騒動の時、自衛隊の治安出動が検討されたが結局発令はされなかった。そのこと自体は、誕生まもない自衛隊が国民と対立するという事態が避けられたのであるから間違った判断ではなかった。一方で、安保騒動以降も激化した学生運動や過激派への対処といった治安問題には、機動隊という特別部隊も編制した警察があたることになり、「冷戦の内政化」という状況下で主役を演じるのは警察であった。自衛隊は陸海空の路線対立をはらみながら、後述の年次防で着実に規模は増大しつつも、災害派遣や民生支援以外では国民から遠い存在となっていく。自衛隊の存在については常時高い支持を得るようになっていくものの、経済中心の世相の中で五〇年代のような基地や再軍備への関心は薄れていくのである。

六〇年代はまさに安保改定で戦後憲法と日米安保体制が安定化し、国内政治的には「高度経済成長路線」によって経済中心の政治が定着する時代であった。これで「吉田路線」と呼ばれた「日米安保中心・軽武装・経済重視」路線も、吉田自身が経済復興後の再軍備を考慮していたのとは異なり、五五年体制下の自民党の基本路線となっていく。「戦後平和主義」と呼ばれる思潮が一般にも浸透していくなかで、安保騒動のような国論を二分するような対立の再燃を恐れる政府は、防衛問題のようなハードイシューをなるべく議論から遠ざけ、防衛庁は自衛隊管理官庁化していくのである。本来、安全保障・防衛問題は政府のもっとも重要な責任であるが、日米安保依存の中で防衛政策が政界全体の中から重要度を低くしていくことになる。そうした傾向の象徴に、防衛庁の省昇格問題がある。次項でその問題を取り上げておきたい。

2 「省昇格」問題

一九五四年、保安庁を発展解消して誕生した防衛庁は、独立した省ではなく、総理府の外局である庁として誕生した。そのことに由来する問題も存在するのみならず、前述のように日本のシビリアン・コントロールの特徴である「文官統制」も草創期に組織原理に組み込まれているという問題があった(8)。防衛庁の省昇格という大きな組織的変革は、創設以来の防衛庁・自衛隊の組織的あり方にも変更を及ぼす可能性があったのである。したがって、省昇格問題の過程で展開された議論や政治的活動に着目することで、当該時期における防衛政策をめぐる政府・与党内の意見対立の実際や、防衛問題の位置づけにも迫ることができるのである。では次に、省昇格の具体的な展開過程の分析に入る前に、以後の問題点をより明確にするために、創設期の防衛庁・自衛隊の組織的特徴・問題点を整理しておきたい。

まず、前述した総理府外局の庁として成立したことによる問題である。防衛庁が国家行政組織法第三条第二項に基づいて総理府の外局として設置されたことによる法的な問題については別に譲るとして(9)、ここでは政治的側面から見ていきたい。そもそも自衛隊の前身である警察予備隊と保安庁は、前述のようにその基本的性格は治安維持機構であって、直接侵略への対処を主任務とする自衛隊とはそもそも法的位置づけが異なっていた(10)。直接侵略への対処すなわち国防を任務とする以上、保安庁時代と同じく総理府の外局ではなく、省として発足すべきであるという意見は、自主防衛力整備を強く主張し防衛庁・自衛隊創設を推進した改進党が自由・改進・民自の三党による防衛二法制定協議の初期段階から主張していた。それが庁として誕生したのは、改進党が三党協議での力点を国防会議設置や文官・制服組関係においたため、設立時に省として発足するのを断念したことが大きかった。ただ、後述するように、かなり早い段階から省への昇格が議論されており、防衛庁に勤務する者も当然、いずれ省に昇格するものと考えていたという。いずれにしろ、総理府外局という位置づけでは、防衛力増強を求める米国に対して、日本が防衛努力に消極的であるという印象を与える恐れが懸念されていた(11)。一方で、自衛隊の明確な軍事組織化に消極的な旧自由党系の人々からすれば、省昇格はいわゆる「再軍備」路線への転換につながるものとして考えられていたのである。

次に制服組と文官の関係、すなわち「文官統制」問題である。「文官統制」が導入され定着していった経緯については別に論じたのでここで改めて詳述はしない(12)。重要な点のみ述べると、五四年に成立した防衛庁・自衛隊を中心とする防衛機構では、防衛庁内局がいわゆる「統帥事項」にまで関与するという、他の国の防衛機構にない仕組みが導入された(13)。内局の官僚は本来なら制服組が決定する事項にまで細かく関与する権限が与えられており、実質的に内局官僚が制服組より優位の立場に立っていた。これを「文官統制」と言っているが、省昇格という大規模な組織改革が考慮される場合、この「文官統制」問題も当然議論の対象となるのである。これが修正されれば、防衛政策の形成・決定過程における制服組の役割が増大する可能性があった。すなわち省昇格問題は、戦後日本の防衛制度の特徴である「文官統制」に変更を迫る可能性を持っていたのである。

「文官統制」問題だけにとどまらない。防衛庁・自衛隊を中心とする防衛機構は、シビリアン・コントロールを支える仕組みとして五六年に導入された国防会議や、「文官統制」の下で低く抑えられた統幕議長の権限問題など、単に内局官僚と制服組の対立だけではなく、再軍備に消極的な自由党系政治家と反吉田の自主防衛派の対立、旧海軍軍人と旧陸軍軍人の対立など、さまざまな対立が輻輳して展開された末に成立したものであった。したがって、組織の改変が具体化してくると、一度封印されていた防衛問題をめぐる対立が再び議論される恐れが生じるのである。それは軽武装・経済重視で進められているいわゆる「吉田路線」の修正にもつながりかねないものであった。

以上のように、省昇格問題は単なる機構改革問題というものにとどまらず、防衛政策の全体に大きな影響を及ぼす可能性を有していたのである。では次に、その具体的な展開を見ていこう。

（1）省昇格問題の発端

先に述べたように、庁として誕生した防衛庁を省に昇格させようという意見はかなり早い時期から存在した。それをもっとも明確な形で主張したのが鳩山一郎内閣の防衛庁長官であった砂田重政である。もともと鳩山内閣は吉田政治の見直しを掲げて政権についたわけで、鳩山自身、再軍備を主張していた。ただし、鳩山の再軍備論は憲法改正の方に力点をおいており、具体的な防衛政策についてはほとんど語っていなかった(14)。したがって鳩山内閣になってもそれまでの防衛政策が大幅に見直されたわけではなく、米国との分担金交渉などに追われていたのが現状であった。そうした中で五五年七月に防衛庁長官に就任した砂田は、「防衛庁の省昇格」「郷土防衛隊の創設」「旧陸海軍の権威者からなる防衛庁長官の顧問団の設置」という砂田構想を打ち上げて、いわゆる自主防衛路線を主張したのである。ただしこのときは省昇格に伴う組織改変は最小限にとどめ、内局と制服組関係の見直しなどは基本的に行なわれない方針であった[15]。このときは自民党国防部会の賛成を得ることはできたものの自民党内の大勢を占めるにいたらず、構想のみで終了した[16]。

昇格問題が本格的に議論されることになったのは、五八年の陸上自衛隊増員問題を契機にしてである。周知のように、安保改定を目指した岸信介首相は五七年に訪米し、日米両政府は安保改定交渉の開始や在日米軍の大幅削減などを約束した。そのため日本も防衛力整備に取り組むことになったわけである。具体的には、当時技術進展が著しかった誘導弾（GM）の導入や在日米地上軍撤退に伴う陸上自衛隊の増員などが検討されたわけだが、その過程で統合幕僚会議強化、誘導弾導入を推進する事務機構の設置などが検討されることになった[17]。そうした中で、自民党国防部会を中心に、防衛庁の省昇格が本格的に議論されることになったのである。統合幕僚会議強化問題と省昇格問題は連動するものではあるが、統合幕僚会議強化問題は別に論じたので、ここでは省昇格問題を中心に述べることにする[18]。

さて、前述のように五八年の陸上自衛隊増員問題を契機に自民党国防部会に防衛庁の省昇格を求める機運がたかまり、原則として意見がまとまった。ついで自民党内の行政機構改革特別委員会において審議された結果、「一昨年の岸アイク共同声明以来日米の協力関係が新しい段階に入り、（略）これが運営管理に任ずる防衛庁は省に昇格すべきであ」る旨の答申がなされた[19]。五九年に入ると船田中元防衛庁長官を委員長に防衛部会内に国防省機構に関する小委員会が設けられ、三月には前田（正男）私案及び保科（善四郎）私案がそれぞれ提出された[20]。前田は五三年五月から保安庁政務次官を務め、防衛二法制定に関与した政治家であり、保科は元海軍中将で衆議院議員に当選以来、国防部会を中心に活躍した国防族の中心人物であって、前田と保科の私案が提出されたことには不思議はないのだが、実はもう一人、服部卓四郎の私案も提出されていた。服部は言うまでもなく旧陸軍の中枢で活躍し、戦後も再軍備問題でさまざまな場面に登場する人物である。しかし、国防会議設置問題のときに服部の参事官就任問題が新聞紙面をにぎわして結局国防会議に関与できず、その後は公的な関係では防衛庁・自衛隊に関係していなかった。したがってどのような経緯で服部の私案が前田・保科と並んで検討材料として取り上げられることになったのかは定かではない。服部は自民党政治家に知人もおり、そういった人物を経由して彼の案が党内に持ち込まれたものと推測しうるが、ともあれ前田・保科・服部の三つの私案が省昇格問題を考える土台となったのである。[21]この三私案が当時の防衛庁機構をめぐる考え方の相違を代表しており、これによって防衛庁の何が問題とされ、また、三私案のどれが採用されるかで当時の政治状況の中での防衛問題の位置づけが明確になってくる。そこで、三私案の具体的内容の検討を行わねばならないが、その前に、三私案が提出された時点での省昇格問題の推移を見ておこう。

前述のように省昇格問題と連動して統幕強化問題も議論されていたが、防衛庁が「統合幕僚会議の整備に関する要綱案」をまとめ、国防部会に説明したのは五九年八月であった。[22]しかし、この統合幕僚会議の整備に関する防衛二法改正法律案は、五九年の第三一国会は警職法改正問題の紛糾で提出見送り、翌六〇年二月の第三四通常国会は他の議案の審議混乱で継続審議となり、さらに次の第三七国会では審議未了廃案、六一年二月の通常国会に再提出されてようやく六月に成立した。このように成立まで長い時間がかかったため、法改正事項は最小限にして訓令によって解決する方針であったのが裏目に出てしまった。すなわち、法案にかかわった五八年当時の関係者が内局にも幕僚監部にもいなくなってしまったのである。これで訓令化は実質上不可能になり、改正された法律の内容に関しても、それを補足する訓令が未制定のため内容不明となり実施不能となった。統幕強化は事実上骨抜きになってしまったのである。[23]省昇格問題もほぼ同様の経過をたどる。

すなわち、前述の三私案を基に省昇格の基本方針をまとめようとした国防部会に対し、三私案を検討した法制局と行政管理庁の間で意見がまとまらず、とくに行政管理庁は、「先に行政審議会において、審議されたが、現憲法下においては、また国民感情の観点からも現機構が限界であり、時期尚早との意見があった経緯もあるので、当庁としては積極的にこれを推進する立場にはない」として昇格に否定的見解をまとめたのである。[24] 後述するように、行政管理庁は三私案に対して基本的かつ重要な問題点の指摘も行っており、そうした批判に応えた省昇格の方針をまとめるのは容易なことではなかった。しかも、岸内閣自体、警職法問題での紛糾や安保騒動の激動に入っていき、省昇格問題もこの過程の中に埋没させられていく。したがって、国防部会が省昇格の基本方針をまとめ、ふたたび積極的にこれを打ち出していくのは池田内閣後半になって世相もやや落ち着きを見せたころになってであった。では次に前述の三私案の内容を見てみよう。

（2） 三私案の内容と性格

前田正男・保科善四郎・服部卓四郎の三私案の内容をみると、現行機構の大幅な改革を求めるか否かで二つに分けられる。すなわち、大幅な改編を求める前田・服部の案と、改変は最小限にすべしという保科案である。そこで前田、服部、保科の順に見ていこう。なお、五九年当時の防衛庁機構は図15のとおりである。

① 前田案

前田案の特色は、「『自衛のため』には現憲法上の制約はないとの原則」に立っている点と、「三軍統一」と「軍政と軍令の分離」を進めて日米安保条約の相互条約化に対応した組織を考えていた点であった。[25] 以上の方針の下、組織を次のように改めるべきと主張している。

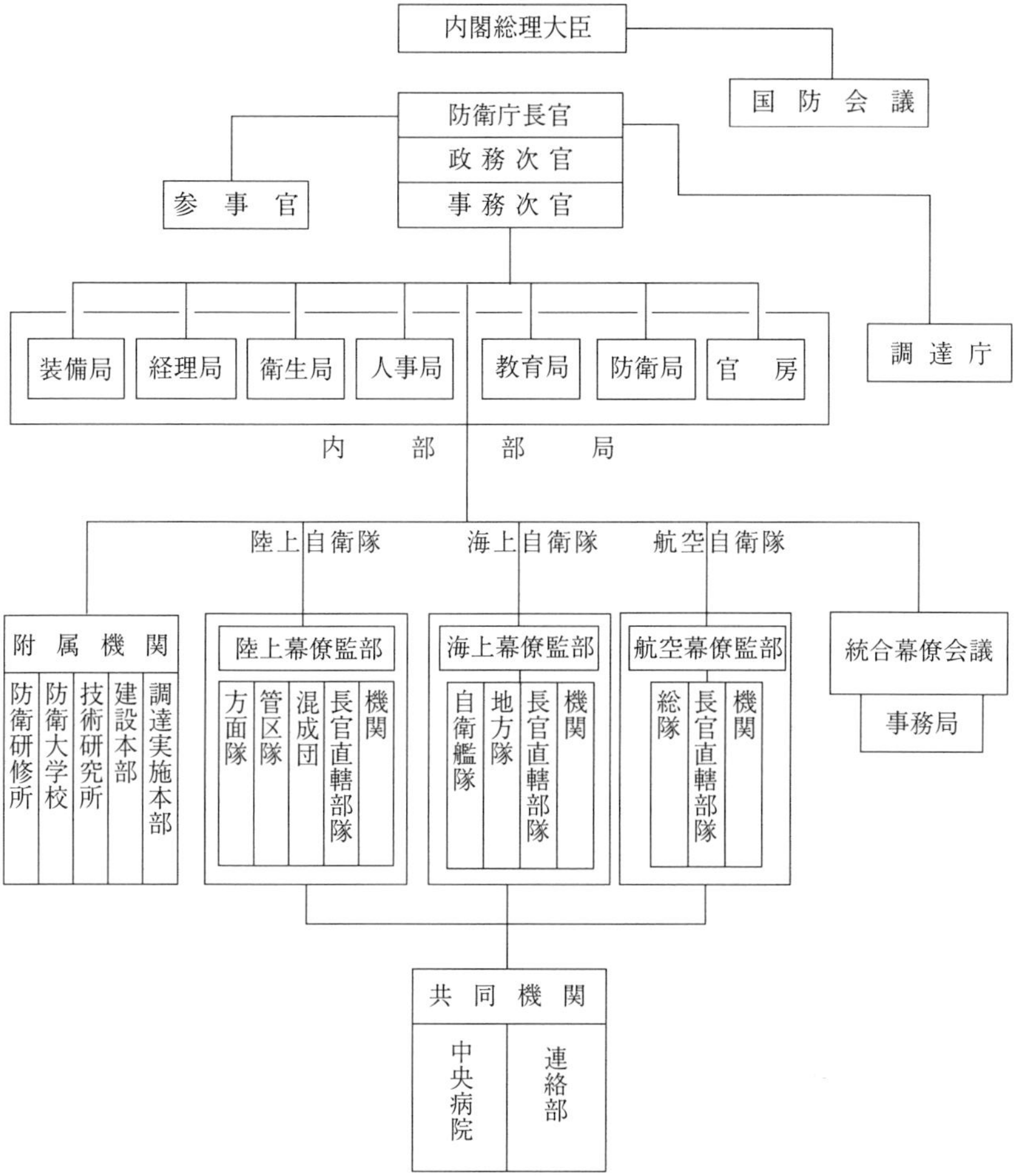

図15　1959年当時の防衛庁機構図

二　組織

（1）政治優位の下、現内局と幕僚監部を統合し、次官補のもと、軍政担当の局と本部をおき、軍令として統合参謀本部を設け、各部隊を大臣直属とする。

（2）参事官は非常時の場合の総動員体制責任者としての軍政各連絡担当要員（外務情報、民防、輸送、防衛生産等）及び特設部隊の総司令官要員として保留し、平時は各自の専門的意見を求め又重要事項の補佐を行わせる。

（3）大臣、政務次官、事務次官、次官補、統合参謀総長各総司令官、参事官は特別職とする（ただし、一般部隊員も公務員法上は特別職となる）。

以上の考えを図にすると図16のようになる。また、「軍政と軍令の分離」を進めた上で文官と制服組の従来のあり方、すなわち「文官統制」を改めて両者を対等の立場に置こうとした点も前田案の特徴である。すなわち「人事管理」の問題として前田は次のような案を提示している。

（1）軍政担当の特別職は私服とし他は全員制服化をはかる。（専門職員、技工員、雇員等は別）なお、下級より上級まで広く人事交流、育成を行い、他官庁よりの転属は取り止める事とする。

しかし、暫定的に現私服を認め、特別職以外は、軍政軍令を問わず制服、私服の人事交流を自由とし、かつ、私服も下級より上級迄随時部隊、現場等へ出て臨時に制服を着用するという処置も考えられる。

（2）制、私服を問わず、防衛大学、一般学校出身者は当初各種学校で初歩訓練後、全員最下部の部隊、廠、支所等現場に勤務し、次に部隊本部、廠、支部等の中央部に上進して勤務し、その間上級の各専門、各種学校に入る。

その後本省、本部、中央部、総司令部等に勤務し、更に各地の部隊長、所長、廠長等に出て、又中央

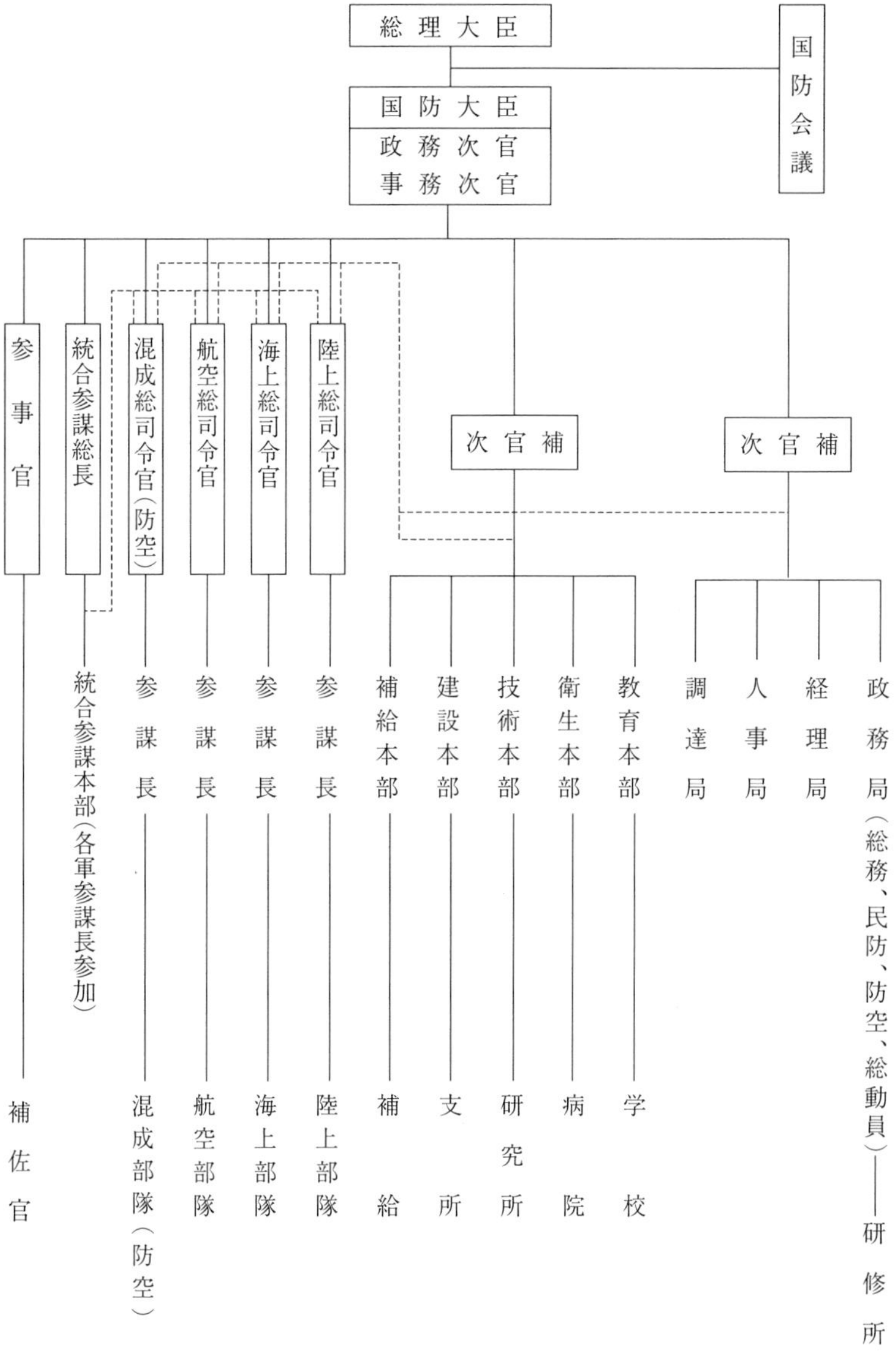
総理大臣
国防会議
国防大臣
政務次官
事務次官
参事官
統合参謀総長
混成総司令官（防空）
航空総司令官
海上総司令官
陸上総司令官
次官補
次官補
統合参謀本部（各軍参謀長参加）
参謀長
参謀長
参謀長
参謀長
補給本部
建設本部
技術本部
衛生本部
教育本部
調達局
人事局
経理局
政務局（総務、民防、防空、総動員）
補佐官
混成部隊（防空）
航空部隊
海上部隊
陸上部隊
補給
支所
研究所
病院
学校
研修所

図16　前田私案

部に帰える事とし、一応平等の立場より出発し後は実力と成績で抜擢して人材の養成をはかり、又適当な人事の交流、刷新をはかる。

（3）階級名は元に復し、大将の階級を設ける。事務次官、大将は認証官とする。」

以上のように前田案は、「三軍統一」「軍政と軍令の分離」を前提に「文官統制」の改正を含めたかなり大幅な機構改革案であった。しかし、服部案はこれよりもさらに徹底した改革を求めていた。

② 服部案

服部案は、現行機構が「あまりにも文官の掌握度が強すぎる」ものであり、「法的には、防衛庁設置法、第九条および第二十条が、がんじがらめに文官の絶対的掌握力を保証している。[26]この意味において、古今東西その類例を見ない国防軍の中央機構である。これでは、非常時における自衛隊の行動を半身不随に陥れるのみか平時においては、隊員の活動を全く封殺消極化し、文武間の不信感を深刻にし、機構の運用をいよいよ複雑化している」という批判の上に立って、理想とする抜本的改革案と現行機構を基礎とした最小限の改革案の二つを提示している点に特徴があった。[27]紙幅の関係で服部案のすべてを紹介することはできないが、重要な点は、現行機構を基礎に最小限の改革であると述べた後者の案でも相当大幅な改革が求められていることである。すなわち、服部は以下のように提案している。

国防省昇格を目途とし、最小限とらるべき改革は、現機構の文民による重複掌握型から文民による並列掌握型に改めることを根本方針とし、つぎのような諸点を考慮する。

（1）防衛庁設置法第二十条を削除し、極端な文官の重複掌握型を修正する。又特権的存在の印象を与える「内部部局」すなわち内局の名称を廃止する。

（2）防衛庁設置法第九条を修正し、参事官は防衛庁の所轄事務のうち政務に関する基本的方針の策定に関し、長官を補佐するよう改める。

（3）防衛庁設置法第十二条防衛局を政務局と改称し、その性格を政務及び隊務の中心局から防衛政策の中心局たるように改める。

（4）防衛庁長官の下に長官最高の審議機関として防衛庁会議を設置する。

防衛庁会議は、防衛の基本方針、一般政務と隊務との調整（政戦略の調整）に関する重要事項に関し審議する。

防衛庁会議は大臣を長とし、両次官、官房長及び各局長、統幕議長及び各幕僚長を以って構成する。

（5）国防省に研究開発を主務とした研究開発局を新設する。

（6）防衛庁設置法第十九条（内部部局に自衛官を勤務させることができる。）を適用して各局に所要の適材を配置する。これによって隊務と一般政務との調整吻合を容易にする。昭和二十九年自衛官を内局に不採用の原則は、改正されたが、そのままにして適用されていない。

（7）統合幕僚会議を統合幕僚部と改め、その組織を強化するとともに、その所轄事項に関し、陸、海、空幕僚監部をその指揮統制下に入らしめる。この際三幕情報業務の主力を統幕に集中する。

（8）以上の措置と相俟って陸、海、空幕僚監部の編成につとめて簡素化する。(28)

「重複掌握型」および「文民による並列掌握型」の機構は図17（次頁）のとおりである。以上のような主張に加え、また、（7）の統幕強化については以下のような問題も指摘している。

「防衛庁設置法第九条、第二十条をそのままとして統合幕僚会議を強化することは、各幕僚長が長官補佐のため、三段の制約をうけることとなり、徒らに業務を複雑化するのみである。しいて統合幕僚会議の強化を実行する場

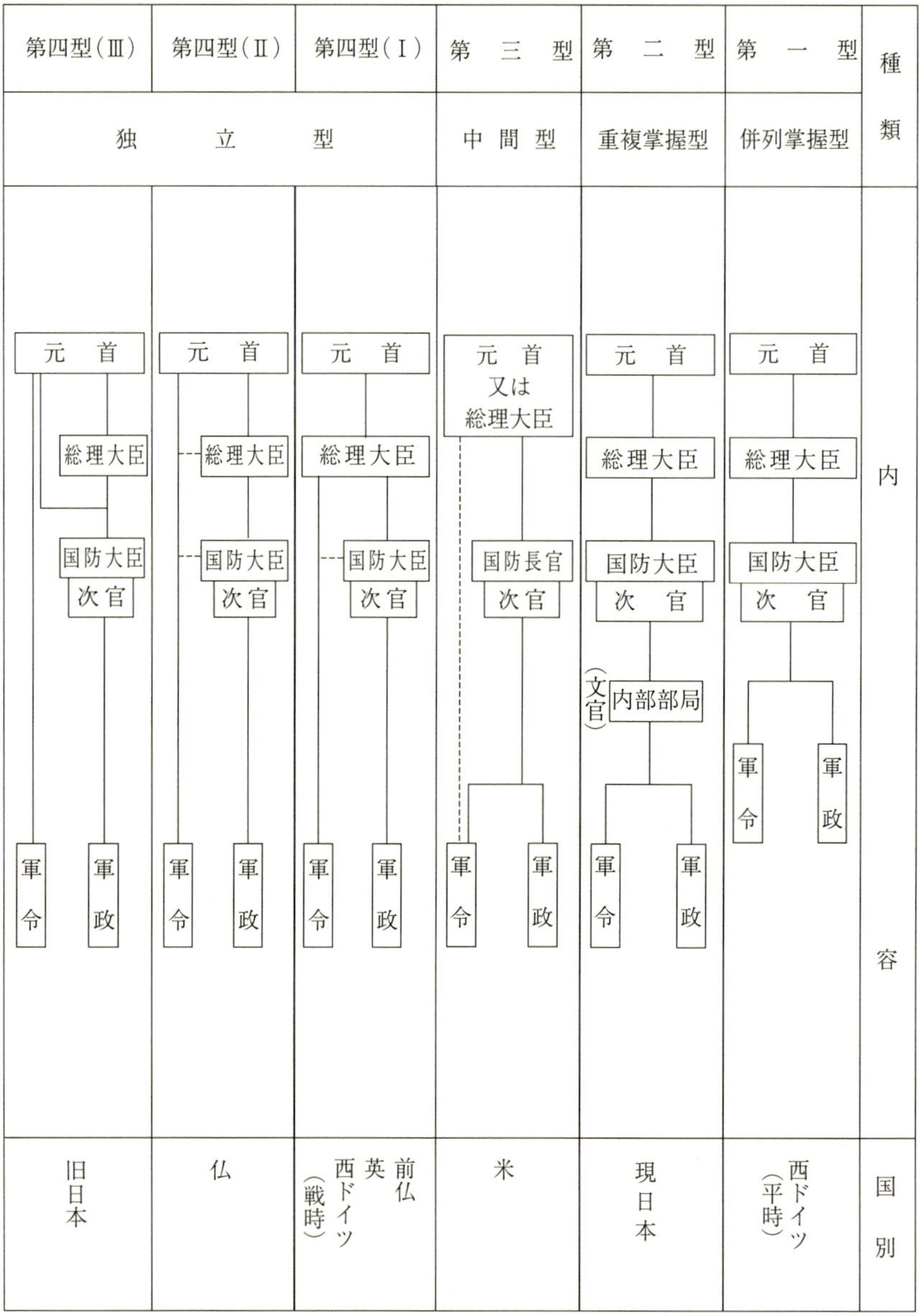

図17　国防大臣と軍政・軍令との関係

合は、最小限絶対の条件として、防衛庁設置法第二十条の廃止を必要とする。」

すなわち服部の案は前田案と同様に「文官統制」を改めることに主眼をおいており、さらに統幕の強化によって軍令の強化を目指していることに特徴があった。これは当時、陸幕で考えられていた「統幕強化案」とも基本を同じくした考えであった。(29)

③　保科案

「文官統制」の修正を前提とした大幅な機構改革を求める前田案・服部案に対して、保科案は「防衛力建設の途上において一挙に抜本的大改革を行うことは、重大なる混乱を惹起する虞が大である。そこで差し当り防衛力の建設に障害となっている事項を改正して国防省に昇格し、漸を追って更に改正を行うようにするのがよい」という考えに立っていた点に特徴がある。保科は、当面改めるべき事項を六点あげて、「その他は一応現防衛庁機構のままとして発足するのがよい」としていた。国防省昇格にあたって保科があげた六点は以下の事項である。(30)

（一）統幕長の権限を拡大し用兵作戦の計画立案及統合部隊に対する命令執行権を与える。

（二）統合幕僚会議、各幕と内局との事務所掌規程を作り事務所掌分担を明確にする。

（三）内局に有能なる制服（平服として入れる）を入れて、内局の陣容を強化する。

（四）国防大臣の諮問機関として「軍事会議」を法律的に国防省設置法の中に規定する。（「国防会議」は単独立法とする。）

（五）防衛生産態勢を確立するため、国防省が防衛機器の研究、生産、修理改造の行政権を行使し得るようにする。

（六）参議官（参事官）制度を創設する。

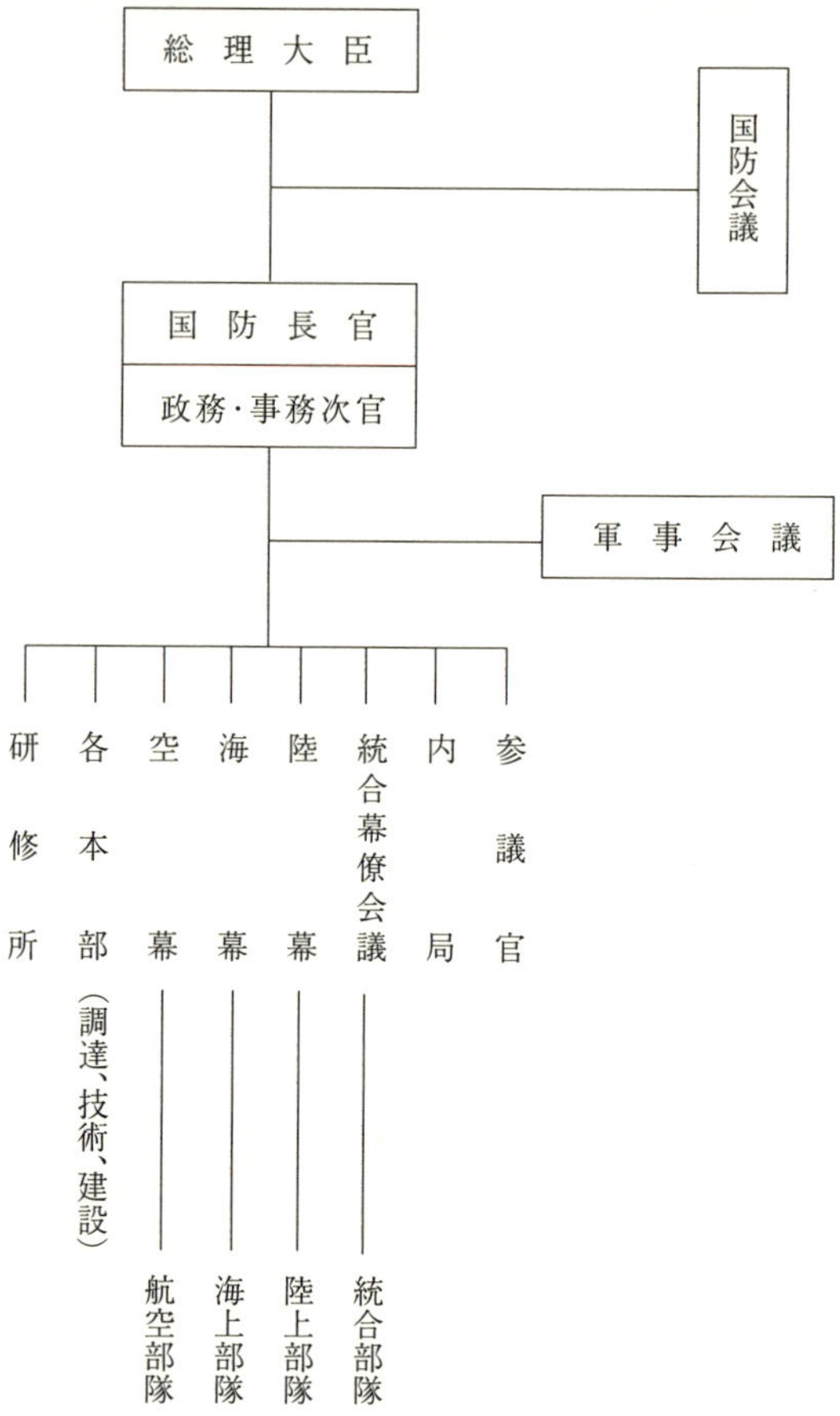

図18　保科私案

以上の案にしたがって考えられた機構は図18のとおりである。保科の案でも「文官統制」はやはり現行よりは修正を加えられており、軍令面の強化が考えられている。しかし統幕強化は最小限に抑えられており、じつはそれは統幕強化問題における海上自衛隊の姿勢と連動していた。すなわち海上自衛隊は、統幕強化によって陸自の勢力が増大し、それに飲み込まれるのを恐れていたといわれる。[31]また、防衛生産に関する指摘があるのも保科案の特徴であった。当時の国防族が防衛産業と密接な関係があったことを象徴している。[32]

（3）行政管理庁の批判

さて、以上の三私案について、前述のように行政管理庁は否定的見解をまとめた。論点は三つあり、第一点は総理大臣と防衛庁長官の指揮権をめぐる問題、第二点は統合幕僚会議並びに三幕僚監部の位置づけに関する問題、第三点は保科案にある防衛生産の問題である[33]。

第一の点は、防衛庁が軍事に関する問題を所掌するが故の問題である。すなわち、防衛出動などを下令する場合は当然総理が判断し指示を出すことが前提とされるが、そういったいわゆる軍令に関する命令まで含めると総理と国防大臣との関係は憲法や当時の国家行政組織法などとの問題で複雑になるのである。行政管理庁は以下のように指摘する。

現憲法下においては、自衛隊の事務は、出動命令、指揮権等を含めすべて憲法七十三条にいう一般行政事務といわなければならない。行政事務はまた、憲法六十五条の定むるところにより内閣に属し、内閣法第三条により、さらに、これは、主任の大臣に分担管理されることになっている。

したがって、防衛庁が省に昇格される場合、防衛大臣がすべて行政事務を分担管理することが原則である。もし、内閣総理大臣に自衛隊の行政事務の一部（例えば出動命令或いは指揮権のごとき）を分担管理せしめることとすると、その時の内閣総理大臣は、総理府の長としての内閣総理大臣であり（国家行政組織法第五条）、総理府のなかに、この内閣総理大臣の事務を補佐する部局が必要となる。この限りにおいて、防衛省内の内部部局の事務を一部移すことが考えられる。

もし、総理府の長としてではなく、内閣総理大臣に事務を分担管理せしめるためには現内閣法及び国家行政組織法に所要の改正を行なわなければならない。

すなわち省昇格に伴って、現行の総理府外局の長であって総理府長官（すなわち総理大臣）の指揮下にあった状態から国防大臣になるとかなりの権限が移ることが予想されるが、その場合、防衛庁関係の法律を改正するだけではすまず、国家行政組織法や内閣法の改正などかなり大掛かりな作業が予想されることになるのである。これは第二点の統合幕僚会議並びに三幕僚監部の位置づけに関する問題でも同様であった。

> 現在の統合幕僚会議並びに三幕僚監部は、何れも国家行政組織法第八条（附属機関等）の機関である。この幕僚監部と内部と（ママ）局とを統合して内部々局を組織することは別に問題はないが、総司令官、統合参謀総長、参議官等を設置する場合には、これらは何れも国家行政組織法第十七条の二第四項の職として、大臣を助け所掌事務の一部を総括整理する補佐者となる。又、次官補は、現国家行政組織法上では前と同様第十七条の二第四項の職としておかれることになり、次官を助けることなく大臣を助ける補佐者となる。
>
> したがって、総司令官、統合参謀総長等に執行権をもたすこと、また次官補は次官を助け局部を統括せしめるためには、何れも国家行政組織（国家行政組織法―引用者注）の改正を要することとなる。

また、行政管理庁は保科案にある防衛生産問題についても以下のように批判していた。

> 防衛省に防衛生産事務を移管することについては、同一工場において多種多様の品種を生産しており、且つ同一品種のものも民需防衛何れの用途にも使用されている現状から、防衛生産事務のみを防衛庁に移管することは、行政機構をますます複雑非能率化するおそれもあるのでなお慎重に検討すべきである。

以上のように、前田案、服部案に従えば他の法律の改正も必要となり、かなり大規模な機構改革とならざるを得なくなるのである。こうした意見を提出されて、安保条約改正で政治情勢が混乱していたこともあり、自民党国防部会のほうも省昇格に対する基本方針をすぐにはまとめられなかったものと思われる。こうした批判を踏まえて国防部会が省昇格に関する基本的考え方をまとめたのは池田内閣時代に入ってからであり、国防部会は再度積極的に活動することになる。次にその過程を検討したい。

（4） 省昇格問題の再燃と終焉

省昇格問題と連動して検討されていた統幕強化問題は、防衛庁内局の抵抗によって「文官統制」の修正にまでは至らず、結局、六〇年七月の岸内閣倒壊、池田内閣成立による経済重視路線の明確化の中で骨抜きにされていった。省昇格問題では、大幅な機構改革を求める前田案や服部案は、統幕強化を強く求めた陸幕の案と連動しており、最小限の修正のみを主張していた保科案は海幕の考え方と連動していた。旧海軍出身で海上自衛隊創設に深く関与した保科の考えと海上自衛隊の考えが一致していたのは何ら不思議ではない。前田・服部の案は自衛隊の明確な軍事機構化を目指した改進党にまでさかのぼる自主防衛派の主張と重なるが、芦田均なきあとこれを支持する政治勢力はかなりの少数派であったことは間違いない。

しかも社会党が国会で強力な地位を持っていた当時の政治状況や安保騒動の経験を考えれば、多数の法律改正を必要とするような大幅な機構改革はその実現性の上からも支持を得られにくかったし、池田内閣の経済重視路線の下では、「再軍備」開始ととられかねない機構改革は政府の同意を得ることは困難であった。一方で保科は船田中とともに国防部会の中心的存在であり、したがって、国防部会がどうしても省昇格を望むとすれば保科案が基礎となるのは当然の流れであったといえる。

さて、国防部会が中心となって防衛庁の省昇格について自民党内の意見をまとめていったのは六三年に入ってからであった。防衛庁側も省昇格に積極的で、昇格にともなう法案作成などの準備を進めている(34)。実は、保科や船田を中心とする国防族は、二次防策定をめぐって明らかになった池田内閣の防衛政策への消極的な取り組み方に危惧を抱き、六一年六月には船田を会長とし、有志議員約二〇名からなる「安全保障懇談会」を立ち上げていた。同懇談会は結成の半年後には「安全保障会議設置に関する構想」を出し、内閣に安全保障長官を置くことを提案するなど池田内閣の防衛政策への取り組みを批判していた。船田や保科が最も求めていたことは党の政務調査会の中に特別委員会としての安全保障調査会を設置することであった。しかし、低姿勢を掲げて経済中心主義の方針を掲げる池田内閣および池田派としては、安保騒動の混乱が収束したばかりの時期に野党や世論を刺激する可能性の高い安全保障調査会の設置には消極的であった。船田や保科は他の党内右派を巻き込み、安保調査会の新設要求を行うが、当初は前尾繁三郎幹事長も応じなかった。しかし、六二年七月の党総裁再選問題が浮上してくる段階になると、党内右派の活動が「反池田」の運動につながる気配を見せ始め、結局前尾らも船田や保科、そして右派の要求を聞かざるを得ないことになり、安全保障調査会は設置されるのである。安全保障懇談会のメンバーが同調査会に入り、会長には益谷秀次が就任したが、老齢であって実質は副会長であった保科が会長代理として活動した。こうして、船田や保科は党内での安全保障問題をリードする立場となっていくのである。[35] 省昇格問題も、こうした状況を背景としており、政府としても右派の活動をあるていど認めねばならない情勢であったのである。[36]

六三年六月二五日、国防部会の積極的支持によってまとめられた「防衛庁設置法及び自衛隊法の一部を改正する法律案について（要綱）」が自民党総務会で承認され、「防衛庁の国防省昇格のための法律案は、次期通常国会へき頭に提出し、これを成立せしめることを再確認する」という決定をみるに至った。[37] この要綱の内容は省昇格に必要な最小限の改革ですませることを前提に、かつての行政管理庁意見にあった批判を踏まえて、総理と国防大臣の権限の明確化を目指したものであった。[38] 次いで同二六日、笹本一雄国防部会部会長は首相・防衛庁長官など関係閣僚に「省昇格についての申入れ」を送付し、翌二七日、赤城宗徳総務会長は、首相・防衛庁長官などに「国防省設置に関する党議決定の申入れ」を送付した。[39] こうして第四六回通常国会（一九六三・一二・二〇〜六四・六・二六）に提出するよう防衛省昇格を内容とする防衛庁設置法及び自衛隊法の一部を改正する法律案の作成が進められた。[40] そして六四年六月一二日の閣議で件名外の扱いで了解を得、国会提出までの準備を完了した。しかし、国会会期の逼迫などのため、国会に提出するに至らなかった。ただ、やはり経済重視の池田内閣の下では、この問題に対する積極的取り組みが見られない、むしろできれば国会提出を避けたいとする姿勢が見られたのも事実である。

さて、六四年一一月に池田首相が病気で退陣し、佐藤内閣が成立したことは省昇格問題でも展望が見えてくるように思われた。佐藤は池田との違いを明確にするために、防衛問題に積極的に取り組むつもりであると主張していたからである。実際、六五年二月二三日省昇格関係法律案をすみやかに国会に提出し、成立せしめることを再確認する旨の党議決定が行われている。しかし、実はその前の二月一〇日に衆議院予算委員会において「三矢研究問題」が提起され、以後国会はこの問題をめぐって紛糾することになる。防衛庁もこの問題への対応で追われ、とても省昇格法案を提出するどころではなくなったのである。結局、「三矢研究」問題も一段落した第五一回通常国会（一九六五・一二・二〇〜六六・六・二七）において法律案の提出を考慮していたが、翌六六年五月一〇日の政府与党六者会談において同法律案の同国会への提出は断念する旨の決定がなされた[41]。沖縄返還問題、日米安保延長問題など、安全保障に関して取り組むべき重要課題の出現で省昇格問題の緊急性が薄れていったことによると思われる。

これまで見てきたように、省昇格問題は自民党国防部会を中心にして積極的に推進されてきた。ただ、国防族やいわゆる右派議員の勢力に比例して、この問題に取り組んだ勢力は自民党内でもあまり多数とはいえなかった。それでも、経済重視路線であまりにも防衛軽視と見られた池田内閣の姿勢に批判的な右派は、池田と政権を競う勢力も抱き込むことによってこの問題を党議決定にまで持ち込み、省昇格を実現可能な段階にまで推し進めたのである。

しかしながら、この問題が本格的に議論され始めた岸内閣の時期とそれ以降では、決定的に相違があった。すなわち岸内閣時代では、前田案・服部案に示されるような「文官統制」の修正を前提としたかなり大規模な組織改革が論じられていた。それが安保騒動に代表される政治的激動期を経て実現可能性が問題になり、結局小規模な修正による省昇格が基本方針とされるに至った。ここでは「文官統制」の修正といった当時の防衛政策の基本的システムを大きく変えるという考えはみられない。若干の制服権限の強化と総理と防衛担当大臣の権限の明確化が趣旨であった。そこには、旧海軍出身の保科の意向などが背景にあった。しかしそれも、池田・佐藤と続く基本的に吉田路線を継承する政治の前で、省昇格を実現することはできなかった。戦後防衛政策形成の基本システムに修正を迫る試みは、六〇年代半ばに封印された。再びこの問題が表面に出るのは冷戦後の橋本内閣下の行政機構改革まで待たねばならなかったのである。ただし、橋本内閣時代でも、防衛政策の基本システムにまでメスが入れられたとは言いがたい。「文官統制」を基本とした防衛政策の基本システムの問題性が長く指摘されながらも、それに手をつけるという政治的リスクを負うことなく、一方的に自衛隊の任務のみ拡大していくということになっていくのである。こうして、防衛庁の省昇格は、二〇〇七年まで待たねばならないことになったのである。

二　五五年体制下の防衛政策

1　年次防の形成とその意味

一九五四年に創設された自衛隊は、岸内閣時代の五八年から始まる第一次防衛力整備計画（三年間）から、各五年間の二次防〜四次防で整備が進められた（表11参照）。四次にわたる長期整備計画によって、自衛隊の装備等

表11　防衛力整備の推移

区分（年度）			1次防 (1958～60)	2次防 (1962～66)	3次防 (1967～71)	4次防 (1972～76)
陸上自衛隊	自衛官定数		170,000人	171,500人	179,000人	180,000人
陸上自衛隊	基幹部隊	平時地域配備する部隊	6個管区隊 3個混成団	12個師団 —	12個師団 —	12個師団 1個混成団
陸上自衛隊	基幹部隊	機動運用部隊	1個機械化混成団 1個戦車群 1個特科団 1個空挺団 1個教導団 —	1個機械化師団 1個戦車群 1個特科団 1個空挺団 1個教導団 —	1個機械化師団 1個戦車群 1個特科団 1個空挺団 1個教導団 1個ヘリコプター団	1個機械化師団 1個戦車団 1個特科団 1個空挺団 1個教導団 1個ヘリコプター団
陸上自衛隊	基幹部隊	低空域防空用地対空誘導弾部隊	—	2個高射大隊	4個高射特科群 (外に1群の準備)	8個高射特科群
海上自衛隊	基幹部隊	対潜水上艦艇部隊（機動運用）	3個護衛隊群	3個護衛隊群	4個護衛隊群	4個護衛隊群
海上自衛隊	基幹部隊	対潜水上艦艇部隊（地方隊）	5個隊	5個隊	10個隊	10個隊
海上自衛隊	基幹部隊	潜水艦部隊	—	2個隊	4個隊	6個隊
海上自衛隊	基幹部隊	掃海部隊	1個掃海隊群	2個掃海隊群	2個掃海隊群	2個掃海隊群
海上自衛隊	基幹部隊	陸上対潜機部隊	9個隊	15個隊	14個隊	17個隊
海上自衛隊	主要装備	対潜水上艦艇	57隻	59隻	59隻	61隻
海上自衛隊	主要装備	潜水艦	2隻	7隻	12隻	14隻
海上自衛隊	主要装備	作戦用航空機	(約220機)	(約230機)	(約240機)	約210隻 (約300機)
航空自衛隊	基幹部隊	航空警戒管制部隊	24個警戒群	24個警戒群	24個警戒群	28個警戒群
航空自衛隊	基幹部隊	要撃戦闘機部隊	12個飛行隊	15個飛行隊	10個飛行隊	10個飛行隊
航空自衛隊	基幹部隊	支援戦闘機部隊	—	4個飛行隊	4個飛行隊	3個飛行隊
航空自衛隊	基幹部隊	航空偵察部隊	—	1個飛行隊	1個飛行隊	1個飛行隊
航空自衛隊	基幹部隊	航空輸送部隊	2個飛行隊	3個飛行隊	3個飛行隊	3個飛行隊
航空自衛隊	基幹部隊	警戒飛行部隊	—	—	—	—
航空自衛隊	基幹部隊	高空域防空用地対空誘導弾部隊	—	2個高射群	4個高射群	5個高射群 (外に1群の準備)
航空自衛隊	主要装備	作戦用航空機	(約1,130機)	(約1,100機)	(約940機)	約490機 (約900機)

(注) 作戦用航空機中（　）内は，練習機を含む全航空機の機数である．1～3次防の隊数等は，各防衛力整備計画期末のものである．

(出典)『防衛白書　1977年版』

が大幅に拡充されたことは間違いない。その一方で、五五年体制下での自衛隊の位置づけ、言い換えれば後述の消極的シビリアン・コントロールにおける「訓練中心の実力部隊」というあり方も定着していった。なお、年次防の策定に関する政治過程については、別の拙著ですでに詳細に論じているので、ここでは要点を中心に見ていくことにしたい(42)。

年次防の始まりは言うまでもなく一次防である。一次防とは、岸内閣で策定した長期計画である。一次防を策定した最も主要な理由は、日米安保条約改正をにらんで、日本自身の防衛努力を米国に示すことであった。自衛隊は草創期であり、米軍地上部隊の漸次的撤退に対応しつつ、「ともかく一応の体制をつくりあげること、すなわち骨幹防衛力を整備することを主眼」としていた(43)。策定の中心になったのは防衛局である。問題は、一次防を継承していく次の長期計画の段階で生じた。「赤城構想」白紙撤回問題である。

「赤城構想」は、岸内閣の赤城宗徳防衛庁長官によって承認された長期計画である。一次防のあとを受けて行われる次の防衛力整備計画という位置づけであった。しかし、構想発表後、内局から強い反対意見が出て再検討となり、白紙撤回となった。もっとも強く反対したのは、米国大使館参事官から帰国した海原である。海原は「赤城構想」に対し、ヘリ空母など、当時の日本の防衛構想に不要な装備も含まれた非現実的な計画であると批判し、白紙撤回に追い込んだのである(44)。「赤城構想」は、制服組の意見も取り入れて作成された長期計画といわれていた。その計画がとん挫したことは、長期計画策定の中心が制服組ではなく防衛庁内局であることを示した。また、防衛庁長官が承認した計画を白紙撤回に追い込んだということは、防衛政策に関して政治家ではなく、官僚が主導権を握っていることも示していた。

「赤城構想」の白紙撤回により、一次防終了から一年の間をあけて行われることになったのが二次防である。二次防策定の中心は内局すなわち防衛庁防衛局であった。二次防策定は、その後の防衛政策に影響を及ぼす様々な問題を含んでいた。それは第一に、二次防策定にあたって重視されたのが財政と対米関係であったことである。二次防の審議で問題になったのが陸上自衛隊の一三個師団改編問題と海上自衛隊のヘリ空母建設であった。ヘリ空母は財政的見地から早々に脱落し、一三個師団改編は採用されることになったが、それでも、池田・ロバートソン会談以来の対米約束とされていた一八万人定員は予算上の問題で一七万五千に削減された。問題は、旧大蔵省出身の迫水久常経済企画庁長官が六一年四月の国防会議閣僚懇談会で、「国民所得比を二%とか五%とかいうのは大蔵省が査定するときの態度で防衛庁より云うのはおかしい(45)」と批判していたように、本来防衛構想上の必要性から策定した整備計画要求を提示し大蔵省と議論すべき防衛庁が、財政の論理を基礎に整備計画を立案していた点である。実際、一次防の段階から防衛局防衛課に大蔵省からの出向者が来て、長期計画策定に参画していた。内局は、陸海空の三自衛隊から出てきたそれぞれの要求を大蔵省の予算査定のやり方にしたがって精査することで制服組の要求を抑えていった。二次防以後、防衛力整備計画の議論は、国民所得の何%かといった予算の総枠の中で、どれだけ計画を積み増していけるかという議論が定着する。たしかに制服組の要求は前述の「所要防衛力の検討」に見られるように過大となりがちであり、そういった要求を実現可能性といった見地から抑えていくことは必要なことではあった。しかしその結果、防衛庁は大蔵省と同じ論理で議論することになった。そのことが、今度は大蔵省の発言力を増大させることになったと同時に、防衛問題を防衛政策の基本的問題から検討していく姿勢を、一時期の防衛庁から奪っていくことにもなるのである。

次に、二次防では「日米安全保障体制の下に、在来兵器の使用による局地戦以下の侵略に対し有効に対処しうる防衛体制の基盤を確立する」と述べているように、日米安保中心主義が明確にされていた。これは前述の「赤城構想」において「防衛力整備の基本方針」に、「日本の防衛力は、自衛のための防衛力であるから、戦略守勢作戦の範囲内で考えるべきである。従って、戦略攻勢面は、米軍に依存する。しかし、米軍の支援が状況に応じて浮動する可能性を考慮し、また、わが作戦遂行上の自主性を保持するためには、相当大規模な武力侵攻に対しても、少なくとも初期の作戦を、独力で遂行できる能力を整えることが必要である。大規模な武力侵略以外の武力侵略、及び間接侵略に対しては、おおむね独力でこれに対処できるよう整備する。[46]」（傍線引用者）と述べてあったものを、日本の自力努力の部分を大幅に削って日米安保に頼るように修正したものであった。自力努力の範囲が大きくなれば当然制服組の役割も拡大するはずであったが、その部分が削除されたために自衛隊の役割はきわめて限定された条件を想定して、それに対処することのみになった。したがって、二次防は一次防で創設した戦力の内容充実と古くなった装備の更新を中心とした整備計画となったのである。

以上のように、二次防において吉田茂以来の「日米安保中心・軽武装・経済重視」の路線が踏襲されることが確認された。また警察予備隊・保安庁以来の法的な「文官統制」に加えて、財政的にも自衛隊を縛る仕組みも定着したのである。それは次の三次防においても基本的に同様であった。

次の三次防（六六年一一月）においては、防衛装備の国産化がより増大したことや、海原が厳しく批判していた海上自衛隊の「外洋作戦」を重視した内容が織り込まれるなど、二次防とは具体的内容で異なった部分もあった。しかし、池田内閣の財政重視で自主防衛軽視の姿勢を批判していた佐藤栄作政権下での長期計画であったが、「日米安保中心・軽武装・経済重視」という基本方針は実質的に不変であった。

以上の三次防までは高度経済成長下の整備計画であったことから、各計画で総予算がほぼ倍増するという具合に、予算の制約はあるものの比較的順調に整備計画が進められた。こうした防衛力整備計画の下で、自衛隊は災害派遣や民生協力といった活動以外に一般国民と関係を持つことは、一部の基地周辺自治体以外の住民以外にはほとんどなくなった。陸海空の各自衛隊はバラバラの防衛構想の下で独自の整備計画を立て、年次防はそれら各自衛隊による統一性のない整備計画を遂行する「お買いものリスト」と揶揄されることになる。そして各自衛隊は、多くの国民がその必要性は認めながらも経済中心の世の中であまり関心を持つこともなく、自衛隊は一般国民の生活とほとんどかかわらない「演習中心」部隊となっていった。それは、日本が戦争に巻き込まれることがなかったが故の幸福であり、高度経済成長という時代がそれを支えていた。

また、この時期から「専守防衛」や「非核三原則」「武器輸出三原則」といった「平和国家日本」としての基本的在り方を示す方針も定められていった。一方で、六五年の「三矢研究問題」による国会での紛糾は、「有事」をめぐるさまざまな課題について有効な議論を行うことについての大きな障害となった。現在から見れば、自衛隊が有事を想定した事態を研究するのはむしろ当然であったのだが、それが国会やマスコミによってきびしく批判されたことによって、再び同様の事態となることを恐れて、部内における研究すら躊躇する事態を招いたのである。自衛隊は国土を守る実力部隊として多くの国民に認知されていきながらも、具体的な防衛政策に関しての議論は棚上げされることになる。本土が戦場になることが前提の「専守防衛」という基本方針の下で、有事における自衛隊の行動の枠組みとなる有事法制について、さらに有事においていかに国民を保護するかという「国民保護」すら、議論できないという状況が続いていくのである。

さて、前述のように三次防までは高度経済成長によって計画の円滑な遂行が可能となっていた。しかし、ベトナム戦争で疲弊した米国による「ドル・ショック」や中東紛争に起因する石油危機など、相次ぐ国際情勢の変化は、防衛力整備の在り方についても大きな影響をもたらさずにはいなかった。

その影響を最初に受けたのは、七一年四月発表の四次防であった。防衛問題に関心が高い中曽根康弘防衛庁長官時代に、それまでの長期整備計画とは異なった整備計画を作成しようという意気込みで始まったものの、高度経済成長の終焉によって直接的な影響を受け、計画自体も制約されただけでなく、決定した計画自体も見直しを迫られることになっていく。こうして登場したのが、低成長時代の防衛力整備の目標をどう定めるかという「平和時の防衛力」という課題であった。

また、この問題は対米関係とも関連していた。六〇年代後半から激化するベトナム戦争で政治・経済・社会全体がダメージを受け、米国はアジアから距離を置こうとした。それが六九年のニクソン大統領による「グアム・ドクトリン」であり、そのために日本にもアジアの安全保障に関する役割の増大を求めていた。佐藤内閣の下で最大の外交課題となっていた沖縄返還を円滑に推進するためにも、日本は米国の要請に応じる必要があったのである。そのため再び「自主防衛論」が台頭してくるが、これは日本の役割増大ということを前提として「日米安保は日本防衛の補完的役割」という議論であった。すなわち、「自主防衛論」は六〇年代初頭に意味の変換が生じ、「自主＝装備国産化」となっていたが、六〇年代後半になって再び日本自身の防衛力増大という議論になったのである。

しかし、六〇年代後半からの緊張緩和（デタント）も背景に、七一年の二度の「ニクソン・ショック」による対米不信や、国際政治経済情勢の変化（「ドルショック」による変動相場制への移行と石油危機）による防衛力の上限問題も合わせて、新たな防衛力整備の方針を策定する必要に迫られることになったのである。それで作成されたのが、七六年の「防衛計画の大綱」であり、その基礎となったのが「基盤的防衛力構想」であった。

2 「基盤的防衛力構想」の形成

旧安保条約体制下にあった一九五〇年代、新安保に改定された六〇年代は、いまだに自衛隊の整備も進んでおらず、防衛庁では在日米軍の存在自体が日本に対する攻撃への抑止力と考えられていた(47)。自衛隊は戦前の教訓から厳重な法的制約の下に置かれただけでなく、「文官統制」と呼ばれる防衛庁内局の統制の下にあった。しかも、「吉田路線」と後に命名されることになる「軽武装・経済重視政策」の基本方針によって予算面でも厳しく抑えられ、いきおい正面装備中心のいびつな部隊構成になっていた。自衛隊は、「いかにして使わないようにするか」が重要とされるネガティブ・シビリアン・コントロールの下にあったと言ってよいであろう。(48)

こうした状況におかれていた自衛隊は、六〇年代においては米国が期待するほどの実力を持つには至らず、また陸海空の三自衛隊が別個に防衛戦略を有するなど、まとまりを欠いている状況であった。したがって、日本防衛に関しては、基本的に米国に依存する一方で、日本自身の防衛戦略はいまだ存在しなかったわけである。以上のような状況が変化するのは七〇年代に入ってからである。もともと、安全保障を米国に依存している状況において、自衛隊の存在意義は何かというきわめて重要な課題が存在していた。しかも、外交・防衛面での対米依存は一方で「対米追随」というナショナリズムに根ざした批判・反発を生んでおり、そのため「自主防衛」という言葉が五〇年代からさかんに唱えられていた。無論、日本の防衛をすべて独力で行うという意味での「自主防衛」ではなく、日米安保を前提として、日本がどの程度まで自己の防衛に責任を持つのかという問題である。したがって、自衛隊の存在意義を明確にした「自主防衛」政策の内容を検討する必要が高まっていたのである。しかも、五年計画で防衛力整備を行う「年次防」のあり方が、七〇年代にはいって高度経済成長から低成長の時代に入ったため、見直しを迫られるという状況にもなっていた。こうした課題に取り組んだのが、七〇年代を代表する防衛官僚である久保卓也であり、また久保より若い世代である夏目晴雄、西廣整輝、宝珠山昇といった人々である。こういった人々によって考えられた日本独自の防衛構想が「基盤的防衛力構想」であった。(49)

「基盤的防衛力構想」とはどのような内容であったのか。それは米ソ戦の勃発といった世界戦争の場合を除いて、日本に対する大規模な直接侵略は可能性が低いという想定の下、従来の所要防衛力の考えと異なり、想定すべき脅威を「限定された小規模な部隊による局地戦」として構想されたものであった。日本の平和時の防衛力はこの「限定された小規模な部隊による局地戦」に対応できるものであればよく、侵略に対する「拒否力」の範囲で防衛力を整備するという考え方である。平時においては拒否力足りうる防衛力（すなわちこれが基盤的防衛力）の整備が目指されればよいとされ、それによってこれまで不十分であった後方など補給部門を含めた総合的な防衛力整備が可能となると考えられたわけである。

前述の課題との関連で重要な点は三つある。第一に、本土防衛において自衛隊が果たす役割を明確にしたことである。これによって、日米安保体制を全般的な抑止体制として活用することで日米安保体制の意義を明確にしつつ、日本自身で何がどこまで可能なのかという自主防衛論の課題に応えたことになった。このことは、見方を変えると「基盤的防衛力構想」は本土防衛を中心として構想されており、一方で日米安保体制下における日米協力問題にまでは踏み込んでいなかったことを意味している(50)。

第二に、「基盤的防衛力構想」を土台に策定されたとされる七六年の「防衛計画の大綱」においては、これまでの五年間の長期計画（政府決定）の方式が限界に来ていることから、政府決定ではなく防衛庁内の計画にしたうえで、大綱に付属した別表を一〇年間で整備することを目標とした単年度主義に改めた。また、整備の達成状況に応じて五年間で計画を見直す「ローリング方式」を採用しており、これによって計画策定段階から大蔵省の査定が入るこれまでのあり方を修正することが期待されたのである(51)。

第三に、整備すべき基盤的防衛力の内容に関しては、陸海空の各自衛隊が有する整備計画を調整する必要があり、そのため統合幕僚会議（統幕）の強化が求められた。そして、大綱が策定された翌年の七七年四月「防衛諸計画の作成等に関する訓令」が出され、防衛諸計画は、「統合長期防衛見積り」「統合中期防衛見積り」「中期能力見積り」「年度業務計画」「防衛、警備等に関する計画」に体系化された(52)。かつては制服組の台頭を抑えるために統幕の機能をいかに限定するかが内局において考えられていたわけだが、一転して基盤的防衛力構想のために統幕の強化が課題とされることになったわけである。

以上のように、戦後初めて日本が独自に構想した基盤的防衛力構想ならびに同構想を土台とした七六年の防衛大綱は、本土防衛を主眼とした自主防衛政策として考案された。そしてほぼ同じ時期に、日本本土防衛に関して必須の条件となる「有事法制」も検討されることになる。六五年に「三矢研究問題」で紛糾したためになかなか着手できなかった問題に取り組む状況になってきたわけである。ただし、「基盤的防衛力構想」に関しては、これを立案したと言われた久保卓也の考えが「脱脅威論」に基づいており、しかも緊急時に短期間で防衛力を増大するといった「エクスパンション論」など、現実に即していないという強い批判が制服組などから出されていた。実際、七六年大綱で決まったのは、久保の理論そのままではなく、西廣らが唱えた「常備兵力」という考え方に基づき、制服組ともすり合わせて出されたものであった。ただ、久保が以前に書いて部内資料として配布していた「KB個人論文」などの影響もあって、「久保理論＝七六年大綱」といった見方がその後、広まっていったのである。

いずれにしても七六年大綱は、低成長時代の防衛力整備の在り方について一定の方向を示し、また自衛隊の任務についても本土防衛を主眼として明確にしようと試みたものであった。これが、七八年の日米ガイドライン（旧ガイドライン）策定および米国の防衛力増強要請によって、大きく変化していくのである。

三　日米ガイドラインと防衛協力

1　日米ガイドラインの策定

旧ガイドラインは、一九七六年の防衛大綱が成立した約二年後の七八年に承認された。両者とも三木内閣の坂田道太防衛庁長官時代に審議が本格化したものであるが、大綱は防衛庁生え抜き組みが中心になったのに対し、旧大綱は警察から防衛庁幹部に異動した丸山昂が中心であった。丸山は防衛大綱にはほとんど関与せず、もっぱらガイドラインの問題に取り組んでおり、大綱と旧ガイドラインは別個の路線で推進されていたわけである。[53] そして大綱と旧ガイドラインのもっとも大きな相違点は、大綱が前述のように本土防衛を中心とした自主防衛論的性格のものであったのに対し、旧ガイドラインが日米防衛協力のあり方を検討したものだったことである。ただし、当時の政治情勢を反映して、旧ガイドラインが想定する日米協力の具体的な対象は、安保条約第五条の本土防衛が中心であった。本土防衛を中心に考えているという点においては、七六年大綱と旧ガイドラインは同じ土台の上にあるといってよい。しかし重要なことは、海上防衛問題に関しては本土防衛より踏み込んでおり、八〇年代に大きな政治課題となる一〇〇〇海里シーレーン問題で領域防衛問題に発展する可能性を含んでいたことである。[54]

実際、旧ガイドラインは、八〇年代に激化した新冷戦において、日米の防衛協力を行うに当たって大いに貢献した。それは、旧ガイドラインで検討された日米の「海軍協力」によって、ソ連のバックファイア爆撃機や潜水艦を太平洋方面に進出させないことが重要課題とされた状況で、日本が海上自衛隊を中心にソ連を封じ込める任務を行うことを可能にさせたことによる。すなわち、日本は本土防衛の枠組みにとどまらず、日本を中心とした一〇〇〇海里シーレーン防衛の役割を担うことで、米国と共同して「冷戦を戦う」ことになったわけである。

さて、前述のように、旧ガイドラインは新冷戦下における日米防衛協力の進展に貢献したわけだが、それは七六年大綱が想定した本土防衛の枠組みを越えるものであった。では日米防衛協力が進展した中で、七六年大綱制定にあたって検討された「統幕強化」などの問題はどのようになったのであろうか。次にそれを検討していきたい。

そもそも七六年大綱と旧ガイドラインが別個に進められたのは前述のとおりである。したがって七〇年代末には日本防衛に関して日米防衛協力を推進する考え方と本土防衛を中心とする自主防衛論との二つの路線が並存していたことになる。結果的には、八〇年代に日米防衛協力路線に大きく傾斜していくわけだが、そこで問題は七六年大綱の自主防衛路線がどうなったかである。結論的にいえば、七六年大綱が想定した自主防衛路線は大幅に後退・修正を余儀なくされることになった。

当初は、二つの路線が並存した福田内閣のあと政権を握った大平正芳が、「総合的安全保障論」という独自の安全保障体系を構築しようとし、その防衛政策面での考え方の土台に基盤的防衛力構想が置かれたことと、国内政治的課題として財政再建が掲げられたことなどから、長期的には防衛支出に一定の歯止めをかける意味も持つ基盤的防衛力路線が推進されることになった。大平内閣が大平の急逝によって鈴木善幸内閣に代わったあとも、鈴木内閣では大平の路線が踏襲された。しかし八一年の日米首脳会談後、シーレーン防衛問題および日本の防衛力増強問題をめぐって日米は対立し、折からの貿易摩擦もあって日米関係は急速に悪化した。こうした状況下で鈴木の後に政権を握ることになった中曽根が、日米防衛協力路線に大きく舵をきっていくわけである。

こうした情勢の推移によって、七六年大綱制定と同時に、基盤的防衛力策定に必要とされた統幕による陸海空各自衛隊間の調整能力向上という意味での統幕強化はほとんど行われなかった。日米防衛協力において必要とされる範囲での統合運用面での訓練等はあったものの、統幕権限の実質的強化は九〇年代に至るまではほとんどなかったといってよいであろう(55)。それは、日米防衛協力が前述のように、日米海軍を中心に行われたからであり、本土防衛の中心となる陸上部隊は、新冷戦下での日米協力ではあまり重要な意味を持たなかったからである。

しかも七六年大綱は、日米防衛協力路線が推進されることにより、付属の別表（一七四頁、表12参照）が防衛力整備目標として掲げられることで生き残ったものの、実質的には空文化していく(56)。さらに、大綱制定によって導入された「ローリング方式」と整備計画の防衛庁内計画化も、米国の要請によって整備計画（中業）の政府計画への格上げが行われ、同時に「ローリング方式」も改められることになった。防衛計画を財政当局の干渉からなるべくはずしたいという防衛庁生え抜き官僚の希望は頓挫するのである。[57]また、福田内閣期から進められた有事法制の問題も、他官庁の非協力や日米防衛協力の推進の前に検討以上に進められることはなかった。[58]こうして、日米防衛協力が進展する一方で、七六年大綱路線が後退することによって、本土防衛に関する諸問題の整備も遅れていくことになるのである。

2　具体的防衛政策をめぐる混迷

一九七〇年代後半のイラン情勢を中心とした中東の激動、七九年のソ連軍のアフガニスタン侵攻、そして七〇年代中期ころから顕著になるソ連軍の増強を背景に、米国から日本に対し、強く防衛力増強要請が行われるようになっていった。それと重なるように、日本でもソ連の脅威を強く主張し、防衛力増強を主張する論者も登場してくる。永井陽之助が、自分たちリアリスト・グループを「政治的リアリスト」と呼び、外務省の岡崎久彦に代表される防衛力増強論者を「軍事的リアリスト」と名付けたのはよく知られている。[59]

前述のように、総合安全保障論として、戦後の日本にふさわしい安全保障政策の具体的内容が構想されたわけであるが、米国は単に日本に自衛力の強化を求めていただけではなく、ソ連の軍事的脅威に対抗する共同行動を求める段階に来ていたのである。こうした問題には、総合安全保障論の報告書は答えを用意していなかった。むしろ、自衛力増強すら問題になりがちな日本の政治状況を考慮すれば、米国との対ソ共同行動などはいまだ発想の段階に来ていなかったということであろう。[60]この点では、政治状況の方が報告書（あるいは日本での安全保障議論）で想定した段階を越えて進んでしまっていたということであろう。[61]

そこで問題となるのが、七八年に合意された「日米防衛協力の指針」（ガイドライン）とシーレーン防衛問題である。ガイドラインの中心は、日本の政治状況を反映して安保条約第五条、すなわち日本本土防衛における日米協力を検討したものであった。しかし、海上自衛隊と米海軍との協力については、単に本土防衛にとどまるものではなく、ＳＬＯＣと言われる海上交通線の保護を目指すものとして理解されていた。ガイドラインの該当英文は次のようになっている。

(b) Maritime Operations:

The Maritime Self-Defense Force (MSDF) and U.S. Navy will jointly conduct maritime operations for the defense of surrounding waters and the protection of sea lines of communication.

下線部で書かれている「the protection of sea lines of communication.」の「sea lines of communication」とは、単なる航路帯防衛ではなかった。海洋国家の必要物資補給のためのルートを確保するという意味にとどまらず、より戦略的な概念であった(62)。そもそもこれは、海軍戦略に大きな影響を及ぼした米国のマハンの著作にもしばしば登場する軍事用語で、艦隊または前方の基地に対する兵站線という意味で使われていた(63)。ＳＬＯＣを保護する任務を担うということは、字義通り解釈すれば、米国海軍の行う軍事物資補給行動に対しても保護・協力することを意味するのである。たとえば、ガイドライン策定時に海上幕僚長を務めた大賀良平はシーレーン防衛がＳＬＯＣであることを説明した上で、「同盟国アメリカとは、宏大な太平洋を介して結ばれ、その兵力の前進展開が必要であり、日本の生存と軍事戦略上のシーレーンの確保が日本の防衛上死活的な意義を持つ(64)」（傍線引用者）と述べている。また、別のところでは、一〇〇〇海里というのが自衛艦の二日間の行動距離であり格別広いという感覚はないこと、そして「『海上における優勢の維持』と『シー・レーンの安全の確保』という二つの使命がかつての制海権に代わる概念であり、海軍の達成すべき目標となった(65)」と述べているのである。

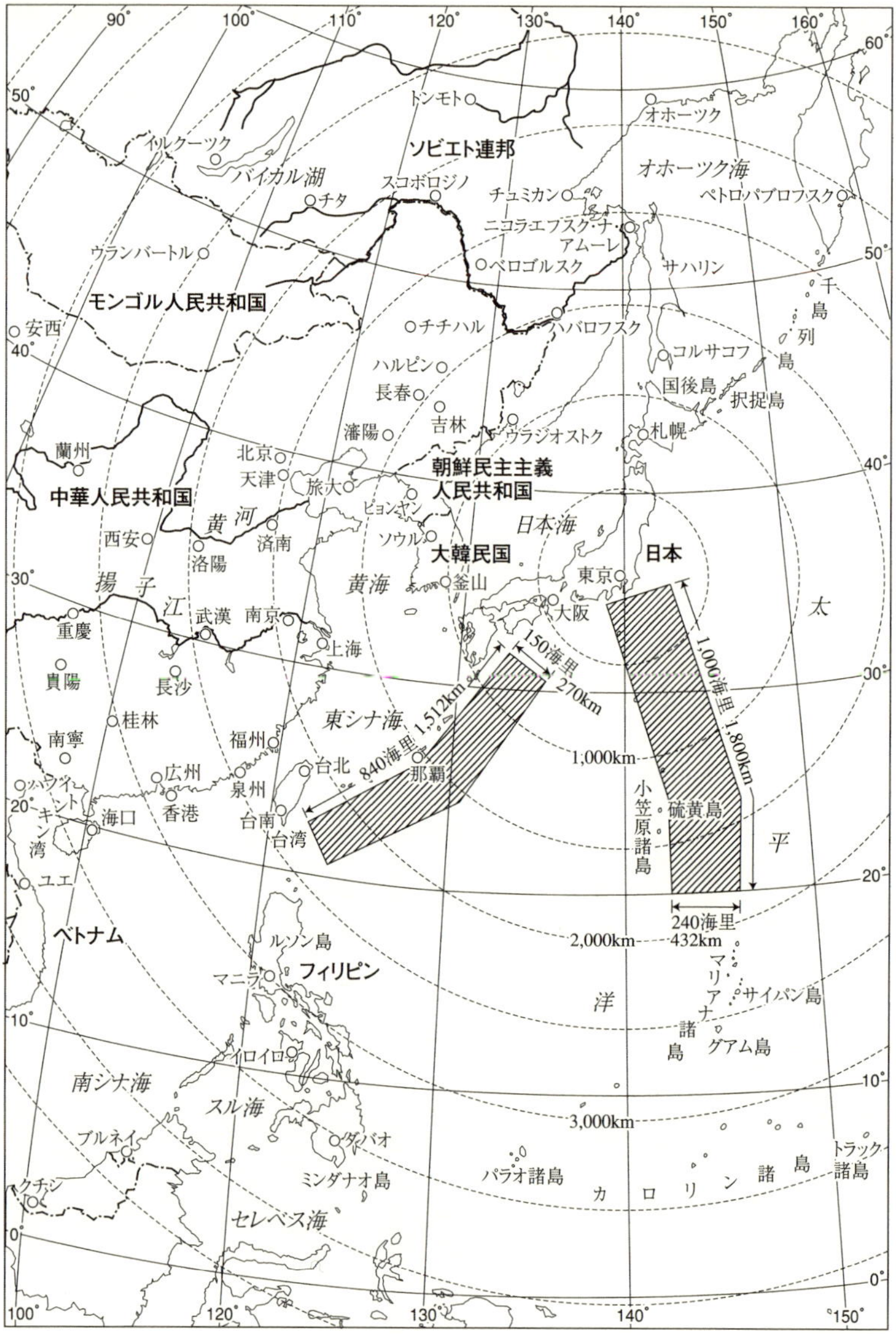

ソビエト連邦
モンゴル人民共和国
中華人民共和国
朝鮮民主主義人民共和国
大韓民国
日本
ベトナム
フィリピン
オホーツク海
日本海
黄海
東シナ海
南シナ海
スル海
セレベス海
太平洋
150海里
270km
1,512km
840海里
1,000海里
1,800km
240海里
432km
1,000km
2,000km
3,000km

図19 航路帯構想図

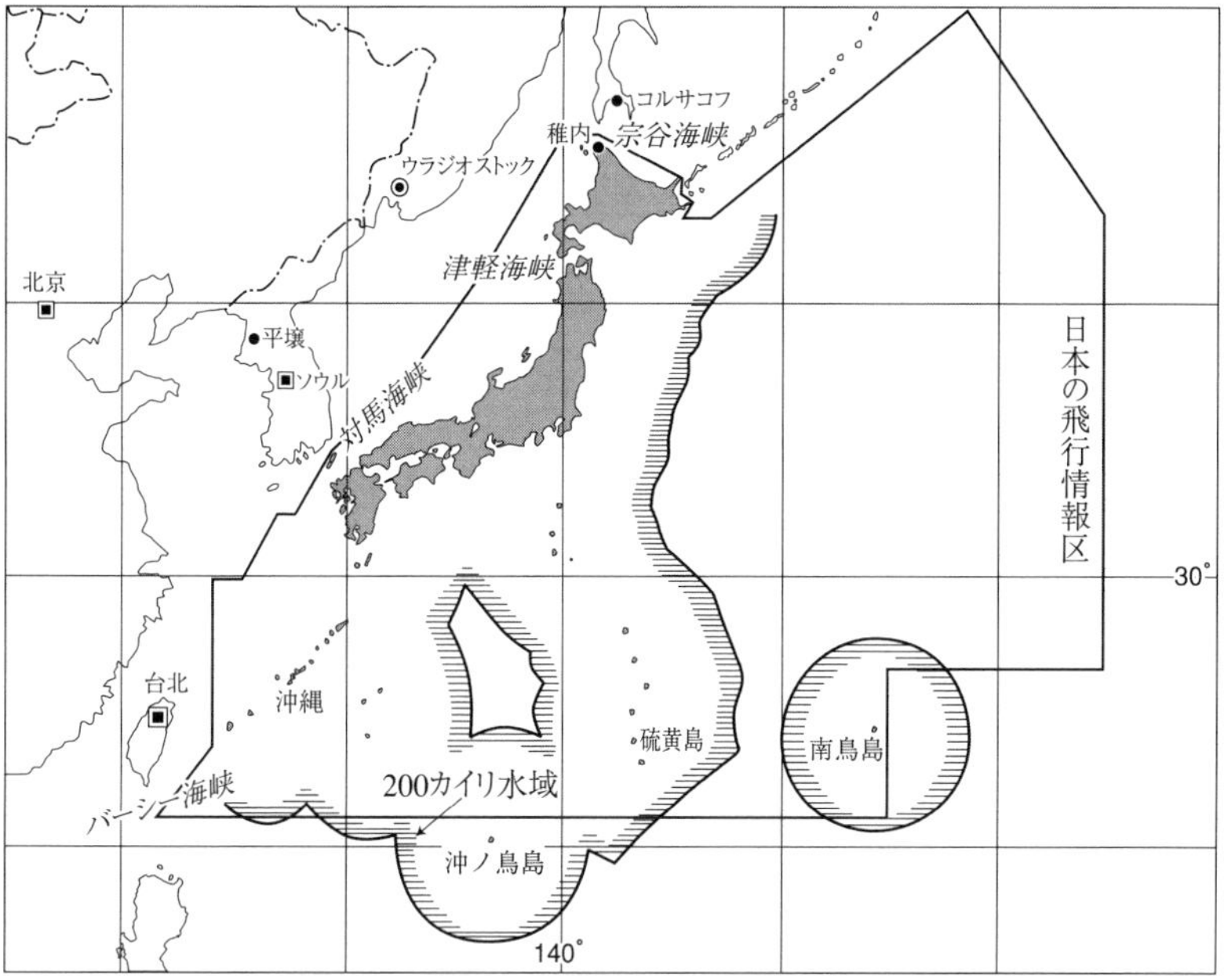

図20　日本のシーレーン防衛要因

（図19）防衛庁で初期に考えられていた航路帯構想．シーレーンはこのイメージで語られることが多いが，実際に70年代末から日米間で議論されていたシーレーンは図20にある領域防衛をイメージした方が正確である．

海原治『私の国防白書』（時事通信社，1975年）132頁より．

（図20）大賀良平『シーレーンの秘密――米ソ戦略のはざまで』（潮文社，1983年）183頁より．

シーレーン問題は、鈴木内閣では混乱を見せ、日米間の対立の原因ともなったが、続く中曽根内閣の時に積極的な対応に乗り出す。中曽根は、米国側が求める「防衛地域分担」に応じることで、日米同盟の強化に進んでいくのである。[66] こうして、日米協力が具体化していく中で、リアリスト・グループの意見も次第に分かれていく。八〇年代中期まで、永井も高坂正堯も軍事力の限界性を強く主張する点は共通している。しかし高坂は軍事の限界を述べながらも、次第に「防衛大綱」が時代に合っていないことや、日米協力の具体化の重要性についても議論を展開するようになっていくのである。[67] このことは、日本の安全保障をめぐる議論が再び混乱していったことを示している。

ところで、安全保障をめぐる意見・認識の分裂は、リアリスト・グループといった研究者レベルにとどまるものではなかった。実は、政府当局者である防衛庁でも、内局官僚と海上自衛隊幹部との間では、シーレーン防衛をめぐる認識が異なっていたのである。すなわち、日米協力の実際の担当者である海上自衛隊の認識は、前述のSLOCであったが、内局の認識では、航路帯の問題にとどまっていたのである。当時、防衛局長としてシーレーン問題に対応した塩田章によれば、米国側から、日本が太平洋側のシーレーン防衛に積極的に対応してくれれば米艦隊はインド洋方面に展開できるという「スイング戦略」の話題があったことは認めつつ、『われわれがこれだけの面積をやりますから、どうぞアメリカは向こうに行ってください』なんて言った覚えは全然ない」と述べている。また、実は集団的自衛権が関係する可能性が生じるSLOCの問題であったが、政治的配慮から航路帯の問題で答弁したわけでもなく、あくまでも大綱水準に達することを重視していたという。[68]

こうした意見対立、あるいは調整不足は、論壇や防衛庁内に限ったことではなく、日米安保条約を主管し、安全保障政策を担う中心だと自負する外務省と防衛庁の間でも同様であった。そして五五年体制下の利益誘導政治の遂行に忙しく、外交政策にほとんど関心を持たない多くの政治家に対する官僚側の不信という問題も大きかった。たとえば、冷戦終了直後の重大な国際問題となった九一年の湾岸戦争において、自衛隊の派遣に消極的であったと言われる栗山尚一外務次官は、当時に関するインタビューで自衛隊の使用に関して問題となるシビリアン・コントロールについて問われた際、「具体的には、総理大臣がきちんとやれるかどうかということですね」と答えている。(69)官僚機構における意見対立があった際、五五年体制下では官僚機構内部を中心に総合調整が行われるが、国家の基本戦略については政治家が積極的に関与しなければならないはずであった。しかし、五五年体制の下、一部を除いて国内政治にのみ多くの力を注いできた政治家にその力量は不足しており、容易に安全保障問題、特にその基礎となる日本の基本的外交戦略は収斂する傾向を見せなかったのである。

注

(1)『防衛年鑑　一九五六年版』(防衛年鑑刊行会、一九五七年)二一六頁。なお、陸上幕僚監部の組織は現在は海上自衛隊・航空自衛隊と同様の部課長制に改編されている。

(2)海上自衛隊の創設および米海軍との関係に関しては、ジェームズ・アワー、前掲、『よみがえる日本海軍』、阿川尚之、前掲、『海の友情』、NHK報道局班「海上自衛隊」取材班『海上自衛隊はこうして生まれた～「Y文書」が明かす創設の秘密』(NHK出版、二〇〇三年)、手塚正己『凌ぐ波濤　海上自衛隊をつくった男たち』(太田出版、二〇一〇年)参照。

(3)こうした防衛構想の相違が、陸海空で所管する地域区分の相違にもなって表れている(次頁図21参照)。

(4)「所要防衛力の検討」(統幕事務局、「極秘」、昭和三〇年三月三一日)、『堂場文書』(平和・安全保障研究所蔵、DVD版、丸善、二〇一三年)(B-4ファイル)所収。『堂場文書』には同文の文書が複数あり、手書きの修正が施されたものも存在する。

(5)財務省ウェブサイト。「統計表一覧、1予算決算及び純計」http://www.mof.go.jp/budget/reference/statistics/data.htm

(6)防衛省・自衛隊ウェブサイト「防衛政策の基本」http://www.mod.go.jp/j/approach/agenda/seisaku/kihon03.html

(7)陸上自衛隊と治安維持問題については、拙著『戦後日本の防衛と政治』第二章第一節参照。

(8)防衛庁・自衛隊創設の政治過程および「文官統制」をめぐる意見対立については、拙著『戦後日本の防衛と政治』第一章第一節参照。

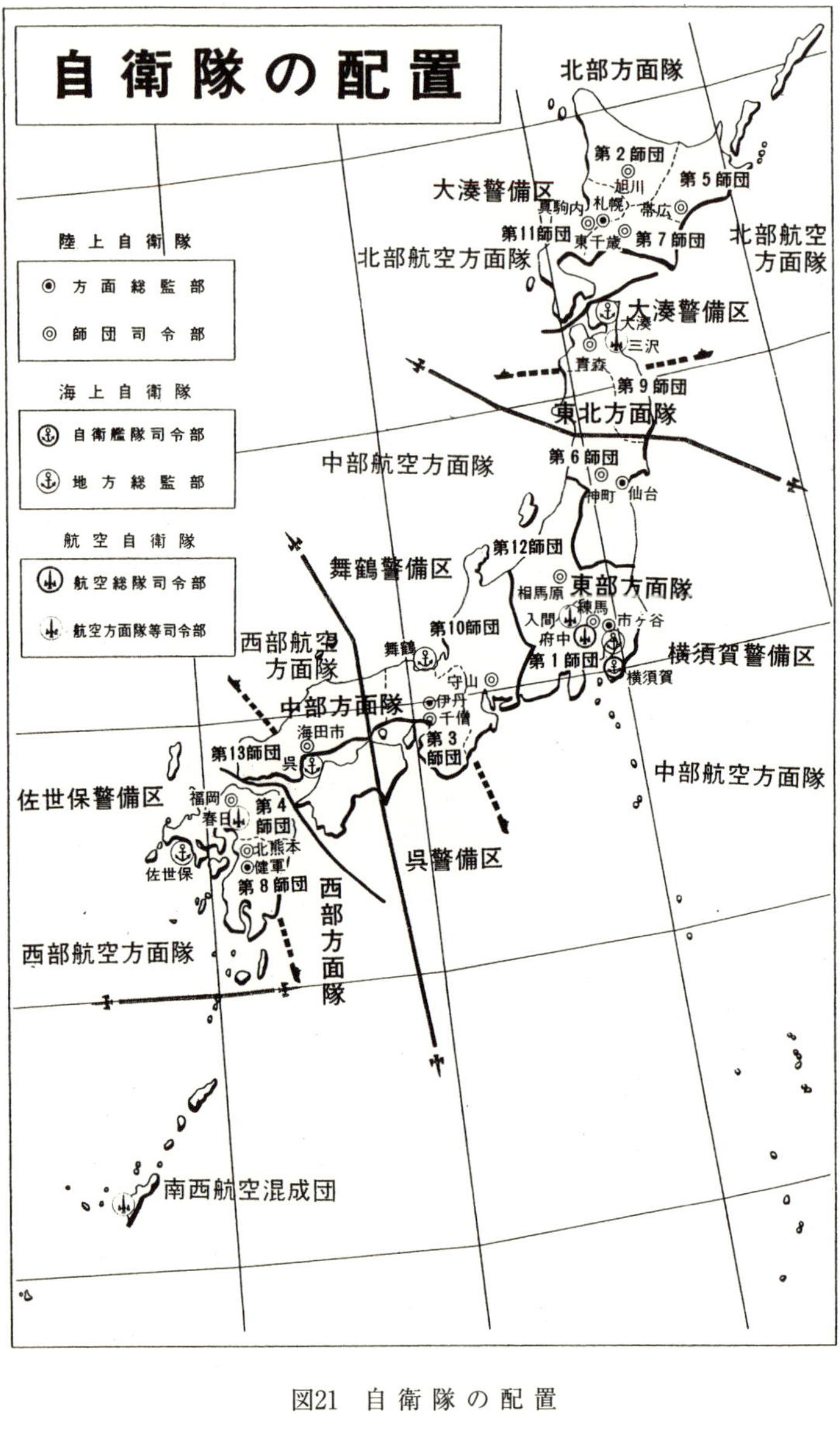

図21　自衛隊の配置

(9)　法的問題についてはさしあたり、杉村敏正『防衛法』（法律学全集一二、有斐閣、一九五八年）、西修『国の防衛と法――防衛法要論』（学陽書房、一九七五年）、安田寛『防衛法概論』（オリエント書房、一九七九年）、小針司『防衛法概論』（信山社、二〇〇三年）参照。

(10) 保安庁も警察力を補う治安維持機構であるという点については、『保安庁保安局編集　保安庁資料集　特集　逐条保安庁法解説』（立花書房、一九五三年）三頁。
(11) 「参考資料　省昇格問題（A）　歴代『長官事務引継書』から要点抜粋」（海原文書、政策研究大学院大学所蔵、以下「参考資料　省昇格問題（A）」と略）。
(12) 前掲、拙著『戦後日本の防衛と政治』第一章第二節参照。
(13) 各国の防衛制度については、防衛法学会編『新訂世界の国防制度』（第一法規出版、一九九一年）参照。
(14) 鳩山の防衛問題についての考え方については、大嶽秀夫『再軍備とナショナリズム』（中央公論社、一九八八年）第三章参照。
(15) 『防衛年鑑　一九五六年版』（防衛年鑑刊行会、一九五六年）一五七〜一五八頁。
(16) 一九五六年七月二一日、自民党国防部会は「省昇格について努力すべきである」という要求を出したことが「参考資料　省昇格問題年表」（海原文書）に記載されている。この項目は長官が交代したときに渡される「長官事務引継書」が典拠とされている。
(17) 「朝日新聞」一九五七年七月一三日。
(18) 前掲、拙著『戦後日本の防衛と政治』第一章第二節参照。なお同様に、宮崎弘毅「防衛庁中央指揮機構の問題（中）その二——昭和三三年の統幕強化」（『国防』一九七九年一月）も参照のこと。
(19) 前掲、「参考資料　省昇格問題（A）」。
(20) 前掲、「参考資料　省昇格問題年表」。
(21) 行政管理庁は前田、保科、服部の三私案を基礎に防衛庁の省昇格問題を検討している。「防衛庁省昇格について　行政管理庁意見」（『防衛機構改正に関する資料』政調国防部会　昭和三十四年八月二十四日、海原文書）。
(22) 同要綱までの経緯およびその内容については、宮崎弘毅「防衛庁中央指揮機構の問題（下）その三——統幕強化は骨抜き」（『国防』一九七九年二月）三〇〜四二頁参照。
(23) 宮崎、前掲、「防衛庁中央指揮機構の問題（下）その三——統幕強化は骨抜き」四二〜四五頁参照。なお、このときは防衛局長に統幕強化にもっとも否定的な海原が座っており、この点からも訓令化は進まなかった可能性もある。
(24) 前掲、「防衛庁省昇格について　行政管理庁意見」。

(25) 以下、前田私案の内容は「国防省大綱　前田私案（三四・三・三）」（堂場文書）。

(26) 防衛庁設置法第九条および第二十条は以下のとおり。

第九条　防衛庁に、防衛参事官九人以内を置く。

2　防衛参事官は、長官の命を受け、防衛庁の所掌事務に関する基本的方針の策定について長官を補佐する。

第二十条　官房長及び局長は、その所掌事務に関し、左の事項について長官を補佐するものとする。

一　陸上自衛隊、海上自衛隊又は航空自衛隊に関する各般の方針及び基本的な実施計画の作成について長官の行う陸上幕僚長、海上幕僚長又は航空幕僚長に対する指示

二　陸上自衛隊、海上自衛隊又は航空自衛隊に関する事項に関して陸上幕僚長、海上幕僚長又は航空幕僚長の作成した方針及び基本的な実施計画について長官の行う承認

三　統合幕僚会議の所掌する事項について長官の行う指示又は承認

四　陸上自衛隊、海上自衛隊又は航空自衛隊に関し長官の行う一般的監督

(27) 以下、服部私案の内容は「防衛庁機構改正に関する意見　服部私案（三四・二・一三）」（堂場文書）。

(28) 機構図に関する説明部分で、服部が提示した資料図の一部しか引用できなかったため説明の一部を省略してある。

(29) 宮崎、前掲、「防衛庁中央指揮機構の問題（中）その二――昭和三三年の統幕強化」参照。

(30) 保科案の内容は「国防省大綱　保科私案（三四・三・二四）」（堂場文書）。

(31) 宮崎、前掲、「防衛庁中央指揮機構の問題（中）その二――昭和三三年の統幕強化」参照。

(32) 国防族と防衛産業については、前掲、拙著『戦後日本の防衛と政治』第二章第二節参照。

(33) 以下の行政管理庁の意見は、前掲、「防衛庁省昇格について　行政管理庁意見」。

(34) 防衛庁自身は省昇格の必要性について以下の理由をあげている。

（1）国としての国防に対する基本の態度を一層明確にする。

これは、従来の総理府の外局から、防衛庁を省に昇格させることにより、わが国の国防機構をあるべき姿にし、国防に対する基本的姿勢を一層明確にするということであります。

これによって、国民に対しても、明確な国防意識をもたせ、また外に対しても、自主防衛への努力の決意を示すことになりましょう。

（2）政治統制の確立をはかる。
現行制度では、内閣の首長たる内閣総理大臣と、総理府の長たる内閣総理大臣および防衛庁長官が、三段階を構成しており、指揮監督する内閣総理大臣の立場が個々の場合について、必ずしも明確でなかったのですが、省昇格により、総理府の段階がなくなるので、それだけ簡素化され、しかも行動に関する指揮権は、内閣総理大臣が掌握しますので、自衛隊に対する統制は、従来より一層明確に行なわれるようになりましょう。

また、防衛庁が省に昇格し、防衛行政が重視されるようになりますと、新しい人材をより多く集めることができるようになりましょう。そうすればこれによって、大臣に対する補佐が一層適切に行なわれ、政治の統制が強化されるようになると思われます。
（3）防衛行政の能率化をはかる。
防衛庁は、ぼう大な行政財産、物品、予算等をかかえており、その管理、運営、執行等にあたっても、また数多くの諸規則の制定、改廃の手続においても、現行の制度では、総理府の外局であるため、煩雑な面が多くあります。これらの点は省に昇格すれば、改善されますので、事務能率を一層高めることができます。
（4）隊員の士気の高揚をはかる。
省昇格によって、国防の重要性が国民一般に認識されることは、隊員に一層の自覚をうながし、その士気を高めることは大なるものがあります。

以上のようなことから、防衛庁の省昇格は、極めて必要なことではなかろうかと思います。

（防衛庁「説明資料　防衛庁の省昇格について　昭和三九年四月、堂場文書）

（35）朝日新聞社編『自民党――保守権力の構造』（朝日新聞社、一九七〇年）七七～八六頁参照。
（36）この点については、拙著『戦後日本の防衛と政治』第二章第二節参照。
（37）前掲、「参考資料　省昇格問題（A）」。
（38）「防衛庁設置法及び自衛隊法の一部を改正する法律案について（要綱）」（海原文書）。なお、同要綱の内容は以下のとおりである。
一　防衛庁を国防省に昇格することとし、これにより国家防衛機構の確立と防衛行政の効率化を期するものとすること。
二　内閣総理大臣の権限

（1）内閣総理大臣は、内閣を代表して、自衛隊の最高の指揮権を有することとすること。
（2）内閣総理大臣は、防衛出動等の自衛隊の武力行使を必要とする非常の事態において、従前の例により防衛出動及び命令又は要請に基づく治安出動を命ずるものとすること。
（3）出動時における特別部隊の編成のうち特に重要なものについては内閣総理大臣が行うこととすること。
（4）内閣総理大臣は、国防大臣が防衛出動若しくは治安出動の待機命令を発し、又は海上における警備行動を行なうことについて承認を与えるものとすること。
（5）自衛隊の栄誉に関する事項、すなわち、自衛隊の隊旗等の交付及び部隊、隊員等に対する最高の表彰は、内閣総理大臣が行なうものとすること。
（6）防衛出動時における物資の収容等についての地域指定の告示は、内閣総理大臣が行なうこととすること。
三　国防大臣の権限
（1）国防大臣は、内閣総理大臣の命を受け自衛隊を指揮することとするほか、自衛隊の隊務を総括するものとすること。
（2）国防大臣は、二による内閣総理大臣の権限の行使を補佐すること。
（3）国防大臣は、内閣総理大臣の承認を得て、防衛出動若しくは治安出動の待機命令を発し、又は海上における警備行動をとることを命令するものとすること。
（4）国防大臣は、災害派遣、領空侵犯措置、土木工事等の引受、危険物の除去等を行なうものとすること。
（5）国防大臣は、防衛出動時における予備自衛官の防衛召集命令を発することができることとすること。
（6）国防大臣は、漁船の操業制限、特別損失補償等について従来内閣総理大臣が有した権限を有することとすること。
四　国防省の設置に伴い、総理府令を国防省令に、長官を大臣に改めるとともに、航空法その他の関係法律の規定の整備を行なうこと。

（39）前掲、「参考資料　省昇格問題年表」。
（40）このときまとめられた法律案は以下のようなものである。
一　防衛庁設置法の一部改正
（一）防衛の任務を遂行する責任を負う機構を確立し、防衛行政の権限と責任を明確にし、その能率化を期するため、防衛庁を防衛省に昇格することとすること。

（二）防衛省の長は防衛大臣とすること。
（三）防衛大臣は、自衛隊法の規定に基づく内閣総理大臣の権限の行使について内閣総理大臣を補佐することとすること。
（四）国家行政組織法第三条第二項の規定に基づいて、防衛省の外局として防衛施設庁を置くこととすること。
（五）総理府令を防衛省令に、防衛庁を防衛省に、防衛庁長官を防衛大臣に改めるほか、防衛省昇格に伴う関係規定の整備を行なうこととすること。

二　自衛隊法の一部改正

（一）内閣総理大臣は、自衛隊の指揮権を有し、内閣の方針に基づいてこれを行使するものとすること。
（二）前項の指揮権の行使は、第七十六条（防衛出動）、第七十八条（命令による治安出動）及び第八十一条（要請による治安出動）以外の自衛権の行動についてのは防衛大臣に委任するものとすること。
（三）防衛大臣は、自衛隊の隊務を統括することとし、自衛隊の行動のうち、第七十六条（防衛出動）、第七十八条（命令による治安出動）及び第八十一条（要請による治安出動）についての指揮は、内閣総理大臣の命をうけて行なうこととすること。
（四）出動時における特別の部隊の編成権限は内閣総理大臣に属し、内閣総理大臣はその一部を防衛大臣に委任することができることとすること。
（五）防衛大臣は、防衛出動が発せられた場合において必要があると認めるときは、予備自衛官に対し、防衛招集命令を発することができることとすること。
（六）総理府令を防衛省令に、防衛庁を防衛省に、防衛庁長官を防衛大臣に改める等、防衛省昇格に伴う関係規定の整備を行なうこととすること。

三　その他

（一）防衛省設置に伴い、航空交通管制については、運輸大臣の権限の一部を、政令で定めるところにより保安管制気象団司令その他の政令で定める自衛隊の部隊の長に委任するものとし、運輸大臣は、これらの者が行なう業務の運営を統制するものとすること。
（二）防衛省設置に伴い、関係法律の整備を行なうこととすること。

（「防衛庁設置法等の一部を改正する法律案要綱（案）　昭三九・四・一　極秘」、堂場文書）

(41) 前掲、「参考資料　省昇格問題（A）」。
(42) 前掲、拙著『戦後日本の防衛と政治』第二章、『戦後政治と自衛隊』第二章参照。
(43) 朝雲新聞社編『防衛ハンドブック二〇〇七（平成一九年版）』（朝雲新聞社、二〇〇七年）六五頁。
(44) 前掲、『海原治オーラルヒストリー　下』六九〜七六頁。
(45) 前掲、「国防会議議員懇談会議事録　昭和三六年四月一二日」。
(46) 同右、一六〇頁。
(47) 当時の防衛庁内局の考え方については、前掲、『海原治オーラルヒストリー　下』一九〜二〇参照。
(48) 「文官統制」が成立していく過程については、前掲、拙著『戦後日本の防衛と政治』第一章参照。
(49) 基盤的防衛力構想の生みの親は久保卓也であると言われてきた。しかし、当時の状況や経緯を検討すると、少なくとも「常備軍」という基本になる概念を発想したのは西廣であり、基盤的防衛力構想を土台にした七六年の「防衛計画の大綱」策定に関しての久保の関与のあり方は再検討される必要がある。
(50) 「基盤的防衛力構想」と自主防衛論との関係については、拙著『戦後日本の防衛と政治』二五九〜三〇八頁参照。
(51) 前掲、『宝珠山昇オーラルヒストリー　上巻』一九一〜一九六頁参照。
(52) 「防衛庁における防衛諸計画の体系」『防衛ハンドブック　一九九〇年版』（朝雲新聞社、一九九〇年）二七〜三〇頁参照。
(53) 拙著『戦後日本の防衛と政治』二八四〜三〇八頁参照。
(54) 『大賀良平オーラルヒストリー　第二巻』（政策研究院、二〇〇五年）一八八〜一八九頁、拙著『戦後日本の防衛と政治』二九八〜三〇八頁参照。
(55) その後統幕強化・統合運用問題はしばしば防衛白書にも書かれ、重要性が指摘されるが、本格的に統合運用が現実化するのは後述のように近年である。
(56) 拙著『戦後日本の防衛と政治』三五九〜三六一頁参照。
(57) 『宝珠山昇オーラルヒストリー　下巻』一〇四〜一〇六頁参照。
(58) 『夏目晴雄オーラルヒストリー』（政策研究院、二〇〇四年）二五九〜二六六頁参照。
(59) 永井、前掲、『現代と戦略』一〇〜四五頁。
(60) 日米関係のあり方としてこの中では、「主張すべき利益は主張し、批判すべきことは批判するが、アメリカを支持すべきときは、積極的かつ強力に支持するようにしなければならない」と説いているが、これはかつて高坂が自主外交を論じた自らの論文で展開していた議論であった。ナショナリズムの高揚に直面して、国民国家と自主外交の問題を生涯の重要テーマとした高坂の考え方がここにも明瞭に表れている。高坂「自立への欲求と孤立化の危険――一九七〇年代の日本の課題」『中央公論』（中央公論社、一九六九年六月号）参照。

(61) この点に関しては、前掲、拙著『戦後日本の防衛と政治』三二五～三二七頁参照。

(62) 中馬清福『再軍備の政治学』（知識社、一九八五年）一〇八～一一八頁。

(63) アルフレッド・マハン著、北村謙一訳『海上権力史論』（原書房、一九八二年）八頁の訳者解説参照。

(64) 大賀良平『シーレーンの秘密――米ソ戦略のはざまで』（潮文社、一九八三年）一七五頁。

(65) 大賀良平「混迷する『シーレーン』防衛論議」『戦略研究シリーズ VOL.7. 一九八二年九月』（『防衛年鑑八三年度版』所収）一五一頁。

(66) この間の経緯については、前掲、拙著『戦後日本の防衛と政治』三四九～三五七頁参照。

(67) 内閣官房内閣審議室・総合安全保障関係閣僚会議担当室編集「平和問題研究会報告書　国際国家日本の総合安全保障政策」（大蔵省印刷局、一九八五年）参照。平和問題研究会は、中曽根内閣で設置されたもので、高坂が座長を務めていた。

(68) 近代日本史料研究会『塩田章オーラルヒストリー』（近代日本史料研究会、二〇〇六年）一二一頁。なお、シーレーン問題についての国会対応等については、同書、一一二～一二一頁参照。また、海上自衛隊の認識については、近代日本史料研究会『佐久間一オーラルヒストリー　上巻』（近代日本史料研究会、二〇〇七年）一四五～一四六頁も参照。

(69) 政策研究院ＣＯＥ・オーラル・政策研究プロジェクト『栗山尚一オーラルヒストリー――湾岸戦争と日本外交』（政策研究院、二〇〇四年）六六頁。

第四章　冷戦終了と自衛隊

一　冷戦終了後の新たな課題

1　海外派遣される自衛隊

一九八九年の冷戦の終了によって、ソ連を仮想敵としていた日米安保体制の意義が再検討されることになった。しかも、欧州を中心として始まった軍縮の趨勢によって、日本の防衛力も縮小を目指す方向で検討されることになる。ただ、実際は、冷戦終了の翌年から始まる湾岸危機・湾岸戦争の中で、今度は国際協力として自衛隊を派遣することの是非について、日本国内は大きな混乱に陥る。こうして、「規模縮小」と「国際協力への任務拡大」を前提とした自衛隊の役割の再検討が冷戦終了後の重要な検討課題となった。両者のうち、まず後者の国際協力問題が喫緊の課題として対応が求められた。そこで国際協力問題から検討していこう。

そもそも日本は六〇年代の高度経済成長による経済大国化で、国際社会の中における重要性を増大させてきた。世界の政治経済に影響力を持つ国として、またその経済活動が安定した国際社会の恩恵を受けている立場として、経済力にみあった国際貢献を求められる存在となっていたのである。それは、七〇年代に急速に増大させた政府開発援助（ＯＤＡ）を中心とした開発支援政策に代表されるが、もう一つ、国連の平和維持活動をはじめとした国際社会の平和と安全への協力も検討されるようになっていた[1]。

実際、外務省では国連加盟後の早い時期から、日本が国連の平和活動に協力できないかという考え方が存在しており、それが七〇年代になるとかなり積極的に検討されるようになっていた。ただしそれはあくまで省内にとどまるもので、政府全体に及ぶものではなかった。また、国連の平和維持活動（ＰＫＯ）への協力といっても、自衛隊を派遣すべきかどうかという問題については、必ずしも統一した見解があるわけではなかった。むしろ、日米防衛協力の指針（ガイドライン）の協議にあたって、日本本土防衛の五条事態だけではなく、極東条項に関する六条事態についても検討しようという米側の要請を抑えて本土防衛に絞ったのは外務省であった。それは当時の日本政治の状況を考えたうえでの判断であり、そうしたことを考えれば、自衛隊派遣に慎重にならざるを得なかった。ただ、冷戦下での日米協力の進展と並行して、経済援助にとどまらない国際貢献のあり方が模索されていたことは事実である。

八〇年代になると、日米安保の枠を外れた問題で自衛隊の派遣が検討される事態が出現した。イラン・イラク戦争によるペルシャ湾の機雷掃海問題である。イランとイラクの戦争が長期化し、ペルシャ湾に機雷が敷設されて石油を積んだタンカーの安全航行上の大きな問題になっていた。そして八七年、日米同盟を掲げて良好な関係にあったレーガン政権から中曽根政権に対し、ペルシャ湾における機雷除去への協力が求められたのである。この要請を受けるとなれば、自衛隊が訓練以外の目的で海外に派遣されることとなる。

中曽根首相や外務省は自衛隊派遣に前向きであったが、派遣の根拠となる法的枠組みや、停戦が成立していない地域に自衛隊が派遣されて戦争に巻き込まれる危険などもあって、後藤田正晴官房長官が強硬に反対し、結局見送られることになったことはよく知られている[2]。ちなみに、後藤田長官は警察予備隊創設に深く関与した人物であるが、自衛隊の海外派遣問題には後述のＰＫＯも含めてきわめて慎重な立場である。六〇年代までの防衛庁で大きな影響力を持っていた海原治と旧内務省の同期であるが、制服組の活動を抑えようとする姿勢はこの世代に共通している。「軍事」組織への徹底した不信感を持っていたようである。

さて、八七年一一月に成立した竹下登内閣は「日本外交の三本柱」を打ち出していた(3)。これは「世界に貢献する日本」を掲げ、「平和への協力、経済協力、国際交流」を外交の三本柱と位置づけて積極的に推進しようとしたのである。このうち「平和への協力」は国連の平和維持活動が念頭にあり、ソ連のゴルバチョフの登場による冷戦情勢の変化とカンボジア和平問題の進展などをにらんで、日本が地域の平和構築に積極的に関与すべきことを外務省が竹下首相に進言した結果であった。ただし、ここでの議論もやはり外務省の中にとどまり、国連の平和維持活動と自衛隊の関係について具体的に政府内で議論が進められる段階までには至っていなかった(4)。一方で防衛庁は、まだ国連の活動への参加などは具体的検討には至っておらず、外務省とのこの問題での温度差はあきらかであった。

こうして自衛隊の活動の場が拡大する可能性が生じた中で冷戦終了を迎えた。そして日米安保や自衛隊の役割の再検討という状況になったわけだが、こういった課題をじっくり検討する時間は与えられなかった。むしろ当時の議論を大混乱させる問題が出現した。湾岸戦争の勃発である。中東というきわめて重要な地域で起こった問題に、日本が具体的にどのような協力ができるのか、まさに日本の危機対応能力が問われた事態であったが、結局増税まで行って提供した資金援助は国際社会で高い評価を得られず、日本自身も深い挫折感を味わうことになったのである(5)。

実は、九〇年八月二日にイラクがクウェートを占領したとき、当初の日本政府の対応ぶりは迅速であったと言えるだろう。ブッシュ大統領からのイラク制裁への同調要請を受け、国連安保理が経済制裁を決議するより早く、八月五日に石油輸入禁止や経済援助凍結などを内容とする対イラク制裁案を決定し、発表している。しかし、米国が多国籍軍結成を呼びかけ、英国が派兵決定、ＮＡＴＯも同調というぐあいに、軍事的対応が表面化するにしたがって日本の対応は混迷していくことになるのである。

湾岸に展開する多国籍軍に参加する国が増加する一方で、資金援助を小出しに拠出するのみで人的貢献がない日本に対して、米国を中心とした圧力は日に日に増加し、政府・与党も自衛隊派遣を中心とした人的貢献を早急に実施する必要に迫られる。前述のように、外務省ではそれ以前に自衛隊の派遣も含めた国連の平和維持活動への参加が検討されてはいたが、あくまでそれは検討段階にとどまり、防衛庁や内閣法制局といった関係部局と詰めた議論をしたわけではなかった。ましてこのときは停戦が成立した後のＰＫＯではなく、戦闘が予想される状況での派遣であった。自衛隊自身が戦闘に参加しないことを前提としても、海外派遣が憲法上許されるのかについては大いに意見が分かれた。そこで展開されたのが、派遣される自衛隊隊員の身分に関する議論である。

憲法の制約や海部俊樹首相の「ハト派」的心情といった政治的配慮から、派遣される隊員を自衛隊から切り離して「出向・休職」にしようという外務省と、自衛隊の身分を残した「併任」の形にこだわる防衛庁が対立した。防衛庁としては、自衛隊に所属する船舶や航空機の操縦、部隊活動での指揮命令、銃器の扱いなどは自衛隊の身分がなければできないと主張したが、その背景には冷戦後の平和協力に関する仕事を別の組織に奪われるという懸念や、ようやく表舞台に出られるという期待、さらに危険な地域への派遣を安易に身分を変えていくことで保険制度をはじめ隊員の利害にもかかわる問題が生じることになるのを恐れたわけである。そして海部首相が「業務委託」で行くと発表した後に、自民党側から批判があって結局防衛庁の主張する「併任」の形で決まるという混乱を生じた。しかも、急遽作られた「国連平和協力法案」は国会審議でも政府答弁の食い違いなどの混乱を生じ、結局廃案となる。湾岸戦争での自衛隊派遣は行なわれることはなかったのである。

しかし湾岸戦争は、当時の日本政治に大きな混乱を巻き起こしただけではなかった。湾岸戦争の歴史的意味は、その後の日本政治、とくに安全保障政策に大きな影響を及ぼしたことにある。それは政治のレベルでは「too little to late」という批判を受けたこと、行った資金提供の大きさに比べて国際的評価があまりに低かったことで、米国の要請にはなるべく早く応えるという「湾岸戦争のトラウマ」が残ったことである。これは後の九・一一以後の展開への大きな布石となった。

また、国民意識に変化があったことはさらに大きな意味を持っている。すなわち、国民レベルの間では、日本国内における「軍事」をめぐる議論に疑問を感じるようになったことがあげられる。湾岸戦争における多国籍軍の結成は、国連軍の創設がきわめて困難な状況において国連の集団安全保障機能を発揮するための選択であったと言える。しかし日本は、軍事力の行使という点にのみ反応し、多国籍軍の中心である米国への批判的論調も目立った。いかなる理由にしろ軍事はダメ、軍隊は悪という「戦後平和主義」の言説が国際的常識の前で打ちのめされたわけであった。このことは、日本の国際協力が資金的なものだけではなく、人的貢献も行うべきであること、場合によっては自衛隊の派遣も必要であることについて、従来のタブーを消していくことになったのである。ただし、湾岸戦争後すぐにそういった理解が進んだわけではなく、湾岸戦争後に国際社会の議論についての情報が浸透していくまでの時間は必要であった。そしてそれをさらに後押ししたのが、実際に行われた自衛隊派遣の成功であったのである。

湾岸戦争のとき、イラクはクウェート沿岸に一二〇〇個の機雷を敷設したと言われている。それはペルシャ湾の航行の安全を阻害する重大な脅威となっていた。米、英、イタリア、ドイツ、オランダ、サウジアラビア、トルコ、フランス、ベルギーといった国が掃海活動を行っていたが機雷の数が多く、熱帯での作業は困難を極めていた。また、本来であれば中東に石油の七割を依存している日本こそが、ペルシャ湾の安全航行に重大な利益をもっているはずであるのに、日本が掃海に参加しないのは問題であるという批判も生じていた。湾岸戦争の最中には結局人的貢献が出来なかった日本としては、戦争が終了したことで海上自衛隊の掃海部隊派遣の条件が整ったと考え、国内での批判を考慮して極秘に準備を進め、九一年四月六隻の掃海艇部隊を派遣したのである。まだ自衛隊の海外派遣に関する法的整備はまったくなく、自衛隊法九九条の「機雷その他の爆発性の危険物の除去」が派遣の根拠であった。

結果として、自衛隊派遣反対派の漁船六〇隻が取り巻く中、呉を出航した六隻の部隊は、一ヵ月と一日を費やし、約七〇〇〇海里を航海してペルシャ湾に到着した。日本の掃海部隊は、共同作戦を展開した各国の部隊や、機雷が敷設された沿岸各国から高い評価を得る。九月一一日に作業を終えて、一〇月三〇日呉港に帰着。海部首相や池田行彦防衛庁長官も出席したセレモニーで出迎えられた。自衛隊初の海外派遣はきわめて大きな成功を収めたのである。(6)

ペルシャ湾での掃海にまして、国民に強い印象を与えたのがカンボジアにおける活動であった。カンボジア和平問題に積極的に関与した日本は、(7)湾岸戦争を教訓に、カンボジア新政権が樹立されるための選挙の実施や現地の復興事業などに積極的に参加する方針をたてた。そして、これもまた湾岸戦争のときに廃案になった「国連平和協力法案」を教訓に、自民・公明・民社の三党で合意して政治条件を整備した上で、九二年六月「国際連合平和維持活動等に対する協力に関する法律」(国際平和協力法・PKO協力法)を成立させた。

国連のPKO自体は九二年三月からすでに始まっており、日本はPKO協力法成立後、七月一日に調査団派遣、九月八日の閣議決定を経て、同月一七日には呉からPKO部隊が出発するというあわただしさであった。ただしこのときは、本隊業務凍結や参加五原則といった、三党合意に導くための政治的配慮がなされた上での派遣であって、日本のPKO参加は厳しい制限の下で行われることになった。この点については後ほど改めて述べることにしたい。

いずれにしろ、陸上自衛隊を中心に派遣されたカンボジアＰＫＯは、六〇〇人の部隊に対し取材のマスコミが三〇〇人派遣されるなど、異様な関心のもとに行われた。文民警察官と国連ボランティアに犠牲者が出て、一時は自衛隊の撤収も取りざたされたが任務は継続され、最終的に自衛隊には犠牲者は出なかった。選挙も成功裏に行われ、国連カンボジアＰＫＯの活動は無事、成功した。カンボジア和平は、戦後日本外交の成功例として後にまで語られることになっただけでなく、自衛隊のＰＫＯ活動も国際的に高い評価を得ることができ、しかもそれが国内にも伝わることで、それ以後のＰＫＯ活動には大きな弾みがつくことになるのである。

ペルシャ湾、カンボジアへの自衛隊派遣成功以来、自衛隊の活動は国際的にも評価が高く、海外派遣も増加した。国際協力活動は、阪神淡路大震災以来重要性を増した災害派遣とともに、冷戦後の自衛隊の重要な活動に位置づけられることになった。しかし自衛隊のＰＫＯには限界があるのも事実である。そもそも、自衛隊法に基づいて派遣されたペルシャ湾掃海は別であるが、ＰＫＯ協力法成立によるカンボジア派遣でも、同法成立のために自民・民社・公明の三党が合意を得るため、本隊業務凍結や参加五原則という制限がつけられての派遣であった。ＰＫＯ参加五原則とは次のようなものである。

(1) 停戦の合意が成立している

(2) 受け入れ国などの合意が存在している

(3) 中立性を保って活動する

(4) 上記(1)～(3)のいずれかが満たされなくなった場合には、一時業務を中断し、短期間のうちに回復しない場合には、派遣を終了

(5) 武器の使用は、自己または他の隊員の生命、身体の防衛のために必要な最小限のものに限る

実際、前述のようにカンボジアで日本人二人の犠牲者が出た後は、自衛隊の引き上げが真剣に議論された。本

隊業務凍結は現在解除され、武器使用の制限もその後の改正で現在はかなり緩和されてきている。しかし、PKO活動を行っている諸外国に比べるとやはり武器使用の制限が多く、実際に自衛隊員の身を守ることができるのかについては、派遣された自衛官で疑問を述べるものが多いのが現状である。しかも、法的に自衛隊は軍隊ではないという位置づけから、武器の海外持ち出しが輸出にあたる手続きが必要になったり、派遣されている諸外国の部隊との連携に支障をきたすという問題もあった。何よりも、自らの身を守れるはずの軍事組織が、他国の軍隊に守ってもらわねば活動できないという状況は、何のために軍事組織を派遣しているのかという疑問すら生んでいるのである。

後述のように、二一世紀になって新たな脅威に対応するために策定された防衛計画の大綱（二〇〇四年一二月）でも、国際協力活動は重要な位置づけを与えられた。しかしせっかくの派遣も、活動に制限があることや自己防衛能力の不足などから、諸外国からの評価が期待したほど高くならない可能性もある。じっさい、後述のように現在では単なるPKO活動にとどまらず、対テロ作戦の支援活動で海外に展開するようにもなっている。現状のような形での派遣を続けていくのは限界に来ているとも言えるのである。(8)

2　日米安保体制の再検討

前述のように、冷戦終了という世界政治の構造的変換を反映して、自衛隊の規模縮小と国際協力への任務拡大を前提とした自衛隊の役割の再検討を図るため、日本の安全保障政策を見直す目的で細川内閣によって一九九四年二月に創設されたのがアサヒビールの樋口廣太郎会長を座長とする「防衛問題懇談会」（以後「樋口懇談会」）であった。樋口懇談会のメンバーは次の通りである（肩書きは当時のもの、カッコ内は主要な前職である）。

座　長　樋口廣太郎　アサヒビール会長

座長代理　諸井　虔　秩父セメント会長
委　　員　猪口邦子　上智大学教授
　　　　　大河原良雄　経団連特別顧問（元駐米大使）
　　　　　行天豊雄　東京銀行会長（元大蔵省財務官）
　　　　　佐久間一　NTT特別参与（元統合幕僚会議議長）
　　　　　西廣整輝　東京海上火災顧問（元防衛事務次官）
　　　　　福川伸次　神戸製鋼副会長（元通商産業事務次官）
　　　　　渡邊昭夫　青山学院大学教授（東京大学名誉教授）

この懇談会の議論に大きな影響を与えたのが委員にも任命された西廣であったと考えられる。西廣は防衛庁生え抜き組みで初めて次官に就任した人物で、海原治、久保卓也と並んで防衛庁を代表する防衛官僚の一人である。西廣は基盤的防衛力構想と旧防衛大綱の策定にも深く関与しており、防衛庁退官後も大きな影響力を持っていたと言われる。懇談会報告書の素案を書いたのは西廣とは以前から親しかった渡邊であり、懇談会の議論には当時の防衛庁の意向が大きく反映していると見ていいだろう。そして、ここで出た考え方が「多角的安全保障」であった。

この「多角的安全保障」が構想された背景には、冷戦下において日米安保体制の中で自主防衛の在り方を模索してきた防衛官僚の考え方があったと言える。つまり、日米安保体制に過度に依存する姿勢を示すことは国民の理解を得ながら防衛力整備を推進することを困難にするということである。多角的安全保障という考え方が示される前では、それは国連の重視という姿勢で現れていた。それは、西廣らとともに防衛計画の大綱策定にかかわってきた宝珠山昇元防衛施設庁長官の次のような言葉にも示されている(9)。

日本では国連中心主義というのは、日米安保一本槍では国論はまとまらない。防衛力整備についての支持さえも失いかねないということで、国連というのは日米安保と両立させながら説明するテクニックとしてありますよ。（略）国連を信頼できると思っているわけではありません。しかし、これを信頼できないから日米安保だということでは、コンセンサスというか、防衛に対する国民の支持を得られないというのが私どもの判断ですし、過去の歴史でもあります。

また、多角的安全保障という考えが打ち出されたことは、戦後の日本の安全保障政策において、今後大きく二つの流れができることを表していた。それは、「武力事態対処法に代表されるような『国土防衛』の体制・態勢を整備することを目指す流れ」と、「対テロ特別措置法やイラク人道支援特別措置法に行きつく流れ――『国際安全保障』への日本の貢献を目指す流れ」である[10]。前者の「『国土防衛』の体制・態勢を整備することを目指す流れ」は、従来から行われてきた防衛力整備の基本方針であるが、後者の「『国際安全保障』への日本の貢献を目指す流れ」は、国連ＰＫＯ活動などへの協力にとどまらず、戦争後の混乱が続くイラクへの自衛隊派遣に代表されるような、自衛隊の従来の活動の枠を超えた任務に道を拓く可能性があるものであった。実際、対テロ作戦などでは米軍をはじめとした他国の軍隊との協力が必要であり、協力の内容によっては憲法との関係で疑義を生じる恐れもはらむものであった。また、九六年に「日米安保共同宣言」が打ち出され、日米安保を国際公共財として再定義が行われたが、それは後者の「『国際安全保障』への日本の貢献を目指す流れ」を推し進めるものであった。そしてこれ以後、朝鮮半島情勢の不安定化や経済のみでなく軍事的にも大国となっていく中国の動向など、日本を取り巻く国際環境が次第に緊張の度合いを増していく中で、日本の国際平和への関与を進める政策が、日本自身の防衛という問題を抑える形で進められていくことになるのである。

ところで、以上のような重要な内容を持っていた、「樋口懇談会」の報告書であったが、それが多角的安全保障を第一に置いていた点に米国の日米安保関係者は危惧の念を抱くことになる。「樋口懇談会報告書」は、決して日米安保を軽視して、日本の自主性のみを強調しようと意図していたわけではなかった。日米安保体制の維持と強化を前提としつつ、日本が自ら任うべき役割として多角的安全保障を打ち出していたのである。しかし、多角的安全保障が先に出て、次に日米安保が置かれたことで、米国は、日本が日米安保体制への信頼度を低めたのではないかと懸念したのである。後述のように、「樋口懇談会」報告書がまとめられた九四年は朝鮮半島における核危機の時期と重なっており、東アジアにおける安全保障のために米国は日米協力の一層の強化を期待していた。すなわち、冷戦終了で欧州方面は軍縮機運が高まっていたが、アジアにおいては朝鮮の南北分断、大陸中国の共産党政権と台湾との対峙という冷戦下に作られた国際構造は変化しておらず、中国は好調な経済を背景に軍備増強も進めていた。ソ連という最大の脅威はなくなったとはいえ、アジアにおける安全保障環境は決して安定していなかったのである。

米国では九五年二月に国防次官補であったジョセフ・ナイが「東アジア戦略報告」をまとめ、東アジアにける一〇万人の米国軍隊のプレゼンスを維持することを明確にし、あわせて日本との日米安保再定義に関する交渉を進める。その結果まとめられたのが、九五年一一月の「防衛計画の大綱」であり翌年四月の「日米安保共同宣言」であった。九五年大綱は、「効率化」による規模の縮小、国際貢献への任務拡大と並んで、日米安保の重視という点に大きな特徴を持っている。それはたとえば、七六年の旧大綱で日米安保体制に言及したのが一回であったのに対し、九五年大綱では「日米安保体制の信頼性」という言葉が繰り返し述べられていることに如実に示されている。(11)

こうして、日米安保体制を前提としつつも、日本の自主性を従来より打ち出した多角的安全保障論から、日米安保協力が再度中心となることになったわけである。(12)

九五年の防衛大綱、九六年の日米安保共同宣言の時期は、朝鮮半島情勢が依然として不安定であり、しかも台湾海峡危機も九六年三月に起こっており、東アジア情勢は混迷を深めていた。こうした国際情勢を背景に、日米はあらためて日米防衛協力のあり方を具体的に検討する段階に入っていく。そしてまとめられたのが九七年九月二三日に日米安全保障協議委員会で承認された新ガイドラインである。新ガイドラインの特徴は、旧ガイドラインが当時の日本の政治情勢を反映して、日米安保第五条の本土防衛を対象としたものが中心であったのに対し、新ガイドラインが第六条における事態を対象にしている点にあった。これが周辺事態である。

そして新ガイドラインの具体化に向けて、同月二六日「日米防衛協力の指針の実効性の確保について」が閣議決定され、「日米物品役務相互提供協定」をはじめ新ガイドラインに沿った法整備が進められた。そして九九年五月に成立し八月に施行されたのが「周辺事態安全確保法」であった(13)。また、この間の九八年八月に北朝鮮が日本上空を越えるミサイル発射実験を行ったことで、北朝鮮に対する日本の脅威意識は高まり、折から課題になっていた米国の弾道ミサイル防衛に関しても、九八年一二月に日米で共同して技術研究に当たることが決められることになった。

ではこうして、日米協力を中心とした安全保障への取り組みが大いに進展していく一方で、日本本土の防衛に関してはどうなっていたのだろうか。前述のように、自衛隊の役割の再検討を図るため、日本の安全保障政策を見直す目的で「樋口懇談会」が設置されたのは細川内閣期であった。そして細川内閣が、九三年に五五年体制が倒れ、非自民の連立内閣として誕生した初めての政権であったことに示されるように、この時期から日本の政界は再編期に入っていた。このことは、冷戦時代のようなイデオロギー対立によって硬直化した安全保障論議から、より具体性を持った政策論議が展開される可能性が生じたことを意味していた。実際、前述の周辺事態安全確保法にしても、安保条約六条を対象とするこのような法律は、冷戦時代であれば成立は困難であったと考えられる。

安全保障問題について、国際的な「常識」に基づいた議論に、政治がまともに取り組む環境ができてきつつあったわけである。

ただし、それでは有事法制のような冷戦時代以来の課題が着実に進展したかというとそうではなかった。連立政権の組み合わせが頻繁に変わるような政党の離合集散の中で、日米防衛協力問題への対応で、日本政治は手一杯の状況であったと言える。実際、先に整備されておくべき自国の有事の場合の法整備が遅れていることについて問題になっていくのは、周辺事態に対処する法制が整備された後であった。これは有事法制という本来は第一に取り組むべきではあるが国内的に波紋を起こしそうな課題は先送りして、次々に押し寄せる別の課題に対症療法的に対応していった結果でもあった。

そして二〇〇〇年三月、自民・自由・公明の三党は有事法制整備推進について合意する。森喜朗首相は四月の所信表明演説で有事法制に触れ、さらに翌年一月の施政方針演説で有事立法の検討開始を表明する。しかし、冷戦時代以来の宿題であった有事法制が、有事（武力攻撃事態）関連三法案として実際に成立するのは、小泉内閣の成立、九・一一事件発生という激動を経た二〇〇三年六月であった(14)。本土防衛という自衛隊の基本任務を行う場合の法的整備が、自衛隊成立後半世紀近くたってようやく成立したわけである。与野党対立で審議ができなかった冷戦時代から見れば大きく時代が変わったことを象徴しているが、しかし日米協力の進展に比べれば明らかに遅れていた。しかも、後述のようにこのとき成立した有事法制は国民保護に関する規定が未整備であるなど、依然として不備を抱えていたのである。

さらに、九九年に成立した周辺事態安全確保法は第九条で「関係行政機関の長は、法令及び基本計画に従い、地方公共団体の長に対し、その有する権限の行使について必要な協力を求めることができる」と定めていた。このことは、従来は政府の専管事項とされていた安全保障問題、特に対米協力問題に関しても、地域の協力を得なければ実効性ある内容ができないということを意味していた。おりしも、橋本内閣以来の構造改革問題が本格化し、中央官庁の統廃合も進められる中で地方制度改革の議論も進展していた。そして先の周辺事態安全確保法第九条を実効性あるものたらしめるには、当時議論されている地方制度改革の中においても、地方自治体の安全保障上の役割を踏まえた中央・地方関係の論議が必要になってくるはずであった。

このことは、日米協力の進展問題が集団的自衛権に象徴される憲法問題にかかわってきているように、中央・地方関係という日本の国家制度のあり方にも安全保障問題が関係してきていることを意味している。すなわち、日本という国家のあり方に関する問題をはらんできているということになる。この点に関して、実は後述のように、地方から中央に対する問題提起のような動きも実際に生じてきているのである。以上の点を踏まえながら、九・一一という新たな脅威が現出した後の日米協力問題と日本の防衛問題に議論を移すことにしたい。

二 「新しい脅威」と日本の防衛政策

1 「九・一一」の衝撃と自衛隊

ニューヨーク、ワシントンという米国本土の政治経済の中心地域を襲った二〇〇一年の九・一一同時多発テロは、二一世紀における新たな脅威を象徴する事件であった。この事件が発生して以降の日本の安全保障政策は、二つの方向で進められた。第一は、二〇〇一年一一月の「テロ対策特別措置法」、そして二〇〇三年七月の「イラク人道復興支援特別措置法」に象徴される米国の「テロとの戦い」の支援、二つ目が二〇〇四年四月に設置された「安全保障と防衛力に関する懇談会」(通称「荒木懇談会」)および同懇談会の報告書に基づく二〇〇四年一二月の新しい「防衛計画の大綱」制定による日本自身の「新たな脅威」への対応である。前者が日米協力、後者が日本自身の防衛政策ということになる。

ただし、主たる精力が注がれたのは何といっても前者のほうである。米国のアフガニスタン攻撃を支援する「テロ対策特別措置法」も、米国のイラク攻撃を支持し、戦闘終了後の復興支援にあたる「イラク人道復興支援特別措置法」も、両法律はともに特別措置法という時限立法であり、湾岸戦争の轍を踏まないための緊急対応であった。周知のように「テロ対策特別措置法」という略称からすれば日本に対するテロへの対策のように聞こえるが、実は九・一一事件への国際的対応への協力、具体的には米国を中心とする多国籍軍のアフガニスタン攻撃を憲法の範囲内で協力するというものである。[15]また後者は、いまだ情勢が不安定で内乱状態とも言われるイラクへの自衛隊派遣であり、一九九〇年の湾岸危機の時には、自衛隊が日本以外で活動することが大きな政治問題になったことに鑑みれば、自衛隊の歴史から見ても戦後の日本政治史上からも画期的な出来事であったといえるだろう。[16]

二〇〇一年九月の同時多発テロ事件発生後の日本政府の対応を時系列的に見ると、一一月二日の「テロ対策特措法」の公布、同九日に情報収集の名目で海上自衛隊の艦艇をインド洋に派遣、二五日にテロ対策特措法に基づき海自の補給艦等を派遣、二九日、空自が在日米軍基地間の国内空輸を開始、一二月二日、テロ対策特措法に基づき海自の補給艦がインド洋で米海軍の艦船に洋上給油、および空自による国外空輸の開始、同六日陸自と在日米軍が在日米軍基地等警護の実員による検討の開始と、テロ対策問題と米国への支援に積極的に取り組んでいるのがわかる。これには米国からの目に見える形での支援をという要請があったといわれているが、[17]日本の積極的な対応は米国からの高い評価を得たといわれている。いずれにしても、二〇〇一年は九・一一への対応に追われて終わったといえるだろう。

以上のような九・一一への対応が一段落した二〇〇二年四月にようやく有事関連三法案は閣議決定され、国会の審議にかけられる。しかしこの法案は、冷戦後の情勢に対応しておらず、冷戦時代に検討されていたものの焼き直しに過ぎないという批判や、より包括的なものを作るべきだという批判、また国民保護の問題が後回しになっているなどさまざまな問題点が指摘され、ようやく成立したのが前述のように翌年の二〇〇三年六月であった。ただし、このとき成立した有事関連三法では国民保護の問題は後に別途定めることになっていた。それが国民保護法という形で成立するのは、これもまた約一年を経た二〇〇四年六月であった。しかもこの間、二〇〇三年は米国のイラク攻撃問題をめぐって国際的に紛糾しており、米国のイラク攻撃支持、戦闘終了後のイラク復興支援のための自衛隊派遣およびその根拠となる「イラク人道復興支援特別措置法」の作成・国会通過に政府はかなりの時間と精力を使わざるを得なかったわけである。

二〇〇四年一月に陸自先遣隊がイラクへ派遣されたのを皮切りに、自衛隊はイラクの復興支援にあたることになる。(18) こうしたイラク問題への対応が山場を越えた段階で、テロを中心とする新たな脅威に対応した日本自身の安全保障のあり方を検討するために二〇〇四年四月に設置されたのが、前述の「安全保障と防衛力に関する懇談会」(通称「荒木懇談会」)であった。

さて、これまでの国連平和協力や災害支援といった枠組み以外で、テロ対策や戦争後の復興支援という形で、特に米軍との具体的な連携が行われるようになって重要な課題として急浮上したのが、自衛隊の統合運用問題であった。統合問題は、保安庁から自衛隊へと組織が変わる時代から議論されていた問題である。当初は、制服組の台頭を抑える観点から「統合幕僚会議」強化は見送られていたが、七六年の防衛計画の大綱制定にあたり、基盤的防衛力整備の観点から統幕強化が図られたのは前述の通りである。しかし、このときの統幕強化は、折からの日米協力進展の中で基盤的防衛力構想が埋没していったためにほとんど大きな変化はないまま冷戦の終了を迎えた。実際に統幕の強化が進んでいくのは、冷戦以降、国際貢献の名目で自衛隊の海外派遣が始まり、自衛隊の海外での活動が行われるようになってからである。ただし、それも徐々にであって、統幕強化・統合運用の必要性は防衛白書でもしばしば語られながら、大きく進展することはなかったのである。

そのような統合問題は、九九年から日本近海で相次いだ不審船事件や九・一一テロ後の「新たな脅威」への対応の必要性から重要性がたかまり、二〇〇二年四月に「統合運用に関する検討」が各幕僚長、統幕議長に指示され、その成果が『「統合運用に関する検討」成果報告書』としてまとめられ、二〇〇四年の新しい防衛大綱にも織り込まれた。しかし、大綱に織り込まれたからといって統幕の組織変更のような重要課題がこれまではなかなか進まなかったのは七六年大綱以降の状況を見ても明らかである。それが二〇〇六年三月にこれまでの統合幕僚会議から統合幕僚監部へと組織変更され、統合運用の指揮にあたる統合幕僚長が置かれることになる契機は、米軍との協力の必要性からであると考えられる。

実際、『「統合運用に関する検討」成果報告書』でも、統合運用を進める目的の一つとして、日米安保体制の実効性の向上を掲げていた。(19)同報告書には以下のように記されている。少し長いが、現在行われている統合運用の内容を示すものであるので引用しておきたい。

日米安全保障体制の実効性の向上

自衛隊が統合軍である米軍と作戦を共同して実施する場合、米軍側が一人の指揮官の下、四軍が同一の作戦構想の下で行動するのに対し、自衛隊側は、時により各自衛隊ごと、協同又は統合部隊を編成して行動する等、運用形態が一定でないことから、米軍側との共同調整の要領が多種多様となり調整が煩雑となる。日米安全保障体制を基調としている我が国にとって、自衛隊と米軍との連携は重要であり、統合運用を基本とする米軍との共同作戦を円滑に行うとともに、日米安全保障体制の実効性を更に向上させるためには、自衛隊の態勢を共同が容易な統合運用の態勢とする等、平素から米軍との調整を円滑に行い得る態勢を構築することが必要である。

さらに、いわゆる「不安定の弧」に対応すべく実施されている米軍再編という重要課題への対応も必要であった。すなわち、米軍再編に関する日米防衛関係首脳会議でも「二国間の安全保障・防衛協力の実効性を強化し、改善することの必要性」にとどまらず、「自衛隊と米軍の相互運用性を向上することの重要性」が強調されていたことが示すように、米軍再編によって日米の防衛協力は相互運用にまで高められることが期待されているわけである。[20] こうした米軍との相互運用問題があったからこそ、統合運用強化が大きく進展したと考えられるのである。

以上のような統合運用強化で問題になるのは、自衛隊創設以来最大ともいえる組織改編に対し、多大の労力が費やされていることであろう。無論、これだけ大きな組織改編であるから当然ではあるが、もともと陸海空の各自衛隊は、創設の経緯や成長の仕方も異なっており、国防に関する考え方にも相違があるのはこれまで見てきたとおりである。[21] 陸海空各自衛隊では、統合運用に関する考え方も異なっているのではないかと考えられる。そういった中で短期間に、しかもこれまで見てきたようなさまざまな任務が増大しつつある中で、こういった作業が行われている負荷は大きいと言えるだろう。これまで述べてきた自衛隊の任務増大をわかりやすく示したものが図22である。自衛隊の任務がいかに増大したか明確であろう。

以上のような状況と並行して進められたのが、予算・人員の削減である。たしかに、財政赤字問題を考えれば、また度重なる調達に係る事件なども考えれば、「効率化」を推進しつつ新たな課題に対応していくという基本方針は正当であろう。問題は、はたして狙い通りになっているのかということである。では、予算・人員の削減、大幅な組織改編と著しい任務の増大が、自衛隊という組織にどのような影響を及ぼしているのだろうか。この点

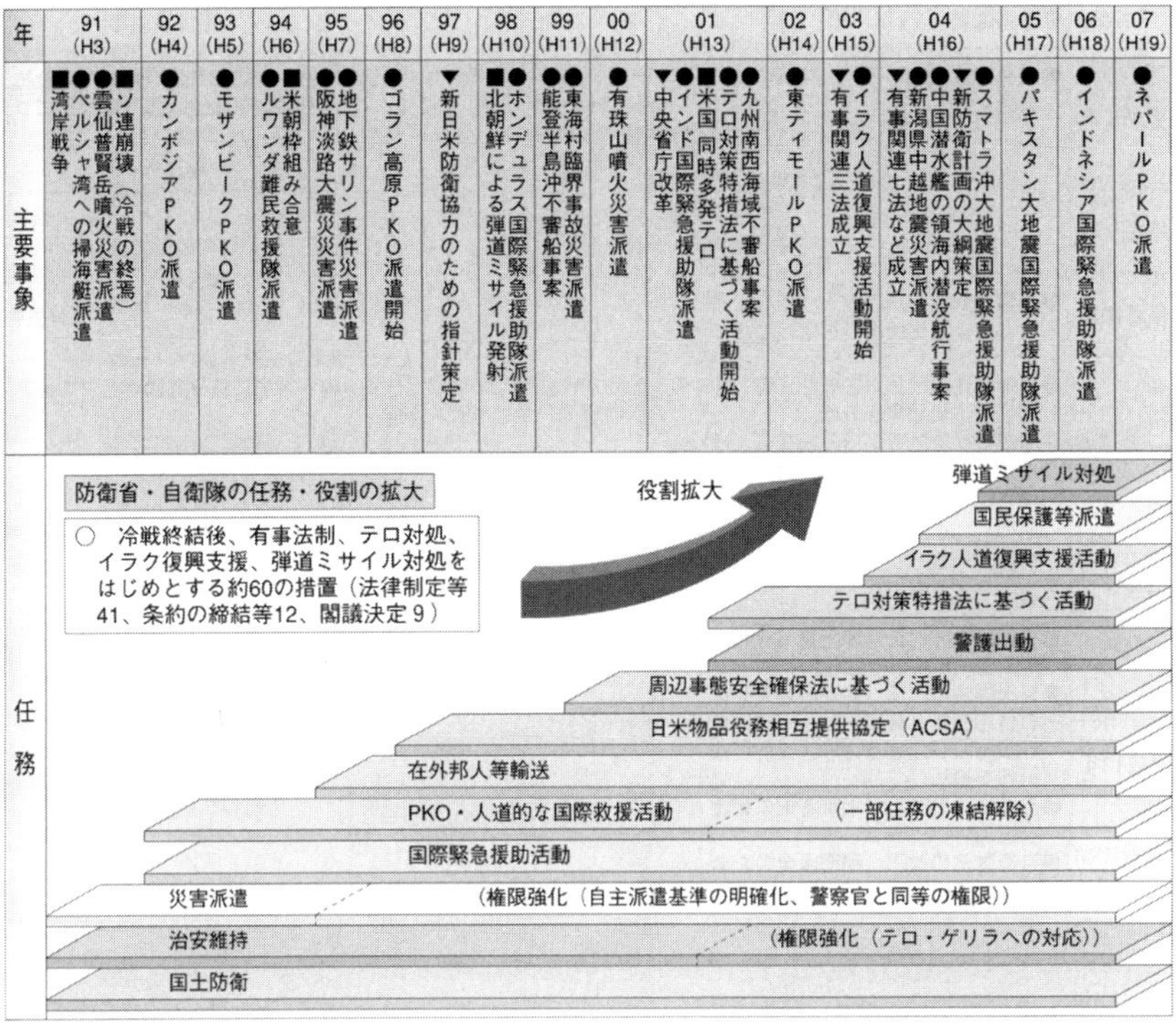

図22　拡大する防衛省・自衛隊の活動など（『防衛白書　2007年版』131頁より）

は終章で改めて検討したい。

さて、前述のように、日本の国際平和協力活動が一定の評価を受けていることは間違いない。しかし一方で、これまでの日本におけるＰＫＯの議論が瑣末な問題に終始し、「参加五原則」といった制約が課されるといった状態が長く続いてきたことも事実である。ペルシャ湾掃海、カンボジアＰＫＯの成功を皮切りに、実績を積み重ねることによって武器使用基準なども緩和されるなど、制約も少なくなってきている。しかし、現在のＰＫＯは、日本が恐る恐る参加し始めた冷戦終了直後の時期と異なって大きく変化してきており、現在は平和構築を課題とするものとなってきている。(22)「国際平和協力懇談会報告書」で指摘されているように、日本のＰＫＯ活動は「伝統的な国連Ｐ

KOの枠組みに大きく拘束されて」おり、「現在最も必要とされている「平和構築」の分野における参加体制が整っていないという問題」を抱えているのである。[23]

実際、現在のPKOは「許される武力行使の範囲について、従来のPKOよりも広範な弾力性を認められて」おり、「ソマリアのUNOSOM IIほどではないにしろ、かなり強力な装備と交戦規程をもつPKO」となっている。[24] これまでのように、対症療法的に制約を緩和しつつ対応するといったことでは、今後のPKOに参加できなくなる可能性すら否定できない。また、自衛隊という組織の法的あいまい性や政治的制約が、他国のPKOとの円滑な協力を妨げているという指摘もある。[25] 本当にPKOに積極的に参加するのであれば、もはや組織的あいまいさや活動への制約といった条件について根本的に見直す時期に来ていると言っていいであろう。

さらに、前述の、海外で活動するはずのなかった組織が海外で、しかも危険を伴う地域で活動することによって生じた新たな問題もある。すなわち、現代の国際社会においては、軍事力（「強制力」といったほうが正確であろう）は、戦争に限らず国連への協力を含めさまざまな場で使用される。[26] 各国の軍隊の多くは、国連PKOをはじめさまざまな状況で使用され、「現場」の経験を積んでいく。それに対して自衛隊は、ひたすら国内での訓練に精進してきたわけである。自衛隊はこれまで「軍隊」としての機能や実力を有しながらも法的には「軍隊」として扱われないという日本独特の社会環境の中で創設以来半世紀を経てきた。それが、日本の自衛隊に独自の組織文化を形成していったと考えられる。[27] その自衛隊が海外で活動することになったことによる影響は何かということである。

たとえば、これまでと異なる環境、とくに危険な地域に身をおいて活動することに伴う隊員へのストレスの問題がある。象徴的に考えられている問題に自衛隊内の自殺者増加の問題がある。自衛隊員全員に占める自殺者の割合〇・〇三%に対し、海外派遣隊員は〇・〇八%となっており、[28] 因果関係は慎重に検討する必要はあるものの、数字的には影響があったと考えておかしくないものである。また、重要なのは自衛隊員だけでなくその家族の問題もある。すなわち、これまで国内訓練中心であった組織が危険な地域で活動することによって、自衛隊の任務が生死にかかわる仕事であるという事実に改めて家族は直面するわけである。軍隊という組織が社会的に評価され、その仕事に危険が伴うことを当然認識している外国の軍事組織の家族と、自衛隊の仕事に対する評価の低さに甘んじながらも、[29]危険はないであろうという認識ですごしてきた自衛官の家族との違いがどのように生じてくるか、重要な検討課題であろう。[30]

2　変化する防衛政策

(1)　防衛大綱の変遷

テロを中心とする新たな脅威に対応した日本自身の安全保障のあり方を検討するために「安全保障と防衛力に関する懇談会」(「荒木懇談会」)が二〇〇四年四月に設置されたのは前述した。同懇談会は一〇月までに一三回の会合を行い、報告書を作成して小泉首相に提出した。その内容は、複雑・多様化する安全保障環境の中で、第一に日本への直接的脅威が及ばないようにすること、あるいは及んでも最小化すること(日本防衛)、第二に世界各地における脅威の発生確率を減らすこと(国際的安全保障環境の改善)という二つを目標とした統合的安全保障戦略が必要になるというものであった。そして、この戦略目標を達成するために、①日本自身の努力、②同盟国との協力、③国際社会との協力、という三つのアプローチを組み合わせることを提唱していた。

九五年の防衛大綱が日米安保偏重と思えるくらい日米安保中心の姿勢を表明している反面、自主的な姿勢が薄いものであったのに対し、①は新たな脅威の前に自ら行うべきことが増大したことを背景にして主張されたものと言える。また、九五年大綱をまとめる前の樋口懇談会のレポートで提唱されていた多角的安全保障協力の考え方が、③という形で再び明確に提唱されていた。また、荒木懇談会報告書では、前述の戦略目標に対応した防衛力として「多機能弾力的防衛力」を提唱していることも注目される点であった[31]。そしてこの報告書で示された提言を土台にまとめられたのが、二〇〇四年の防衛計画の大綱であった。最初の防衛大綱が七六年、次の大綱が九五年であるから約二〇年の間隔があった。しかし、新しい脅威と米国との協力の深化という事態に、約一〇年の間隔で防衛大綱がまとめられたわけである。

さらに二〇〇九年の総選挙における自民党・公明党連立政権から民主党・社民党・国民新党連立政権への政権交代を経て、二〇一〇年には再び防衛大綱が決定された。二〇〇四年から六年という短期での改正である。この大綱では、高まる中国の脅威に対応しつつ、深刻化する財政問題も視野に入れて、従来の「基盤的防衛力」ではなく「動的防衛力」という新たな概念を導入して防衛力の刷新を図っていた点に特徴があった。この「動的防衛力」については、「基盤的防衛力構想によることなく、動的防衛力を構築する」とはどういう意味か、という設問に答える形で以下のような説明がなされている[32]。

> 新しい安全保障環境のもとで、今後の防衛力の目指すべき方向性をより徹底して追求するため、五一大綱（七六年大綱—引用者注）以来の基盤的防衛力構想にとらわれずに取り組む、という意味です。
>
> 基盤的防衛力構想にとらわれるべきでないと考えたのは、基盤的防衛力構想は、東西が対峙していた冷戦時代に採用されたもので、防衛力の存在による抑止効果に重点を置いていますが、新たな安全保障環境では、防衛力の運用を重視し、抑止の信頼性を高めることが重要となっているなど、基盤的防衛力構想が前提としていた状況が大きく変化しているためです。
>
> また、動的防衛力の構築に向けては、厳しさを増す財政事情のもと、防衛力の構造的な変革を図ることが不可欠ですが、基盤的防衛力構想を今後の方向性として掲げていては、標準的な装備の部隊をまんべんなく

	51大綱	07大綱	16大綱	22大綱
防衛力の役割	災害救援等 侵略の未然防止・侵略対処 （限定小規模侵略独力対処）	より安定した安保環境構築への貢献 －PKO，国際緊急援助活動 －安保対話，防衛交流等 大規模災害等各種の事態への対応 －大規模自然災害・テロ －周辺事態 我が国の防衛 －侵略の未然防止 －侵略対処	国際安保環境改善への主体的・積極的な取組 －国際平和協力活動の本来任務化 －安保対話・防衛交流 新たな脅威・多様な事態への実効的対応 －弾道ミサイル －ゲリラ・特殊部隊等 －島嶼部侵略 －ISR，対領侵，武装工作船等 －大規模・特殊災害等 本格的侵略事態への備え （最も基盤的な部分を確保）	グローバルな安保環境の改善 －国際平和協力活動への取組 －軍備管理軍縮，能力構築支援 －テロ対策・海上交通の安全確保等 アジア太平洋地域の安保環境の一層の安定化 －防衛交流，域内協力 －能力構築支援 実効的な抑止・対処 －周辺海空域の安全確保 －島嶼部攻撃 －サイバー攻撃 －ゲリラ・特殊部隊 －弾道ミサイル －複合事態 －大規模・特殊災害等 ※本格的侵略事態への備え （不確実な将来情勢変化への必要最小限の備えを保持）
	【基盤的防衛力構想】→ ・防衛上必要な各種の機能を備え，後方支援体制を含めてその組織・配置において均衡のとれた態勢を保有 ・限定的かつ小規模な侵略までの事態に有効に対処 ・災害救援等を通じて国民の民生安定に寄与	（基本的に踏襲） ・「限定小規模侵略独力対処」との表現は踏襲せず ・防衛力の役割として「我が国の防衛」に加え，「大規模災害等各種の事態への対応」及び「より安定した安全保障環境の構築への貢献」を追加	【多機能で弾力的な実効性のある防衛力】 （基盤的防衛力構想の有効な部分は継承） ・新たな脅威や多様な事態に実効的に対応するとともに，国際安保環境改善に主体的かつ積極的に取り組み得るもの	【動的防衛力】 （基盤的防衛力構想にはよらず） ・各種事態に対して実効的な抑止と対処を可能とし，アジア太平洋地域の安保環境の一層の安定化・グローバルな安保環境の改善のための活動を能動的に行い得るもの ・多機能で弾力的な実効性のある防衛力を発展させたもの

図23　防衛力の役割の変化

表12　防衛大綱別表の変遷

区分			51大綱	07大綱	16大綱	22大綱
陸上自衛隊	編成定数			16万人	15万５千人	15万４千人
	常備自衛官定員		18万人	14万５千人	14万８千人	14万７千人
	即応予備自衛官員数			１万５千人	７千人	７千人
	基幹部隊	平素(平時)地域に配備する部隊	12個師団 ２個混成団	８個師団 ６個旅団	８個師団 ６個旅団	８個師団 ６個旅団
		機動運用部隊	１個機甲師団 １個特科団 １個空挺団 １個教導団 １個ヘリコプター団	１個機甲師団 １個空挺団 １個ヘリコプター団	１個機甲師団 中央即応集団	中央即応集団 １個機甲師団
		地対空誘導弾部隊	８個高射特科群	８個高射特科群	８個高射特科群	７個高射特科群／連隊
	主要装備	戦車	(注２)(約1,200両)	約900両	約600両	約400両
		火砲(主要特科装備)(注１)	(注２)(約1,000門／両)	(約900門／両)	(約600門／両)	(約400門／両)
海上自衛隊	基幹部隊	護衛艦部隊				４個護衛隊群(８個護衛隊) ４個護衛隊
		[機動運用] [地域配備]	４個護衛隊群 (地方隊)10個隊	４個護衛隊群 (地方隊)７個隊	４個護衛隊群(８個隊) ５個隊	
		潜水艦部隊	６個隊	６個隊	４個隊	６個潜水隊
		掃海部隊	２個掃海隊群	１個掃海隊群	１個掃海隊群	１個掃海隊群
		哨戒機部隊	(陸上)16個隊	(陸上)13個隊	９個隊	９個航空隊
	主要装備	護衛艦	約60隻	約50隻	47隻	48隻
		潜水艦	16隻	16隻	16隻	22隻
		作戦用航空機	約220機	約170機	約150機	約150機

航空自衛隊	基幹部隊	航空警戒管制部隊	28個警戒群 1個飛行隊	8個警戒群 20個警戒隊 1個飛行隊	8個警戒群 20個警戒隊 1個警戒航空隊 （2個飛行隊）	4個警戒群 24個警戒隊 1個警戒航空隊 （2個飛行隊）
		戦闘機部隊 〔要撃戦闘機部隊 支援戦闘機部隊〕	 10個飛行隊 3個飛行隊	 9個飛行隊 3個飛行隊	12個飛行隊	12個飛行隊
		航空偵察部隊	1個飛行隊	1個飛行隊	1個飛行隊	1個飛行隊
		航空輸送部隊 空中給油・輸送部隊	3個飛行隊 —	3個飛行隊 —	3個飛行隊 1個飛行隊	3個飛行隊 1個飛行隊
		地対空誘導弾部隊	6個高射群	6個高射群	6個高射群	6個高射群
	主要装備	作戦用航空機 うち戦闘機	約430機 （注2）（約360機）	約400機 約300機	約350機 約260機	約340機 約260機
弾道ミサイル防衛にも使用し得る主要装備・基幹部隊（注3）		イージス・システム搭載護衛艦	—	—	4隻	（注4）6隻
		航空警戒管制部隊 地対空誘導弾部隊	— — —	— — —	7個警戒群 4個警戒隊 3個高射群	11個警戒群／隊 6個高射群

（注1）16大綱までは「主要特科装備」と整理していたところ，22大綱では地対艦誘導弾部隊を除き「火砲」として整理

（注2）51大綱別表に記載はないものの，07以降の大綱別表との比較上記載

（注3）「弾道ミサイル防衛にも使用し得る主要装備・基幹部隊」は海上自衛隊の主要装備または航空自衛隊の基幹部隊の内数

（注4）22大綱においては，弾道ミサイル防衛機能を備えたイージス・システム搭載護衛艦については，弾道ミサイル防衛関連技術の進展，財政事情などを踏まえ，別途定める場合には，上記の護衛艦隻数の範囲内で，追加的な整備を行い得るものとする，とされている．

配置すればよい、という発想になりやすく、メリハリのある防衛力整備の妨げとなり得ることも考慮しました。

この「動的防衛力」は「運用」に焦点をあてた防衛力の実現を目指すものとされ[33]、「動的防衛力」構築のためには、「これまでに構築された防衛力を前提に、更なる構造改革を行いつつ、より効果的・能動的に活用すること」となっていた。それは具体的には「総合的・横断的な観点から、自衛隊全体にわたる装備、人員、編成、配置などの抜本的な効率化・合理化を図り、真に必要な機能に資源を選択的に集中して、防衛力の構造的な改革を行うことが必要である」となっており、冷戦終了後から始まった「効率化・合理化」という名の自衛隊の組織縮小路線はそのまま踏襲していた。この「動的防衛力」を打ち出した二〇一〇年大綱に至るこれまでの大綱の変遷について、防衛省自身は図23のようにまとめている[34]。

さて、以上のような大綱自身の内容の変化があったということだが、問題はそれぞれの大綱が打ち出した「戦略」を実現するための「実力」、すなわち防衛力整備についてはどのようになっているかということである。この点については、表12のように長期にわたって縮小・削減されているのが現状である[35]。この問題は、現在の防衛政策並びに自衛隊が抱える課題として終章で改めて検討したい。

ちなみに、二〇〇四年大綱も二〇一〇年大綱も、「中国の脅威」を認識して南西諸島方面の防衛力強化を打ち出している点は、以前の大綱にはない特徴であった。中国の活動が活発化する以前においては、多くの島嶼から形成される南西諸島には在日米軍は多く展開している一方で、自衛隊は沖縄本島に陸上自衛隊第一混成団や航空機を中心とした海空自衛隊が置かれているのが中心で、宮古・八重山地域に、宮古島に航空自衛隊のレーダー基地がある程度であった。多数の島々からなる地域が「防衛空白地帯」となっていたわけで、二〇〇四年度の防衛大綱で南西諸島方面防衛力強化方針が示され、民主党への政権交代後に策定された二〇一〇年の防衛大綱でも、

「自衛隊配備の空白地域となっている島嶼部について、必要最小限の部隊を新たに配置するとともに、部隊が活動を行う際の拠点、機動力、輸送能力及び実効的な対処能力を整備することにより、島嶼部への攻撃に対する対応や周辺海空域の安全確保に関する能力を強化する」と、島嶼防衛の強化がうたわれることになったこと自体は当然と言える。

南西諸島防衛力強化の具体的施策として、陸上自衛隊第一混成団が約三〇〇名増強されて第一五旅団に昇格し、今まで自衛隊基地がなかった日本最西端の島、与那国島に陸上自衛隊の沿岸監視部隊配備と航空自衛隊移動警戒管制レーダーが展開される方向となり、基地用地買収費用などが予算計上されている。しかしながら、中国の活動に対応した沖縄方面における防衛力増強には、冷戦時代には検討されなかった重要な問題も生じている。この点も後に検討することとしたい。

(2)「国家安全保障戦略」の策定

二〇一二年一二月、総選挙で民主党が敗北し、再び自民党・公明党による連立政権が誕生した。第二次安倍晋三内閣である。この安倍内閣の下で、戦後の日本の防衛政策が大きく変化しようとしている。それは第一に、安全保障政策の司令塔である「国家安全保障会議」（NSC）の設立、および国家安全保障に関する外交・防衛政策の基本方針・重要事項に関する企画立案・総合調整に専従し、国家安全保障会議をサポートするための「国家安全保障局」が内閣官房に設置されたこと、第二にこれまでの「国防の基本方針」に代わる「国家安全保障戦略」が策定されたこと、第三にこれまでは「集団的自衛権は国際法上保有しているが、憲法上行使できない」という立場であったものから、集団的自衛権行使に舵を切ったことである。

第一の「国家安全保障会議」は、防衛庁設置後に創設された国防会議、そして国防会議を引き継いだ安全保障会議を改組して、米国の国家安全保障会議をモデルとして創設されたものである。これはそもそも第一次安倍政権時代の二〇〇七年に審議されたが審議未了となっており、それが第二次安倍政権で実現できたわけである。国家安全保障会議を支える国家安全保障局も、元外務次官である谷内正太郎を初代局長に迎え、内閣官房副長官補という次官級ポストにあたる局次長に外務省と防衛省から各一名を就任させている。これまでの内閣安全保障室を大幅に拡充して安全保障政策の中心的存在たらしめようという意図で設置されたわけである。(36) 国家安全保障会議および国家安全保障局については、成立早々であり歴史を扱う本書で評価するのはまだ早いだろう。ただ、後藤田正晴官房長官時代に活発に機能していたといわれる内閣五室（内閣安全保障・危機管理室、内政審議室、外政審議室、内閣情報調査室、内閣広報室）が、首相や官房長官の交代によって活動内容に差が生じたように、いかに「器《うつわ》」を整えても、首相や局長その他の関係者が変わることによって機能も変化する可能性があることのみ指摘しておきたい。

次の第二と第三の問題であるが、第三の集団的自衛権の問題は本書執筆段階では、これまでの解釈を変更して限定的に行使を容認するという閣議決定が行われ、関係法令の改正について国会での審議を待つという状況になっている。これまでの政策を大きく変更していく方向性が明確になっているが、今後の動向については国会での審議状況も見ていかねばならない。そこで集団的自衛権問題については、次の終章で他の問題との関連で簡単に触れるにとどめたい。したがって次に、第二の国家安全保障戦略、および同戦略に基づいて策定された新たな防衛大綱について見ていくことにしたい。

前述のように、二〇〇九年の政権交代後の二〇一〇年、民主党政権の下で防衛大綱が策定された。本来であれば五年程度の間隔で見直される大綱であるが、二〇一二年に再び政権交代があり、今度は自民党・公明党連立政権の下で二〇一三年一二月に防衛大綱が策定された。今回の防衛大綱策定で従来と大きく異なる点は、防衛大綱の上位に位置づけられる国家安全保障戦略が同時に策定されたことである。そこで、まず国家安全保障戦略の内容から検討していきたい(37)。

そもそも、これまでの日本には明確な国家安全保障戦略が存在していなかった(38)。米国などでは、国家安全保障戦略があり、それに基づいて外交戦略や軍事戦略が策定され、さらに軍事戦力に基づいて作戦計画などが立案されるといった階層をなして戦略が立案され、定期的に見直しが行われている。こうした国家安全保障戦略は米国だけでなく、オーストラリア、英国、韓国などでも策定されており(39)、日本でもこれまで多くの論者が策定の必要性を論じていた。その国家安全保障戦略がようやく策定されたわけである。実は日本では、これまで防衛大綱が実質的に安全保障戦略の代替的存在となっていた。防衛大綱は、本来は防衛力整備の基本方針を述べる文書であり、防衛力整備の前提となる国際情勢の認識や、どのような防衛力を整備するのかといった「軍事戦略」の分野を記述していることは自然であるとしても、国家全体の安全保障戦略を述べる文書ではなかった。それが、本来は存在しているべき国家戦略がなかったため、その役割の一端を担っていたわけである。

では、占領から独立して六〇年以上を経てようやく策定された国家安全保障戦略（以後「安保戦略」と略す）は、どのような内容であろうか。三二ページにまとめられた「安保戦略」の特徴は、九〇年代以降にまとめられた防衛大綱の内容を基本的に踏襲しながら、「国際協調主義に基づく積極的平和主義」を提唱することで、前述の渡辺の言葉を借りれば「『国際安全保障』への日本の貢献を目指す流れ」を一層強化しようというものである。順にみていこう。

「おおむね一〇年程度」を念頭に置いて策定されたという「安保戦略」は、これまでの日本の安全保障戦略を概観し、日本が「専守防衛に徹し、他国に脅威を与えるような軍事大国とはならず、非核三原則を守るとの基本方針を堅持してきた」という平和国家としての歩みが国際的に評価されているとして、「これをより確固たるものにしなければならない」と、「平和国家」としての立場の普遍性を訴えている。そのうえで、「現在、我が国を取り巻く安全保障環境が一層厳しさを増していることや、我が国が複雑かつ重大な国家安全保障上の課題に直面していること」から、「国際協調主義の観点からも、より積極的な対応が不可欠」と主張する。そして「国際協調主義に基づく積極的平和主義の立場から、我が国の安全及びアジア太平洋地域の平和と安定を実現しつつ、国際社会の平和と安定及び繁栄の確保にこれまで以上に積極的に寄与していく。このことこそが、我が国が掲げるべき国家安全保障の基本理念である」と、積極的な国際平和への関与が唱えられている。この「積極的平和主義」という用語は、安倍内閣の安全保障政策の中心的な概念として頻繁に登場している。この言葉自体の明確な説明はないが、「日本が行い得るあらゆる手段を通じて国際平和に関する問題に関与していくもの」と理解すればよいだろう(40)。

以上の基本理念の下で掲げられた「国家安全保障戦略」の目標は、以下の三点である。

第一は、「我が国の平和と安全を維持し、その存立を全うするために、必要な抑止力を強化し、我が国に直接脅威が及ぶことを防止するとともに、万が一脅威が及ぶ場合には、これを排除し、かつ被害を最小化すること」である。

第二は、「日米同盟の強化、域内外パートナーとの信頼・協力関係の強化、実際的な安全保障協力の推進により、アジア太平洋地域の安全保障環境を改善し、我が国に対する直接的な脅威の発生を予防し、削減すること」である。

第三は、「不断の外交努力や更なる人的貢献により、普遍的価値やルールに基づく国際秩序の強化、紛争の解決に主導的な役割を果たし、グローバルな安全保障環境を改善し、平和で安定し、繁栄する国際社会を構築すること」とされている。

以上の三点は、第一の目標は日本自身の防衛力整備であり、第二は日米同盟および日米同盟を中心とした関係諸国との協力であり、第三は「多角的安全保障論」以来の考え方である。すなわち、九〇年代以降の防衛大綱で述べられていた課題が「安保戦略」でも言い方を変えて改めて主張されていると見ることができる。「九〇年代以降にまとめられた防衛大綱の内容を基本的に踏襲」と前述した所以である。

以上の三つの目標を述べた後、日本を取り巻く安全保障環境と国家安全保障上の課題が述べられる。「グローバル」な安全保障環境と課題、「アジア太平洋」の安全保障環境と課題と論が進められているが、ここで中国に対してきわめて厳しい見方をしている点は注目される。すなわち、中国については以下のように記述されている。

中国は、国際的な規範を共有・遵守するとともに、地域やグローバルな課題に対して、より積極的かつ協調的な役割を果たすことが期待されている。一方、継続する高い国防費の伸びを背景に、十分な透明性を欠いた中で、軍事力を広範かつ急速に強化している。加えて、中国は、東シナ海、南シナ海等の海空域において、既存の国際法秩序とは相容れない独自の主張に基づき、力による現状変更の試みとみられる対応を示している。とりわけ、我が国の尖閣諸島付近の領海侵入及び領空侵犯を始めとする我が国周辺海空域における活動を急速に拡大・活発化させるとともに、東シナ海において独自の「防空識別区」を設定し、公海上空の飛行の自由を妨げるような動きを見せている。

こうした中国の対外姿勢、軍事動向等は、その軍事や安全保障政策に関する透明性の不足とあいまって、我が国を含む国際社会の懸念事項となっており、中国の動向について慎重に注視していく必要がある。

以上のような厳しい見方をしつつ、中国との対立が軍事衝突にまで拡大しないように、後半には以下のような方策も述べられている。

我が国と中国との安定的な関係は、アジア太平洋地域の平和と安定に不可欠の要素である。大局的かつ中長期的見地から、政治・経済・金融・安全保障・文化・人的交流等あらゆる分野において日中で「戦略的互恵関係」を構築し、それを強化できるよう取り組んでいく。特に中国が、地域の平和と安定及び繁栄のために責任ある建設的な役割を果たし、国際的な行動規範を遵守し、急速に拡大する国防費を背景とした軍事力の強化に関して開放性及び透明性を向上させるよう引き続き促していく。その一環として、防衛交流の継続・促進により、中国の軍事・安全保障政策の透明性の向上を図るとともに、不測の事態の発生の回避・防止のための枠組みの構築を含めた取組を推進する。また、中国が、我が国を含む周辺諸国との間で、独自の主張に基づき、力による現状変更の試みとみられる対応を示していることについては、我が国としては、事態をエスカレートさせることなく、中国側に対して自制を求めつつ、引き続き冷静かつ毅然として対応していく。

中国への言及は「安保戦略」のみならず、後述の「防衛大綱」でもしばしば見られており、冷戦時代の防衛白書におけるソ連に対する記述よりも踏み込んだ書き方になっている。冷戦時代は、建前として「仮想敵」はないという立場であったことから、ソ連についての記述もおおむね事実関係を述べたものに終始していた。しかし、「安保戦略」においては、中国の行動が国際法違反であり、日本を含む周辺諸国に脅威を与える存在であることを明確に記述されている。今や中国の脅威こそが日本にとって最大の安全保障上の問題であり、「安保戦略」の最重要テーマであることが明らかにされているのである。

さて、「安保戦略」で述べられた政策はどのように具体化されているか、あるいはどの程度「現実」に対応しているのだろうか。たとえば「安保戦略」では、情報機能強化や防衛装備・技術協力問題も含めた多様な課題に言及している。安倍内閣で推進された特定秘密保護法制定や武器輸出三原則の緩和なども、「安保戦略」にある課題に対応したものであることがわかる。政策課題として掲げたものの実現を図ること自体は当然で、そうでなければ「安保戦略」といっても、かつて海原治が批判したように「壮麗な空中楼閣を作文」したものになってしまうであろう。この場合、政策として実現したということも重要であるが、そのプロセスや、具体化することでの影響や結果も問題となる。実際、特定秘密保護法に関しては、制定の手順や、秘密にした情報の開示方法など、政策立案に不手際も見られる。また、「安保戦略」で掲げられた内容を見ると、いくつか重要な問題点を抱えているものもある。

たとえば、「我が国を守り抜く総合的な防衛体制の構築」という項目では、「弾道ミサイル防衛や国民保護を含む我が国自身の取組により適切に対応する」と述べられている。日本にミサイルを向けている国は北朝鮮と中国である。両国が保有するミサイルの数を考えれば、現在の日本のミサイル防衛能力がきわめて乏しいことは明らかである。また、国民保護に関しては、終章で詳しく述べるが、各自治体で策定されている「国民保護計画」は実現性が低いものが多く、日本の国民保護法制自体、多くの問題を抱えている。「適切に対応する」というのはよくみられる官僚文章であり、実態が伴っていない。

「領域保全に関する取組の強化」という項目では、「国境離島の保全、管理及び振興に積極的に取り組むとともに、国家安全保障の観点から国境離島、防衛施設周辺等における土地所有の状況把握に努め、土地利用等の在り方について検討する」と述べられている。島国である日本は有人・無人の多数の島嶼で構成されており、ここで述べている「国境離島」の保全は重要な課題である。しかし、これまでそうした離島の保全や振興には積極的に取り組んでこなかったのが実情である。中国との関係で南西諸島方面の防衛力強化が唱えられ、沖縄方面で新たな基地・拠点の整備が進められている。たとえば日本最西端の国境離島の与那国島には、陸上自衛隊の沿岸監視部隊の新設が決まり、基地建設が進められる予定である。しかし、もともと与那国自身が求めた台湾との交流による経済振興についてはほとんど認めず、経済振興策として基地誘致を考えた一部島民の活動に乗る形で進めた基地新設によって、与那国島の島民は二分され、きわめて濃い地縁血縁関係で構成された地域コミュニティが混乱する状況となってしまっている。(41) 与那国島の問題は、現在さかんに唱えられる「離島防衛」問題とも密接に関連しているので、終章で再度述べることにしたいが、安易な施策が目的と逆の結果をもたらしつつある例である。

以上のような内容の「安保戦略」に基づいて策定されたのが新しい防衛大綱（「平成二六年度以降に係る防衛計画の大綱について」、以下「平成二六年大綱」と略す）である。(42)「平成二六年大綱」の内容は、土台となる「安保戦略」と重複も多いが、防衛政策面でより詳しい記述となっている。重要な部分についてみていきたい。

まず日本の防衛力についてはこれまで、「基盤的防衛力」「多機能弾力的防衛力」そして「動的防衛力」という性格付けが行われてきたが、「平成二六年大綱」では「統合機動防衛力の構築」を目指すこととされている。防衛力の役割について「平成二六年大綱」は、「安全保障の最終的な担保であり、我が国に直接脅威が及ぶことを未然に防止し、脅威が及ぶ場合にはこれを排除するという我が国の意思と能力を表すもの」という定義づけがなされている。そして日本を取り巻く安全保障環境が厳しさを増す中で、「今後の防衛力については、安全保障環境の変化を踏まえ、特に重視すべき機能・能力についての全体最適を図るとともに、多様な活動を統合運用によりシームレスかつ状況に臨機に対応して機動的に行い得る実効的なものとしていくことが必要である。このため、幅広い後方支援基盤の確立に配意しつつ、高度な技術力と情報・指揮通信能力に支えられ、ハード及びソフト両面における即応性、持続性、強靱性及び連接性も重視した統合機動防衛力を構築する」としている。

以上の基本方針のもと、日米同盟の強化やグルーバルな安全保障環境の改善のための取り組みを積極的に推進する旨を述べている。そして、各種の事態に対する実効的な抑止および対処として、グレーゾーン対応をはじめ、「周辺海空域における安全確保」「島嶼部に対する攻撃への対応」「弾道ミサイル攻撃への対応」「宇宙空間及びサイバー空間における対応」「大規模災害等への対応」といった事項が掲げられている。

自衛隊の体制整備にあたっての基本的考え方については、「特に重視すべき機能・能力を明らかにするため、想定される各種事態について、統合運用の観点から能力評価を実施し」、それを踏まえたうえで、「南西地域の防衛態勢の強化を始め、各種事態における実効的な抑止及び対処を実現するための前提となる海上優勢及び航空優勢の確実な維持に向けた防衛力整備を優先することとし、幅広い後方支援基盤の確立に配意しつつ、機動展開能力の整備も重視する」こととされている。日本を「海洋国家」と明確に位置づけ、「中国の脅威」に対応するうえでは妥当な方針といってよいだろう。

ただし、多岐にわたる内容のうち、「防衛力の能力発揮のための基盤」として挙げられている一一の事項中、「地域コミュニティーとの連携」という項目には問題があろう。この項目自体は、これまで自衛隊が基地所在自治体と円滑な関係を維持するために不断の努力を行ってきており、そういった基地所在自治体との良好な関係が重要であるからこそ、ここで置かれたものであろう。ここには次のように記述されている。

地方によっては、自衛隊の部隊の存在が地域コミュニティーの維持・活性化に大きく貢献し、あるいは、自衛隊の救難機等による急患輸送が地域医療を支えている場合等が存在することを踏まえ、部隊の改編や駐屯地・基地等の配置に当たっては、地方公共団体や地元住民の理解を得られるよう、地域の特性に配慮する。同時に、駐屯地・基地等の運営に当たっては、地元経済への寄与に配慮する。（傍線部引用者）

しかしながら、前述の与那国などの例では、地域事情を考慮しない施策によって地域に分断をもたらしている。北海道など、大規模な基地を受け入れている地域や、戦前から基地が周辺にあった自治体と自衛隊の関係はおおむね良好である。しかし、沖縄のようにかつて戦場となり、軍事基地に関して複雑な感情を持っている地域に基地を新設することは容易ではない。大綱の記述がすでに「作文」となってしまっているという現状はきわめて残念である。

表13　大　綱　別　表

区　　分			現状(2013年度末)	将　　来
陸上自衛隊	編成定数		約15万9千人	15万9千人
陸上自衛隊	常備自衛官定員		約15万1千人	15万1千人
陸上自衛隊	即応予備自衛官員数		約8千人	8千人
陸上自衛隊	基幹部隊	機動運用部隊	中央即応集団 1個機甲師団	3個機動師団 4個機動旅団 1個機甲師団 1個空挺団 1個水陸機動団 1個ヘリコプター団
陸上自衛隊	基幹部隊	地域配備部隊	8個師団 6個旅団	5個師団 2個旅団
陸上自衛隊	基幹部隊	地対艦誘導弾部隊	5個地対艦ミサイル連隊	5個地対艦ミサイル連隊
陸上自衛隊	基幹部隊	地対空誘導弾部隊	8個高射特科群／連隊	7個高射特科群／連隊
海上自衛隊	基幹部隊	護衛艦部隊	4個護衛隊群(8個護衛隊) 5個護衛隊	4個護衛隊群(8個護衛隊) 6個護衛隊
海上自衛隊	基幹部隊	潜水艦部隊	5個潜水隊	6個潜水隊
海上自衛隊	基幹部隊	掃海部隊	1個掃海隊群	1個掃海隊群
海上自衛隊	基幹部隊	哨戒機部隊	9個航空隊	9個航空隊
海上自衛隊	主要装備	護衛艦	47隻	54隻
海上自衛隊	主要装備	(イージス・システム搭載護衛艦)	(6隻)	(8隻)
海上自衛隊	主要装備	潜水艦	16隻	22隻
海上自衛隊	主要装備	作戦用航空機	約170機	約170機
航空自衛隊	基幹部隊	航空警戒管制部隊	8個警戒群 20個警戒隊 1個警戒航空隊(2個飛行隊)	28個警戒隊 1個警戒航空隊(3個飛行隊)
航空自衛隊	基幹部隊	戦闘機部隊	12個飛行隊	13個飛行隊
航空自衛隊	基幹部隊	航空偵察部隊	1個飛行隊	—
航空自衛隊	基幹部隊	空中給油・輸送部隊	1個飛行隊	2個飛行隊
航空自衛隊	基幹部隊	航空輸送部隊	3個飛行隊	3個飛行隊
航空自衛隊	基幹部隊	地対空誘導弾部隊	6個高射群	6個高射群
航空自衛隊	主要装備	作戦用航空機	約340機	約360機
航空自衛隊	主要装備	うち戦闘機	約260機	約280機

(注1) 戦車及び火砲の現状（2013年度末定数）の規模はそれぞれ約700両，約600両／門であるが，将来の規模はそれぞれ約300両，約300両／門とする.

(注2) 弾道ミサイル防衛にも使用し得る主要装備・基幹部隊については，上記の護衛艦（イージス・システム搭載護衛艦），航空警戒管制部隊及び地対空誘導弾部隊の範囲内で整備することとする.

ちなみに、これまで述べてきたように冷戦終了後、任務が増大する一方で、予算や組織規模については削減されてきた自衛隊であったが、「平成二六年大綱」とこれに基づく「中期防衛力整備計画」において、わずかであるが組織規模の拡大が行われることになった（表13参照）。厳しい財政状況下であるから予算の大幅な増大は困難であろうが、自衛隊の組織は規模と任務の関係でみると限界に来ているように思われる。今後の動向が注目される。

注

（1）入江寿大「池田・佐藤政権期の「国際的平和維持活動」参加問題――コンゴ―動乱・マレイシア紛争と自衛隊派遣の検討」軍事史学会編『PKOの史的検証』（錦正社、二〇〇七年）参照。

（2）後藤田の反対については、後藤田正晴『内閣官房長官』（講談社、一九八九年）一〇四～一〇八頁、同『情と理　後藤田正晴回顧録（下）』（講談社、一九九八年）一八八～一九二頁参照。

（3）竹下内閣の「日本外交の三本柱」については、後藤謙次『竹下政権・五七六日』（行研、二〇〇〇年）二八四～二八七頁、拙稿「竹下登「調整型政治」の陥穽とその限界」佐道・小宮・服部編『人物で読む現代日本外交史』（吉川弘文館、二〇〇八年）二八三～二九三頁参照。

（4）前掲、『栗山尚一オーラルヒストリー』六～七頁参照。

（5）湾岸危機当時の自衛隊派遣をめぐる混乱については、国重武正『湾岸戦争という転回点――動顛する政治』（岩波書店、一九九九年）参照。

（6）ペルシャ湾に派遣された海上自衛隊の活動に関しては、朝雲新聞社編集局『「湾岸の夜明け」作戦全記録――海上自衛隊ペルシャ湾掃海派遣部隊の一八八日』（朝雲新聞社、一九九一年）、碇義朗『ペルシャ湾の軍艦旗――海上自衛隊掃海部隊の記録』（光人社、二〇〇五年）、前掲、『佐久間一オーラルヒストリー』参照。

（7）カンボジア和平への取り組みについては、池田維『カンボジア和平への道――証言　日本外交試練の五年間』（都市出版、一九九六年）、河野雅治『和平工作――対カンボジア外交の証言』（岩波書店、一九九九年）参照。

（8）自衛隊の国際平和協力活動の一層の推進のために必要な改革については、すでに重要な提言もいくつかなされている。たとえば、西元徹也元統合幕僚会議議長は、①「武器使用権限」「国際平和協力業務」「PKO参加五原則」などの見直し、②「集団的自衛権の行使」や「海外における武力の行使」に関する憲法解釈の是正、③国際平和協力業務を適切かつ迅速に実施するための一般法の制定、以上の課題を挙げている。西元徹也「PKO十五年に思う――今後の国際平和協力活動のために克服すべき課題について」前掲『PKOの史的検証』九〜一一頁。

(9) 前掲、『宝珠山昇オーラルヒストリー　下巻』一五五頁。

(10) 渡邉昭夫「日本はルビコンを渡ったのか?――樋口レポート以後の日本の防衛政策を検討する」『国際安全保障』(国際安全保障学会、二〇〇三年一二月、第三一巻三号)七三頁。渡邉は樋口懇談会の中心メンバーである。

(11) 「樋口懇談会」報告書に対する米国の懸念とその後の日米安保対話については、秋山昌廣『日米の戦略対話が始まった』(亜紀書房、二〇〇二年)三〇〜六二頁参照。

(12) この点への批判については、森野軍事研究所(陸上自衛隊将官OBで結成)編著『「国を守る」とはどういうことか』(TBSブリタニカ、二〇〇一年)二一二〜二一四頁、前掲、『宝珠山オーラルヒストリー　下巻』一九六頁参照。

(13) 新ガイドラインの内容および「周辺事態安全確保法」については、『防衛白書　二〇〇五年版』一二八〜一四四頁参照。

(14) 衆議院は約九〇%、参議院は約八四%という圧倒的多数の賛成を得ての成立であった。

(15) この法律の正式名称は「平成一三年九月一一日のアメリカ合衆国において発生したテロリストによる攻撃等に対応して行われる国際連合憲章の目的達成のための諸外国の活動に対して我が国が実施する措置及び関連する国際連合決議等に基づく人道的措置に関する特別措置法」である。

(16) 自衛隊派遣については半田滋『闘えない軍隊――肥大化する自衛隊の苦悩』(講談社、二〇〇五年)参照。

(17) 九・一一への対応については久江雅彦『九・一一と日本外交』(講談社、二〇〇二年)参照。

(18) イラクでの自衛隊の状況については半田、前掲、『闘えない軍隊』参照。

(19) 『「統合運用に関する検討」成果報告書』http://www.jda.go.jp/join/folder/seikahoukoku/cyou-houkoku.pdf

(20) 「日米安全保障協議委員会共同発表」(二〇〇六年五月一日) http://www.jda.go.jp/j/news/youjin/2006/05/0501-j01.html

(21) 拙稿「新時代の自衛隊への転換とその課題――歴史的視点からの考察」『国際安全保障』第三二巻第一号、二〇〇四年六月、参照。

(22) 国連PKOの課題については、*The Burahimi Report, 2000* 参照。また、青井千由紀「平和の維持から支援へ――ドクトリンから見た平和支援活動の生成と制度化」斎藤直樹「冷戦後における国連平和維持活動の変容とその改革問題」前掲『ＰＫＯの史的検証』所収参照。

(23) 「国際平和協力懇談会報告書」（二〇〇二年一二月一八日）。

(24) 明石康「『ＰＫＯの史的検証』刊行によせて」前掲『ＰＫＯの史的検証』八頁。

(25) 関はじめ・落合畯・杉之尾宜生『ＰＫＯの真実』（経済界、二〇〇四年）二〇〇〜二〇六頁参照。

(26) 山内俊秀「軍事力と外交」防衛大学校・防衛学研究会編『軍事学入門』（かや書房、一九九九年）三〇〜五一頁参照。

(27) 欧米の軍事社会学の観点・成果を導入し、近年の自衛隊についての軍事社会学研究も蓄積しつつある。従来、自衛隊の内部に入っての観察は、ジャーナリストが中心であったが、学術的な成果がこの分野に及んできているのは喜ばしいことである。軍事社会学については、河野仁「『軍隊と社会』研究の現在」『国際安全保障』第三五巻第三号、二〇〇七年一二月、参照。また、自衛隊の組織内に入って観察する研究では、軍事社会学だけでなく人類学的な研究もある。たとえば、サビーネ・フリューシュトゥック著・花田知恵訳『不安な兵士たち』（原書房、二〇〇八年）参照。

(28) 『読売新聞』二〇〇七年一一月一四日。

(29) 自衛官の職業観については、ホワイトストーン祐子「ＰＫＯ参加と自衛官の職業的アイデンティティの変化」前掲『国際安全保障』第三五巻第三号所収、参照。

(30) 海外派遣された自衛官の家族の問題については、福浦厚子「配偶者の語り——暴力をめぐる想像と記憶」前掲『国際安全保障』第三五巻第三号所収、参照。

(31) 荒木懇談会報告書および二〇〇四年の防衛大綱については、拙著『戦後政治と自衛隊』二〇四〜二一九頁参照。

(32) 『防衛白書　二〇一一年版』一六〇頁。

(33) 「運用」に焦点をあてるというのは、次のような考えで防衛力の運用を行っていくことであると説明されている（同右、一五九頁）。

(1) 平素の活動—常時・継続的・戦略的に実施

わが国周辺で軍や関係機関による活動が常日頃から活発に行われる中では、各国の動向を把握し、事態の兆候を察知するための活動を日常的に行うことが極めて重要である。

このため、防衛力を日ごろから運用し、情報収集・警戒監視・偵察活動などを行っていく。これらの活動は、国を守るという意思や高い防衛能力を示すものであり、わが国が置かれる環境にも影響を及ぼしうることに着目して、戦略的に行う視点が必要である。

(2) 事態への対応—迅速かつ切れ目なく実施

軍事科学技術などの進展にともない、兆候が現れてから事態発生に至るまでの時間が非常に短くなり、また、災害などは兆候の察知自体が難しい。社会インフラが高度化・複雑化・ネットワーク化し、小さな被害が大きな影響を生む可能性も高まる中、早期に事態や被害の拡大を食い止めることが必要となる。

このため、日ごろの活動を通じて兆候を早期に察知し、国内外における突発的な事態に、迅速にかつシームレスに（切れ目なく）対応する。たとえば、島嶼部が何らかの危機に陥った場合には、陸海空の部隊を迅速かつ機動的に統合運用し、即座に対応することが重要である。

(3) 協調的な活動—重層的に実施

多様化・複雑化が進む安全保障上の課題は、一国のみで解決することが難しくなり、利益を共有する国が協力して、粘り強く取り組むことが一層必要になっている。また、これらの取組において軍事力を用いることも一般的なものとなっている。

このため、わが国としても、防衛力を積極的に活用して課題の解決に継続的に取り組み、その中で、二国間、三国間、多国間といったさまざまな形で国際協力を重層的に展開し、諸外国との協調・協力のネットワークを強化していく。こうした取組は、わが国の国際社会における存在感の高まりにも寄与するものである。

たとえば、国外における大規模災害などに際して、自衛隊の特性を活かしつつ、迅速に展開し、医療活動、物資の輸送活動などを効果的・効率的に実施することや、ＰＫＯ、海賊対処、能力構築支援などにおいて多様かつ長期的な任務を実施することが重要である。

(34)『防衛白書　二〇一三年版』一〇八頁。

(35) 同右、一一〇頁。

(36) 国家安全保障会議についての簡便な解説は、春原剛『日本版ＮＳＣとは何か』（新潮新書、二〇一四年）参照。米国を含む各国のＮＳＣについては、松田康博編著『ＮＳＣ国家安全保障会議——危機管理・安保政策統合メカニズムの比較研究』（彩流社、二〇〇九年）参照。

(37) 国家安全保障戦略の全文は、内閣官房ウェブサイトでダウンロードできる。http://www.cas.go.jp/jp/siryou/131217anzen-hoshou.html

(38) 文書化された明確な国家戦略という意味である。いわゆる「吉田路線」のような、戦後日本の基本方針となった政策はまさに国家戦略とも呼べるものであろう。ただし、「吉田路線」自体、議論の上で策定されたという性質のものではなく、吉田茂という強力なリーダーシップを備えた政治家が主導し、それがその後の政治環境の中で定着していったものである。吉田自身は慎慮の上で行ったものだが、六〇年代以降には惰性的に続き、やがて日本の自主性にかかわる問題も生じていくことになる。この点は終章でまた論じることにしたい。

(39) 外務省「諸外国の国家安全保障戦略」(「安全保障と防衛力に関する懇談会」(第一回会合)配布資料)参照。http://www.kantei.go.jp/jp/singi/anzen_bouei/dai1/siryou3.pdf

(40) 本文中で述べた「日本が行い得るあらゆる手段を通じて国際平和に関する問題に関与していくもの」という意味での「積極的平和主義」を唱えたものとして、伊藤憲一『新・戦争論——積極的平和主義への提言』(新潮新書、二〇〇七年)参照。

(41) 与那国島の独自の振興策と、陸上自衛隊配備問題で島民が分断された経緯については、拙著『沖縄現代政治史——「自立」をめぐる攻防』(吉田書店、二〇一四年)第四章を参照されたい。

(42) 「平成二六年大綱」の全文は、防衛省ウェブサイト、「防衛大綱と防衛力整備」の頁からダウンロードできる。http://www.mod.go.jp/j/approach/agenda/guideline/index.html

終章　「活動する自衛隊」の時代を迎えて

これまで再軍備以来の日本の防衛政策や防衛組織（警察予備隊・保安隊・自衛隊等）の変化を概観してきた。そこで最後に、大きく変貌を遂げつつある日本の防衛政策や自衛隊に関して、歴史的視点から表れた重要な課題について見ていくことにしたい。

一　法制度・組織

1　領域警備

第四章で述べたように、尖閣諸島をめぐる日中の対立が次第に激化している。二〇一三年一月三〇日には中国海軍のフリゲート艦が海上自衛隊の護衛艦に火器管制用レーダーを照射したことがあきらかになり、緊張の度合いはいっそう高まっている。もともと近年の中国軍の増強・近代化、さらには尖閣諸島問題にみられるかつての帝国主義国を想起させる強引な行動は、日本国民の多くに中国の「軍事的脅威」を認識させることになっている。[(1)] 特に二〇一〇年の尖閣沖の漁船衝突問題を機に日本国民の中国に対する意識は悪化し、内閣府の「外交に関する世論調査」（二〇一三年一〇月実施）でも「親しみを感じない」人の割合が八割を超えるという高い比率を示していた[(2)]（図24参照）。

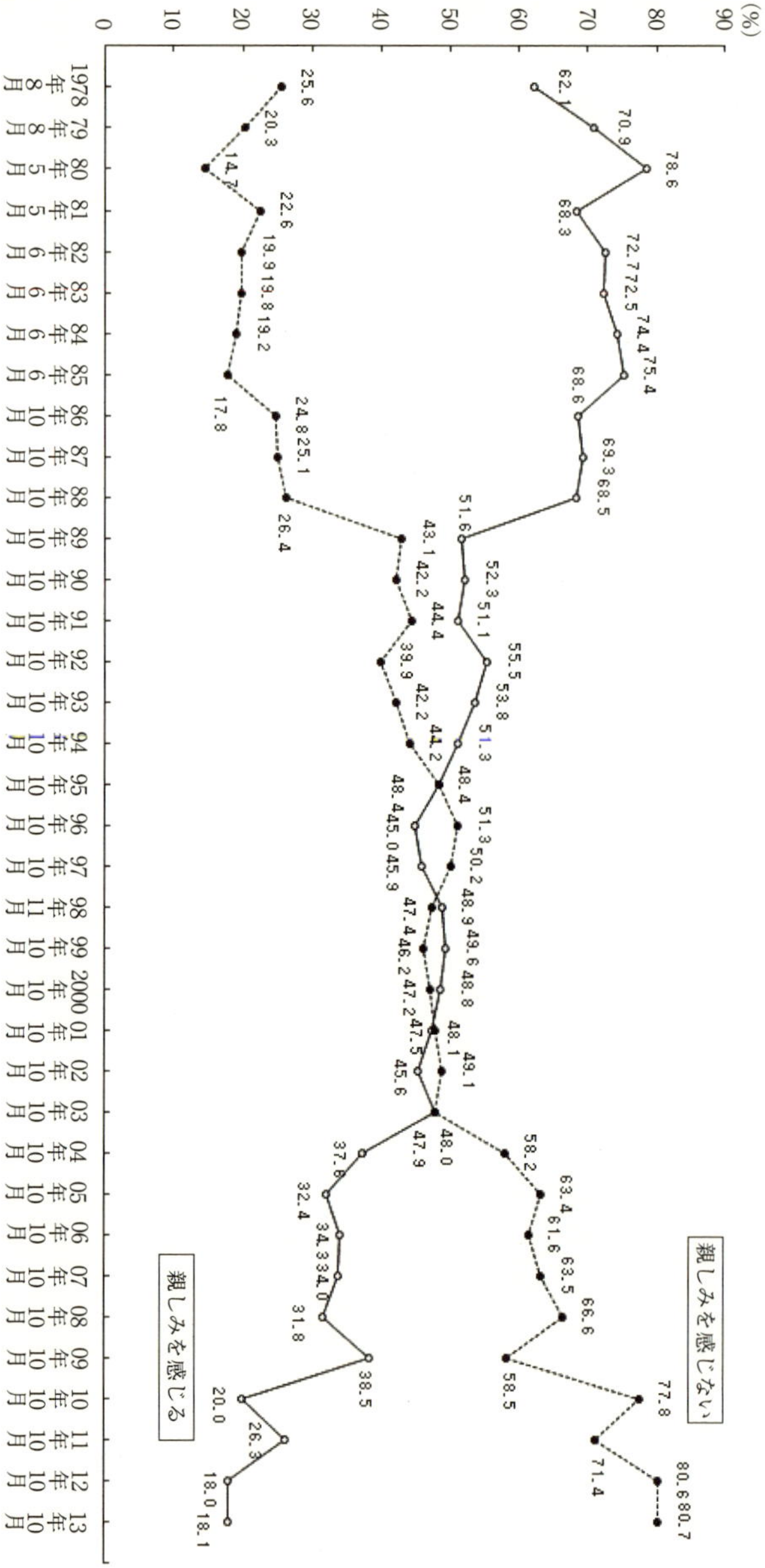

図24　中国に対する親近感

また、中国は尖閣諸島周辺でのみ活動を活発化させているわけではなく、鹿児島から沖縄につながる南西諸島方面全体で活発な活動を行っている。この地域がこれまで「防衛空白地帯」になっており、南西諸島防衛力強化が日本の防衛政策において近年の重要課題となっているのは本論で述べたとおりである。

重要なのは、現在の日本人が感じている「中国の脅威」は、冷戦時代の「ソ連の脅威」とは質が異なるという

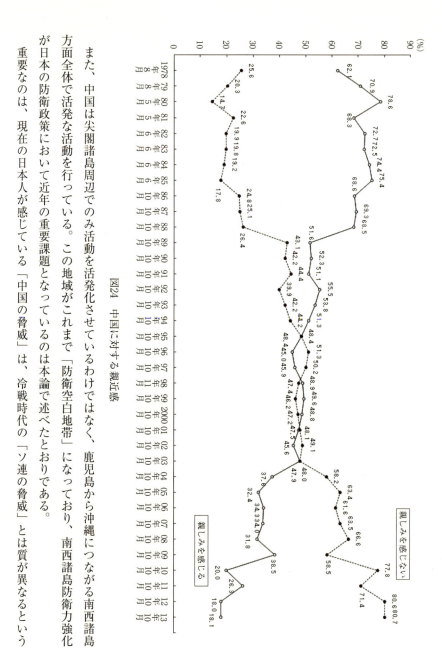

ことである。それは、冷戦時代というのが逆説的に「長い平和」と呼ばれたように、米ソ核戦争の恐怖があったとはいえ、実質的には長い安定した時代であり、多くの日本人が平和を享受できていた時代であったということである。ソ連の脅威が議論され、北海道への軍事侵攻の可能性が語られても、多くの国民には実感できなかったといってよいだろう。その意味で冷戦時代は日本にとって平和で幸せな時代であり、安全保障を忘れて経済活動にまい進できたのである。

しかし「中国の脅威」は多くの国民にとって現実のものとして認識されている。海上保安庁巡視船に漁船が衝突する映像はインターネットで公開され、国際ルールを無視するような中国の行動に多くの国民が不信感を抱いている。北朝鮮のミサイル発射は日本人の危機感を覚醒させたが、中国の活動はそれを増進させている。冷戦時代は他人事のように思われていた国際的な緊張が、今や現実のものとして感じられているのである。そこでこれまでほとんど意識されてこなかった「国境」に対する関心も高まっている(3)。

そこで重要な課題は、南西諸島に限らず、領土・領海問題に直面している日本の安全保障体制は果たして大丈夫なのかという根本的問題である。有事の場合、日米安保体制の下、米軍との協力体制で対処するというのは大前提である。しかし、こと領土問題については米国は中立の立場をとるというのが基本方針である。たしかに最近の中国の行動がきわめて挑発的になってきたことから、米国は「尖閣諸島は日米安保条約の適用範囲」と繰り返し明言しているのをはじめ、二〇一二年一月一八日の日米外相会談を終えたクリントン国務長官（当時）が、「日本の施政権を害する行為に反対する」と中国をけん制した(4)。レーダー照射問題後もパネッタ国防長官が「他の国を脅かす中国では困るし、他の国を脅かして領土を追い求めて、領土問題を生み出す中国では困る」と中国に自制を促した(5)。中国の挑発的行動が日中間の武力衝突に発展し、東アジアの平和と安定が損なわれることを深刻に憂慮する米国の姿勢が見て取れる。二〇一四年四月のオバマ大統領来日時の会見でも、尖閣諸島が日米安保条約の適用範囲であることを大統領自らが言明した。

しかし一方で米国は「領土問題には中立」という基本方針自体は崩していないので、尖閣諸島を日本が適切な管理下に置き、防衛努力も日本自体が担う姿勢を示さなければ、対中戦争となる可能性がある問題に関し軽々に軍事関与してはこないであろう。したがって日本自身の防衛体制に不備がないのかがまず問われなければならない。

安全保障で「脅威」の存在を考える際、「意思」と「能力」の存在が問題とされる。侵略する能力はあったとしても、その意思がなければ「脅威」とみなすことはないということである。これは防衛政策でも共通する。いかに優れた防衛政策を掲げても、それを実現する姿勢（すなわち「意思」）を示さなければ、ただのスローガンと受け取られるということである。その点で重要なのが「抑止」である。日本の防衛体制が中国の行動を「抑止」しえる体制になっているかという問題である。その意味で、領土・領海を守るという日本という国家としての姿勢が問われなければならないが、筆者はこの点で二つの問題があると別の論考で指摘した(6)。第一は法的な体制で、第二が予算問題である(7)。予算問題は関係する分野が大きく、変更するにしても時間を要する課題であり、今回は変更するのが予算問題に比して容易な第一の点に絞って論じることにしたい。

法的体制の問題とは、日本は国境を「守る」ための法的整備が遅れているという現実である。すなわち日本の場合、四面が海なので領海警備が中心となるが、その任に当たる海上保安庁は海上警察たることを主としており、法制も犯罪行為の取り締まりを基本にして構成されている。すなわち、国境警備（領海警備）は本来、警察作用と軍事作用の両方にわたるものであるが、日本の場合、警察作用を主として法体制が整備されており、軍事作用に関する部分が未整備となっているということである(8)。海上保安庁は最近ようやく尖閣などへの不法上陸者への逮捕権が認められたが、他国であれば武器を使用するような場面でも日本では許されていない。外国の船などが意図的に領海侵犯しても、せいぜい退去を呼びかけるか放水くらいしかできないのである。二〇〇一年一二月、北朝鮮の不審船（工作船）と海上保安庁の巡視船が銃撃戦を行ったが、このときも銃撃の理由は相手の発砲に対する正当防衛であった。日本の場合、「国境を守る」という視点に立った法整備が行われておらず、「現場の判断」に任せるといった政治の無責任が長年続いてきている。何も突出して厳しい国境警備法を作れと言っているわけではなく、諸外国の例に倣った法整備を進めるだけで、現場（海上保安庁・海上自衛隊）が十分活動しやすくなり、それが国境侵犯への抑止効果ともなっていくであろう。また、いうまでもなくＲＯＥ（Rule of Engagement、交戦規則）の策定も急がねばならない。こういった法体系の整備は、やる気があれば短期間でできる作業であって、「国境を守る」という日本の国家意思を示すためにまず必要な措置である。そしてこの点が、次項の海上自衛隊と海上保安庁の役割問題にも関係しているのである。

2　海上保安庁と海上自衛隊の役割

前述した国境警備の問題に関し、課題となっているのが海上保安庁と海上自衛隊の役割分担およびその協力体制である。現在、領海警備にあたっているのは海上保安庁が中心であり、その点自体は妥当と考えられる。領海警備に関しては前述のような警察作用と軍事作用の両方にまたがる分野があり、日常的に問題となるのは警察作用の分野であるからである。また、いたずらに軍事組織が前面にでると緊張を加速させるおそれもあり、海洋警察たる海上保安庁が主たる担当機関である方が、軍事衝突までの段階が細かく設定することができて望ましいと言える。

そこで問題となるのが先に述べた海上保安庁と海上自衛隊の関係である。論理的に言えば海上保安庁は領域警備に関する警察作用分野を担当し、軍事作用分野になった場合は海上自衛隊が担当する。海上自衛隊が海上保安庁に協力する場合は、海上警備行動となり、この時は防衛出動時と異なり、本来軍事組織である海上自衛隊も海上保安庁と同じ警察活動しかできない。したがって、いかに海上自衛隊が海上保安庁よりも強力な武器を有していても、それを使用するには制限がかかるのである。

問題は、外国公船が領域を侵犯した場合、どこまでを警察作用で対応し、どこから直接侵略として軍事作用に転ずるかが事案によって明らかではなく、したがって海上保安庁と海上自衛隊の役割分担・協力活動が適切に行われるか不明な点である。そもそも、海上自衛隊が海上保安庁の役割を分担することについては、以下のように慎重にすべきという議論もある。

本来的に軍は、他国からの武力攻撃に対し、自国の平和及び独立を確保するため、相手国の軍隊を排除することを任務とするものであり、敵か味方かを選別し、敵と判断した場合には致死的武器の使用によってこれを排除することになる。したがって、いわゆる武力紛争法や国際人道法等の制限を受けるものの、国内法において、軍の武器の使用等実力行使の手続きや要件を細かく規定することは困難であり、軍は内部で定めた行動基準としての「交戦規則（Rules of Engagement：ROE）」に従い行動するのが一般的である。一方、法執行は、例えば、実力の行使を必要とする場合においても、法に定められた権限規定に従い、相手方の権利を前提として、権限行使によって得られる利益と失われる利益とのバランスを保った実力の行使が求められるものである。このような性格を有する法執行に軍を使用することは、軍の実力行使の基本が致死的武器の使用にあることもあり、相容れないものである。また、相手方の態様に応じた制限的な実力の行使は、本来的な軍の機能と相容れないものであり、軍を法執行に常に使用することは、軍の意思決定プロセスに非軍事的要素を加えることになり、それ自体、軍機能の弱体化を招くことになる。(9)

現在のように中国が挑発的行動をエスカレートさせている状況では、海上自衛隊の対応はより慎重にならざるを得ず、前もって法律的な対応を決めることも困難であろうが、両者の緊密な協議が望まれる。さらに言えば、海上保安庁と海上自衛隊が矛盾した法的立場に立っている現状も早急に改めるべきである。すなわち、海上保安庁法では、その第二十五条に「この法律のいかなる規定も海上保安庁又はその職員が軍隊として組織され、訓練され、又は軍隊の機能を営むことを認めるものとこれを解釈してはならない。」と定められている。これは占領下に海上保安庁が設立された時の経緯で、軍隊とならないことを明文化したものである。(10) しかしながら自衛隊法八十条には「海上保安庁の統制」として以下のように定められている。

第八十条　内閣総理大臣は、第七十六条第一項又は第七十八条第一項の規定による自衛隊の全部又は一部に対する出動命令があつた場合において、特別の必要があると認めるときは、海上保安庁の全部又は一部を防衛大臣の統制下に入れることができる。

2　内閣総理大臣は、前項の規定により海上保安庁の全部又は一部を防衛大臣の統制下に入れた場合には、政令で定めるところにより、防衛大臣にこれを指揮させるものとする。

3　内閣総理大臣は、第一項の規定による統制につき、その必要がなくなつたと認める場合には、すみやかに、これを解除しなければならない。

自衛隊法七十八条は治安出動だが、七十六条は防衛出動であり、明らかに軍事行動時に海上保安庁を防衛大臣の指揮下に置こうとするものである。近年は両組織共同の訓練も重ねられているものの、海上保安庁には設立以来の海上保安庁法二十五条によって海上自衛隊とは一線を画す雰囲気が現在もあると言われている。これまでは二つの法律間の矛盾を放置していても大きな支障はなかったかもしれないが、国境警備問題が喫緊の課題となっている今日、早急に改められるべきであろう。

3 「専守防衛」と「国民保護」

防衛力強化問題において、立ち遅れているのが「国民保護」である。そもそも国家有事の際に必要となるのは、実力を以て侵略行為を行う外敵に対して、こちらも実力を以てそれを排除するということと、非武装の国民を危険な戦闘地帯から可能な限り退避させるということである。その是非はともかく、「専守防衛」を防衛政策の基本方針として掲げているわが国にとって、有事はすなわち国家領域内での戦闘を意味し、国民の保護はきわめて重要な課題である。しかしながら国民保護に関する法律が策定されたのは、第四章で述べたようにようやく今世紀に入ってからであった。

しかも、本来は車の両輪にあたる有事法制が先に成立したときには国民保護に関する規定は未整備であり、有事法制成立翌年の二〇〇四年六月にようやく国民保護法が成立したことで具体的な計画策定に向けて動き出したわけである[11]。実際、国民保護法成立後、同年九月に施行され、二〇〇五年三月に「国民の保護に関する基本指針」が閣議決定され国会に報告されている。そして、指定行政機関については同年一〇月に、各都道府県と指定公共機関については二〇〇五年度中に「国民保護計画」が策定された。さらに、二〇〇六年度中を目途に、各市町村が「国民保護計画」を、指定地方公共機関が「国民保護業務計画」を作成している。

では、そうした「国民保護計画」の策定によって十分な体制が整備されたのかというと決してそうではない。国民保護に関しては現在でも多くの課題を抱えており、少なくとも下記の点は指摘しておきたい。第一に、二〇〇五年度に国民保護計画を作成した各都道府県も、鳥取県のように積極的に計画作成に取り組み、自衛隊や警察・消防との協議を行った自治体もあれば[12]、計画作成が法的に決められたために取り組んだという熱意のない自治体が多いのが現状である。それが市町村レベルになると、そもそも有事という事態についての理解も一定ではなく、如何にすればいいのかよくわからないという市町村も多い。そういったところでは、地域特性などほとんど考慮せず、政府が作成した「都道府県国民保護モデル計画」「市町村国民保護モデル計画[13]」を焼きなおした計画を作成してお茶を濁している恐れなしとしないのである。

そして第二の問題は、この国民保護に関しても自衛隊への期待度が大きいということである。そもそも前述の「都道府県国民保護モデル計画」「市町村国民保護モデル計画」は総務省消防庁が作成したものである。すなわち土台になっているのは「防災」である。地方にとって、「防災」の視点で見た場合、自衛隊が心強い存在になることは当然であろう。一方で、有事では当然防災とは異なる状況が現出する。つまり、自衛隊の本来の任務である外敵への対応が優先され、一般国民の非難・誘導は余力をもって協力するということである。「都道府県国民保護モデル計画」においても「武力攻撃事態等においては、自衛隊は、その主たる任務である我が国に対する侵略を排除するための活動に支障の生じない範囲で、可能な限り国民保護措置を実施するものである点に留意する必要がある。」という但し書きは添えられている。しかし同時に、自衛隊に対し以下のような広範な活動についての協力も求められているのである。

① 避難住民の誘導（誘導、集合場所での人員整理、避難状況の把握等）
② 避難住民等の救援（食品の給与及び飲料水の供給、医療の提供、被災者の捜索及び救出等）
③ 武力攻撃災害への対処（被災状況の把握、人命救助活動、消防及び水防活動、NBC攻撃による汚染への対処等）
④ 武力攻撃災害の応急の復旧（危険な瓦礫の除去、施設等の応急復旧、汚染の除去等）[14]

そして以上のような協力が考えられている以上、それに対応した準備や訓練も行われているのである。[15]しかし繰り返しになるが、自衛隊は外敵への対処が第一の任務である。予算も組織も縮小されている自衛隊に、国民保護に回す余力が果たしてあるのだろうか。

国民保護に関する以上の問題点は、防衛力強化の重要地域と考えられている南西諸島について特に重要な課題となっている。すなわち、南北四〇〇キロ、東西一〇〇〇キロに及ぶ島嶼県である沖縄では、沖縄本島や宮古島、石垣島などの一部を除くと人口数千から数百の離島が中心である。現在、南西諸島防衛強化の一環として、与那国島に警戒監視部隊の配備が決まり、石垣島や宮古島にも陸上自衛隊の部隊配備が検討されている。そもそも、尖閣諸島をめぐる中国との対立から「離島防衛」が唱えられ、米軍との共同訓練も実施されるようになっている。与那国島への陸上自衛隊配備もこういった事態を背景にしており、「離島防衛」「国境離島警備」という施策の一環として実施されていることになっている。

しかし、与那国島、石垣島といった八重山地域、宮古地域は、島嶼地域という問題や、地方政治上の問題もあって、「国民保護」に関する施策が遅れている地域でもある。こうした地域で自衛隊配備を強引に進めたことで、たとえば与那国島では地域共同体が自衛隊配備賛成派と反対派で二分されるという深刻な影響をもたらしている。自衛隊基地の安定的な運営のためには、基地所在自治体との良好な関係が基礎条件となるが、配備前にその条件が失われてしまったわけである。

与那国島では、自衛隊配備賛成派の大部分は基地建設による経済振興を期待しており、国防上の関心から賛成している島民はきわめて少ない。一方で反対派は、基地建設によって、中国と軍事紛争が生じた場合に攻撃対象となることを恐れている。実際、二〇〇八年に米国掃海艇が与那国町の反対を押し切って同島の港に入港したが、それは台湾有事等の際に米国掃海艇等の基地として使用可能であることの調査に本来の目的があったという。そういった事情は本土のマスコミでは伝えられないが、現地では広く浸透しており、自衛隊基地ができれば米軍との共同使用も可能になることから、一旦基地ができれば軍事利用が進み、当然攻撃対象となることが危惧されるわけである。国民保護に関する施策は進まず、軍事化は多数の島民の意向に反して進められる状況に、反対派島民は激しい反発を抱いているわけである。こうした事態は他の地域にも伝えられており、そもそも軍事に関し特別な感情を持つものが多い沖縄で、基地建設等の防衛力整備を行おうとする場合、様々な影響を及ぼすことは間違いない。沖縄県民の世論調査によれば、県民の自衛隊に関する感情は決して悪くはない。それが、こういった強引な施策が続く場合、自衛隊に関する感情にも反映してくる恐れなしとしないのである。

そもそも、自らの領域内での戦闘を前提とする「専守防衛」を基本方針とした時から、専守防衛下の現実の防衛行動を考えたときに、いかに国民を保護するかは当然議論され、様々な施策が検討されるべきものであった。しかし、「専守防衛」は実際は政治的用語で、防衛庁内ですら専守防衛下の国民保護を真剣に考えていたとは言い難いのである。与那国島島民は、今、現実にその問題に直面していると言っていいだろう。与那国島で自衛隊配備に反対する島民に対し、本土から批判的な言辞が行われることも多いが、自らは危険な地域に身を置くことなく、現地の実情も知らずにいたずらに批判のみ行うのは厳に慎むべきであろう。専守防衛が日本の防衛政策の基本方針となってから行うべきであったことが一向になされず、世紀を超えて宿題となっていた重要な課題に、国境離島の人々が直面していることを忘れてはならないのである。(16)

二　政治との関係

1　政官軍関係

一九七八年のガイドライン以来、日米防衛協力の進展で制服組の役割は向上し、冷戦後に実際に使われる自衛隊となったことで、制服組の地位は以前に比べて向上した。実際に部隊が活動することになると、事務手続きだ

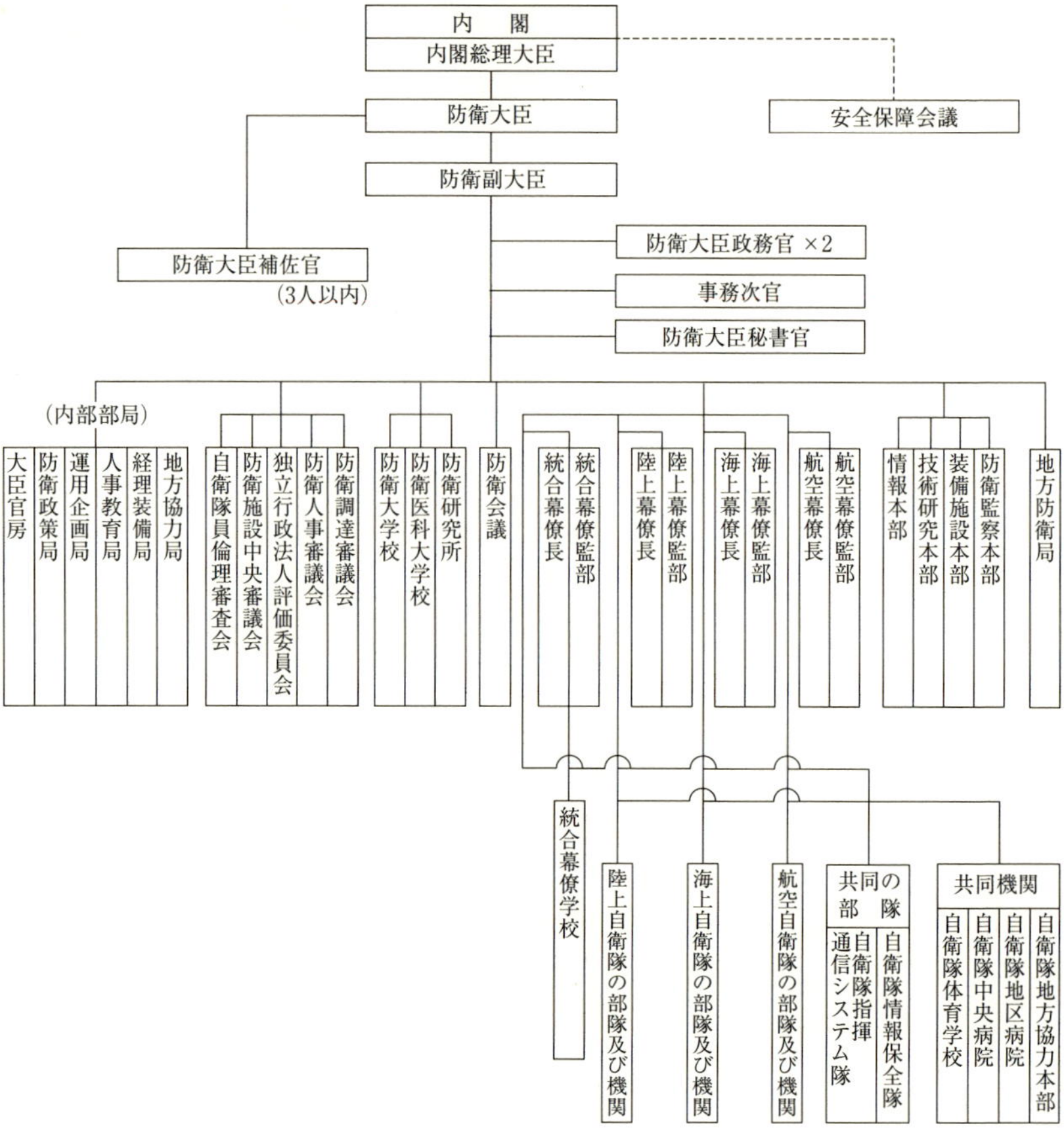
内閣
内閣総理大臣
安全保障会議
防衛大臣
防衛副大臣
防衛大臣補佐官
(3人以内)
防衛大臣政務官 ×2
事務次官
防衛大臣秘書官
(内部部局)
大臣官房
防衛政策局
運用企画局
人事教育局
経理装備局
地方協力局
自衛隊員倫理審査会
防衛施設中央審議会
独立行政法人評価委員会
防衛人事審議会
防衛調達審議会
防衛大学校
防衛医科大学校
防衛研究所
防衛会議
統合幕僚長
統合幕僚監部
陸上幕僚長
陸上幕僚監部
海上幕僚長
海上幕僚監部
航空幕僚長
航空幕僚監部
情報本部
技術研究本部
装備施設本部
防衛監察本部
地方防衛局
統合幕僚学校
陸上自衛隊の部隊及び機関
海上自衛隊の部隊及び機関
航空自衛隊の部隊及び機関
共同の部隊
自衛隊指揮通信システム隊
自衛隊情報保全隊
共同機関
自衛隊体育学校
自衛隊中央病院
自衛隊地区病院
自衛隊地方協力本部

図25　防衛省組織図

けはなく実際に則したオペレーションが当然必要となり、その実務にあたる制服組の意見や意向を聞かざるを得ない場合が多くなるからである。また第四章で述べたように、自衛隊の統合運用の必要性が高まり、そのため防衛省・自衛隊の組織改編が進められ、統合幕僚会議が統合幕僚監部となり、制服組のトップは統合幕僚会議議長から統合幕僚長となった。統合幕僚長は「陸上自衛隊、海上自衛隊または航空自衛隊の隊務に関し、最高の専門的助言者として防衛大臣を補佐する」立場であり[17]、以前の議長時代から比べると大幅に権限も強化された。それでは、戦後日本における政官軍関係の基本的な形であった「文官統制」（あるいは「文官優位性」）は変化したであろうか。

創設以来の課題であった防衛庁という外局から防衛省へと昇格を果たした後の組織図を見てみよう。防衛省ホームページに記載された組織図は図25のとおりである[18]。内部部局は陸海空自衛隊組織と横並びになっているが、やはり官僚トップである事務次官が制服トップである統幕議長より上位に位置づけられている。有事においては、防衛大臣の最高の補佐役が果たす役割はきわめて大きいはずであるが、やはり官僚である事務次官が上に来ているところに戦後日本特有の政官軍関係の在り方が現れていると言えよう。

現在、国家安全保障戦略で掲げられている「積極的平和主義」が、集団的自衛権行使が認められる条件下で推進された場合、これまでとは異なる状況下で自衛隊が活動することが当然予想される。そうなった場合、首相や防衛大臣の補佐体制が従来の延長でよいのか、検討すべき時期に来ているのではないだろうか。

2　中央と地方

九〇年代から行われている地方制度改革は、中央から地方への権限委譲を前提としている。これは日本という国家のあり方にも関係するものであり、「道州制」の導入も視野に入れた改革によって、地方分権が大幅に進むことが期待されている。二〇〇五年三月までの「平成の大合併」は、今後の地方制度改革を見据えて地方自治体の数を大幅に減らし、自治体行政の効率化を促すものであった。ただし、合併すればそれで終了というものではなく、合併した後、それぞれの自治体がどのように自らの行政を効率化し、地域住民の要望に応えていくのかという大きな宿題を背負ったことになった。とくに、地方への権限委譲の一方で地方交付税といったこれまであった中央からの財政支援はなくなり、地方はいかにして「自立していくか」という大きな問題に取り組むことになったわけである。そこで問題となるのが外国との国境に位置する島々である。たとえば長崎県対馬市や沖縄県の石垣市、与那国島などは、歴史と地理に根ざした新たな国際地域交流の増大・活性化によって自らの生き残りをかけて自立化を推進しようと試みている。そしてこの動きが、国境問題に新たな課題を提起することになっているのである。

すなわち、国境離島地域の国境を越えた交流の増大は他国との人的経済的交流の増大にほかならず、現地での文化摩擦だけでなく、国境地域に他国の影響力が増大してもよいのかという批判を巻き起こすことになった。対馬における韓国人観光客の増大がまさにそうである。観光客の増加にともなって進出してきた韓国資本が、対馬の土地を購入するとき、法的には問題はないものの、自衛隊基地周辺等の場合は国防上問題であるという批判も生んだ。与那国島の場合は台湾交流であったが、同島が国境交流特区の形成を強く望んだ時にはそれは認められず、逆に自衛隊基地新設によって交流の芽は摘まれようとしている。基地賛成派が期待する基地新設による経済的メリットは、短期的には効果があるが、長期的には島独自の振興策が行われないと人口減などの根本的問題の解決につながらず、やがて国境離島である与那国島に住む島民がいなくなる恐れがある。尖閣諸島に人が住まなくなったことが、領土問題で他国の主張を許す大きな要因になったことに鑑みれば、国境離島に日本人住民が住み続ける意義の重要性は改めて説明するまでもないであろう。

前述の周辺事態安全確保法第九条の問題にしても、地方が日本の安全保障に大きな役割を果たす法的枠組みが作られた一方で、現在の地方制度改革の審議でこの問題が議論されているとは思えない。現状では、地方制度改革は財政問題が中心を占めており、安全保障は担当が違うという意識に見える。これは地方分権・構造改革特区の問題でも同様で、それが前述のように与那国の問題には象徴的に現れたのである。安全保障問題も視野に入れた地方制度改革を論じなければならない段階に来ているのである。

さて、地域と安全保障の問題を考える場合、沖縄問題を抜きにして語ることはできない。日本の安全保障政策の基本である日米安保体制は、「軍隊と基地の交換」（あるいは「防衛と基地」と言い換えても可である）を基本的性格としており、日本における米軍基地の約七四パーセントが集中する沖縄は、日米安保体制の主柱的存在である。しかし、米軍基地の集中がさまざまな事件や事故の要因となり、基地負担の荷重にあえぐ沖縄から負担軽減への強い要請が行われていることは周知のことである。その象徴が普天間基地移設問題である(19)。

問題は、沖縄の多数の県民が普天間基地の県外移設を求めているのに、政府が県民の要望実現のために動かないことである。正確にいえば、二〇〇九年、普天間基地問題に関し「最低でも県外」を主唱した民主党の鳩山由紀夫首相が挫折したことにより、その後の政権は自民党時代の日米合意に回帰し、そこから踏み出そうとしない。日米合意の辺野古移設案に固執することで政府と沖縄県民のかい離は拡大しているのが現状である。政府からすれば、民主党政権時代に普天間問題で日米関係の悪化を招いたことから、日米合意を円滑に実施することで日米関係の緊密化を図りたいということであろう。しかし、地元の沖縄県民の意思に反する政策を強引に推し進めることで、沖縄基地問題という九〇年代以来の（本当は沖縄返還の七二年以来であるが、政府の重要課題となったのは残念ながら九五年の米兵による少女暴行事件以後である）重要懸案が解決するのであろうか。

ここでさらに問題なのは、沖縄基地問題に関する政府と沖縄県民の認識にも違いがあることである。すなわち、

表14　「潜在的紛争地域」との位置関係

		沖縄—ソウル	沖縄—台北
距　離		約1260km	約630km
船　舶	20ノット	約34時間	約17時間
航空機	600ノット	約１時間	約30分
	120ノット	約５時間	約2.5時間
		福岡—ソウル	福岡—台北
距　離		約534km	約1276km
船　舶	20ノット	約14時間	約34時間
航空機	600ノット	約25分	約１時間
	120ノット	約２時間	約５時間
		熊本—ソウル	熊本—台北
距　離		約620km	約1240km
船　舶	20ノット	約17時間	約33時間
航空機	600ノット	約29分	約59分
	120ノット	約2.5時間	約５時間

（屋良朝博『誤解だらけの沖縄・米軍基地』（旬報社，2012年）25頁より）

沖縄基地問題という場合、もっとも重要なのは米海兵隊の問題であるが、本土でよく語られているのが沖縄の地政学的位置である。つまり、対朝鮮半島（北朝鮮）あるいは対中国に関する戦略を考えた場合、沖縄はそのどちらについても重要な位置にあるということである。そして沖縄に駐屯する米海兵隊は、日本の安全保障に欠かせない抑止力を形成しているということになる。こうした戦略的重要性から、沖縄県民にはまことに申し訳ないが基地を置かざるを得ず、そのため基地以外で応分の対応を行う（たとえば振興開発など）というのがこれまでの政府・沖縄関係であった。

しかし実際は、表14のように沖縄の地理的重要性は他の地域と互換不可能なものではない。また、米国海兵隊についていえば、米国自身が沖縄以外の選択肢をこれまでの日米交渉でも提起しており、沖縄でなければ海兵隊の機能が果たせないということではない。安全保障問題の専門家が少ない民主党政権に乞われて防衛大臣に就任した森本敏は、沖縄の海兵隊駐留は軍事的理由でなく政治的理由であると述べている。[20] すなわち、海兵隊の本土移設による政治的コストを計算した結果、沖縄に海兵隊基地を置き続けるということである。重要な点は、本土の多くの国民はそれを知らないが、沖縄県民の多くがそのことを前提として県外移設を求めているということである。

たとえば、NHKの「沖縄県民意識調査[21]」によれば、米軍基地と日本の安全保障について、本土復帰直後よりも米軍基地への評価は高くなっているが、しかし現在でも本土との差は明らかである。また、本土復帰後一貫して米軍基地削減を求める意見は八割近くに達している。

これは自分の身近に基地が存在している人々と、そうでない人々の差であろう。普天間基地の名護市への移設についても、沖縄では賛成が二一%、反対が七二%で、賛成三六%、反対四五%の本土とは明らかな差が生じている。普天間の移設先については、沖縄では「撤去」も含めた「県外」が六六%と多数を占め、「県外」三三%の全国とは対照的である。沖縄県民の多数が、米軍基地の削減と普天間基地の県外移設を求めているのであり、本土の意識とのずれは明らかである。

このような沖縄と本土のかい離は、沖縄の本土に対する不満を増幅させ、今や多くの県民が「差

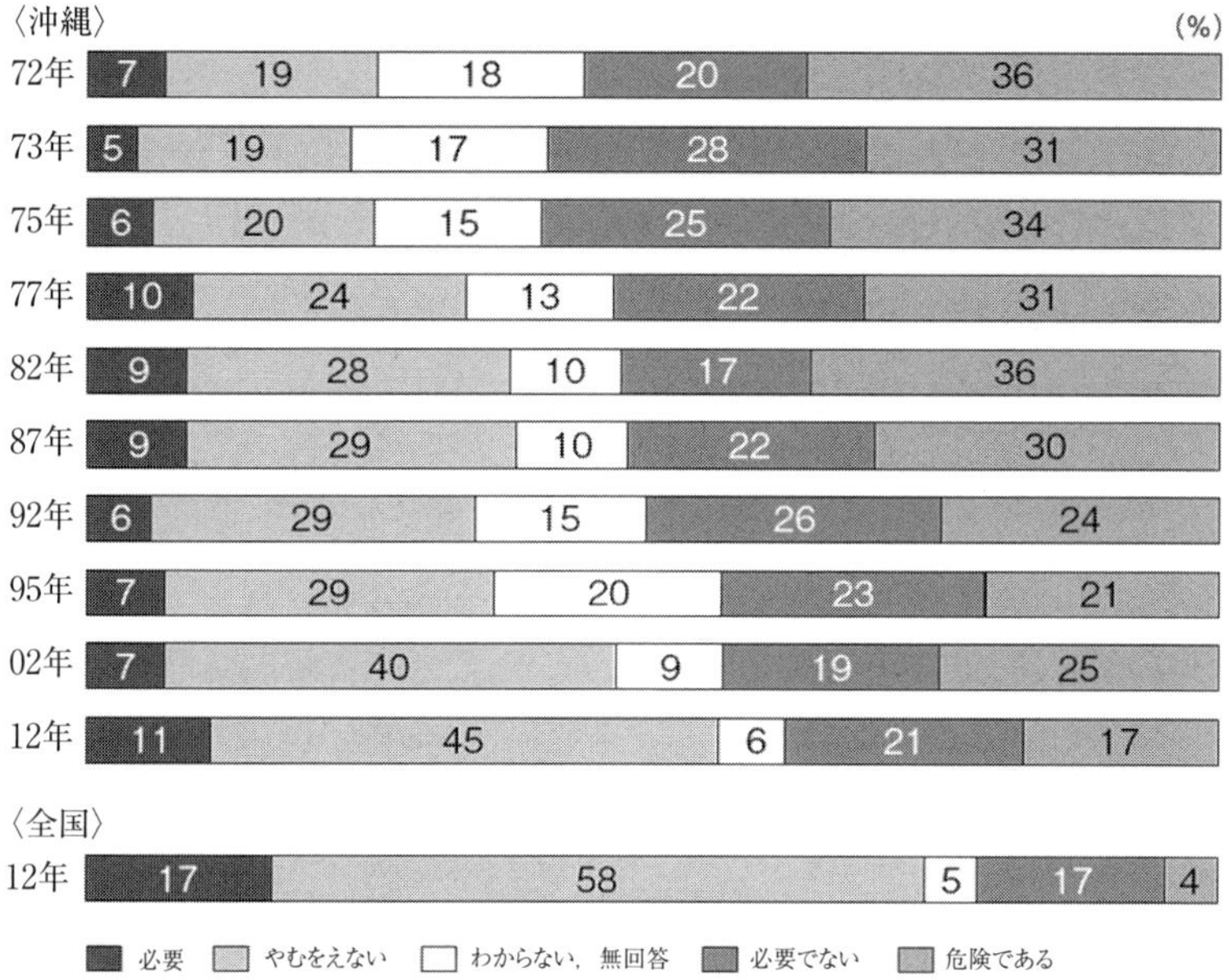

図26　復帰後のアメリカ軍基地についてどう思うか

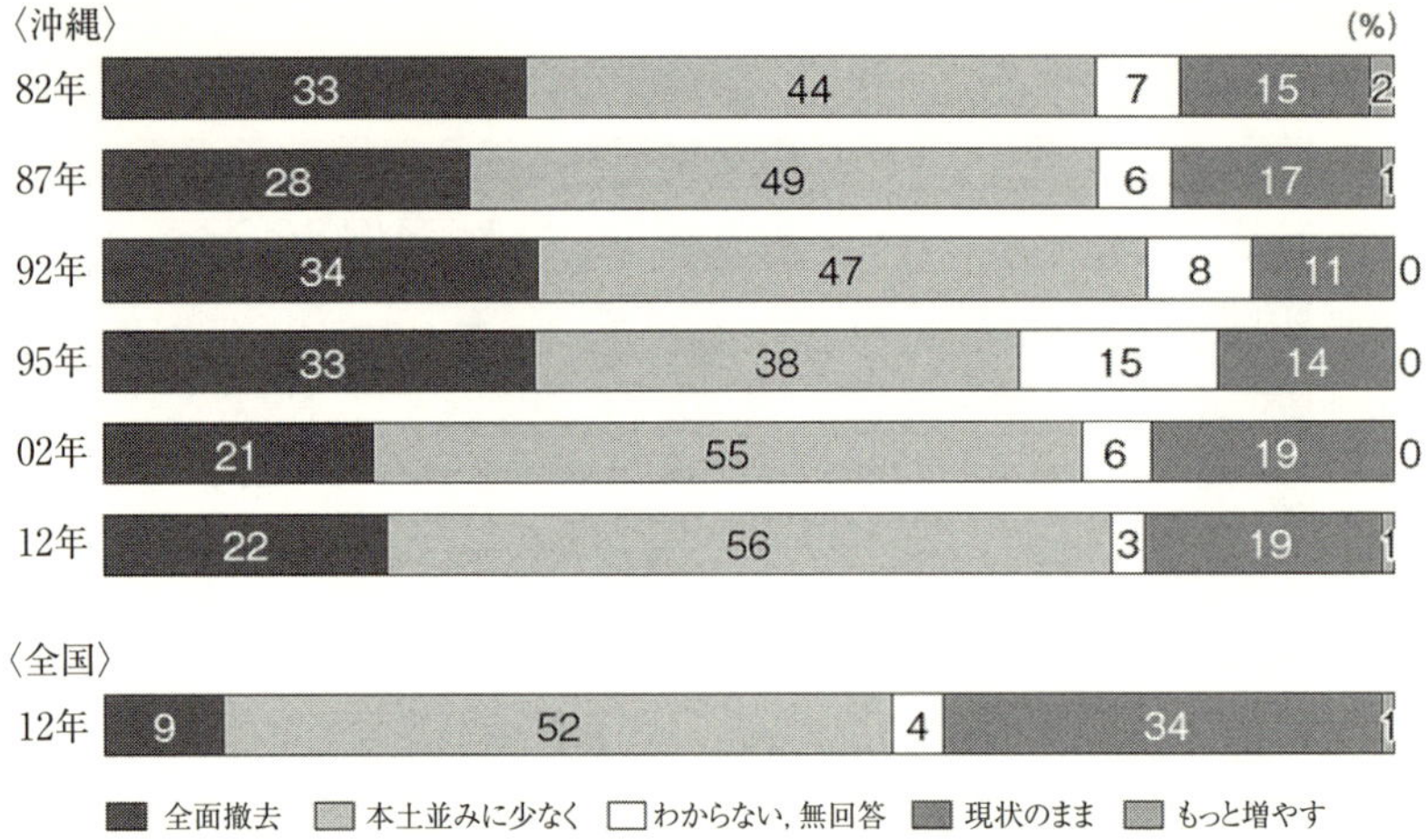

図27　アメリカ軍基地をどうすべきか

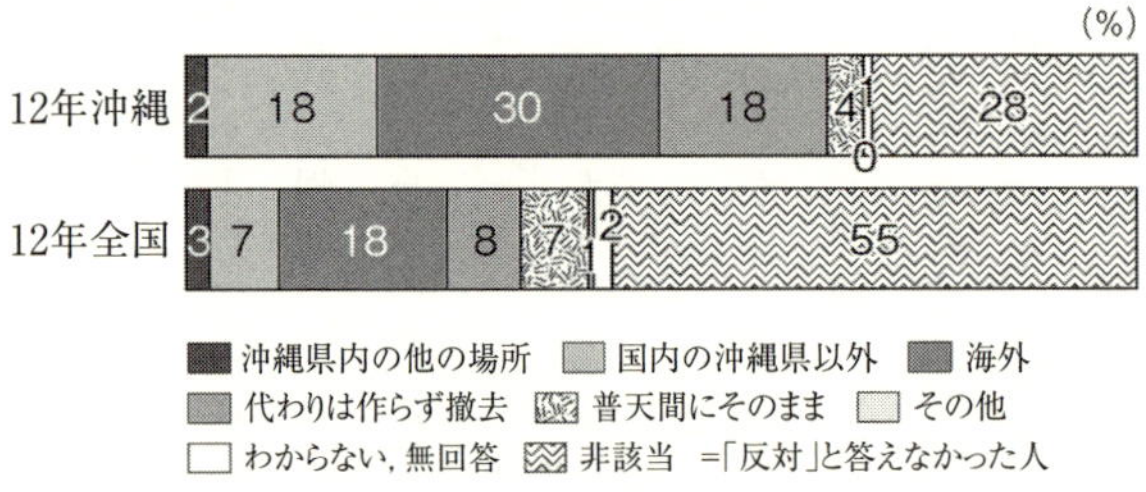

図28　普天間基地の移設先

別」を語り始めている。こうした状況を背景に、琉球独立論を主張する学会も成立するなど、今後も沖縄は日米関係における不安定要因となり続ける可能性がある。それだけではなく、現在は大きな勢力ではないし沖縄独立が現実化するとは考えにくいが、そうした動きが出てきたこと自体、本土の沖縄に対する姿勢に大きな反省を迫るものであろう[22]。本土の側は五五年体制の長い安逸の中で安全保障という国家の根幹にかかわる問題に関して政治家も国民も関心を持たず、不勉強なマスコミの報道を疑わずに沖縄の「犠牲」を止むを得ないことと考え、安全保障問題は実は自らの問題であることを長く忘れてきた。その間、沖縄県民は本土の〇・六%に過ぎない面積の中に日本全体の約四分の三の米軍基地を受け入れ、いわば安全保障が日常生活の中に入り込む中で暮らしてきたのである。地域に密着した現地の報道機関は米軍基地関係の情報に絶えず気を配り、厚みのある報道をしてきた結果、安全保障に関しては本土と沖縄では情報ギャップが生じている[23]。通常、中央と地方では、中央に情報が集中し、地方は情報が少なくなるが、沖縄と本土の関係では逆である。こうした状況が続く限り、「安全保障は政府の専管事項であるから地域自治体は指示に従うように」と言われても、簡単に「諾」とは言えないであろう。

3　政治決断と責任

今世紀となってから、二〇〇四年、二〇一〇年、二〇一三年と三度にわたって「防衛大綱」が改定された。防衛大綱の改定自体に異論はない。問題は、増大する自衛隊の役割をどのように整理し、中国の軍拡に対応した防衛力整備を行うのかということである。また、計画自体は立案しても、それをどのように実効するのかという問題がある。たとえば、今世紀最初の二〇〇四年の「防衛大綱」制定に当たって基礎となる考え方をまとめた「荒木懇談会」の報告書は、新しい脅威の時代に対応した重要な内容・提言を含んでいたが[24]、その提言中、憲法問題・集団的自衛権の問題などは足踏みしたままの状態である。少子高齢化や財政問題を背景として、防衛力整備も重点化や質の面の重視なども掲げられていた。しかし、そういった事項はほとんど実現されておらず、複雑化し、増大する任務に追われて疲弊する自衛隊、年次防以来の財政の論理を重視した防衛予算のあり方[25]、そして長期的視点なく自衛隊の任務増大を決定していく政治の組み合わせが、現状を生んでいるとしか思えない。

特に重要なのが政治の責任であろう。たとえば、自衛隊のイラク派遣にしても、派遣の根拠となるイラク復興支援特措法が成立した二〇〇三年七月から基本計画が閣議決定される一二月九日まで、準備指示を求める防衛庁と出し渋る官邸、派遣に関する補正予算を認めない財務省など、政府全体として重大決定に伴う責任を全うしたとは言いがたい状態であった。そのため、当初イラクに持ち込まれた高機動車の防弾化が間に合わなかったという。決定は責任を生ずる。しかし、現状は、決定まではしたけれども「後は知らない」といっているのに等しいのではないだろうか[26]。

これまで述べてきたように、長期的視点なく自衛隊が任務を拡大していくことには限界がある。このままでは、全ての業務にわたって支障が出てくる恐れがあるのではないだろうか。政治の責任において、長期的戦略に基づいて自衛隊の任務を整理し、重点的事項を優先して対応するようにしていくべきであろう。

その際重要なのは、日本のこれまでの安全保障論議は法律論に終始する傾向があるということである。政策は法律に基づいて実行されるわけだから法律論が重視されること自体、法治国家として当然である。問題なのは、憲法との整合性がいつも議論になるため、現行法制の枠組みの中で細かな法律論が問題となり、政策の手足を縛っていくということである。そのため、国際社会の現実に合わない想定が作られたり概念化されたりすることにより、現場が苦労することになる。そろそろ、国際社会の現在の状況は日本の法的枠組み内で議論できるものではないことを学ぶべきであろう。

この項の最後に、「軍事の論理」と「政治の論理」の問題について触れておきたい。前述のように、冷戦期の日本は自衛隊を使わない政策に終始していた。それは「軍からの平和」を重視したためで、戦前の歴史を教訓としたためである。そのため、「軍事の論理」や「軍事的合理性」といった言葉は否定の対象であった。「軍事的合理性」といった言葉を使うと、「タカ派」「右翼」といったレッテルが張られたものである。こうした傾向は九〇年代後半まで存続していたように思われる。しかし、前述のように日本国民が現実の脅威を感じるようになると、「軍事の論理」「軍事的合理性」といった言葉も復権してきた。「軍事的合理性」が存在すること自体は間違いないし、「軍による安全」を考えた場合、必要でもあるからである。

しかし、「軍事の論理」が復権してきたことはよいとして、問題なのは「政治の論理」とのバランスである。これまで「政治の論理」の前に「軍事の論理」が抑え込まれてきたために、「軍による安全」を図るシステムには様々な問題があった。前述の領域警備に関する法的問題の未整備や、専守防衛下での国民保護など、防衛問題で国会が紛糾することを恐れたという「政治の論理」に由来する部分が大きい宿題である。しかし「軍事の論理」が語られ始めると、他の問題が見えなくなっている可能性はないだろうか。たとえば前述の与那国島への自衛隊配備問題である。防衛空白地域の国境離島に部隊を配置するのは当然のこととされ、将来はミサイル部隊の配備も考えられているという。「軍事の論理」では、日本をとりまく国際環境を軍事情勢で判断する。地理的位置関係は、囲碁か将棋の盤面のように見えているのであろう。どのマスにどのような駒を置くかで勝負が決まってくるわけである。今や、制服組だけでなく、政治家や国民もそうした視点でとらえている人が多くなっているのではないだろうか。

安全保障を考える場合、囲碁や将棋の盤面を見るように俯瞰して物事を捉えることは必要であり重要なことである。軍事専門家たる制服組がそれを重視するのは当然でもある。しかし忘れてはならないことは、現実の世界は囲碁や将棋ではなく、そこに人が住んでいるということである。特に日本は、繰り返して言うが「専守防衛」

を基本方針としている。国民が住んでいる領域が戦闘になることを前提としているわけである。地域住民のことを忘れて強引な施策を行った結果が、沖縄や与那国に表れている。「政治」が国民の期待や意思を尊重して、「軍事の論理」とバランスをとって施策を行うべきである。

ここで気になるのが、政府が果たして住民の考えを正確にくみ取っているのか、情報は間違いないのかという問題である。沖縄に対する施策を見れば、明らかに住民意思を誤解している。与那国問題でも、小野寺防衛大臣が「(自衛隊配備への―引用者注)反対は島外の人と聞いている」という発言をしている。与那国島の自衛隊基地反対派は、現在は島外からの運動家も入ってきているが、大部分は島民である。誤った情報が上に伝えられているとしたら、情報戦で手ひどい目にあった太平洋戦争の教訓を学んでいないことになる。また、正確な情報も持たずに「軍事の論理」に流された決定が行われるようになれば、地域住民との軋轢は増大し、政府への信頼も揺らぐことになるのではないだろうか。

三　今後議論すべき課題とは何か

1　自主と安保の関係

二〇〇一年の九・一一同時多発テロ事件発生後、小泉内閣時代の対米関係は戦後最高と評されることになったが、それはイラクへの自衛隊派遣、多国籍軍への参加に象徴される対米協力の一層の進展があったからであることは異論はないであろう。同時に進展した米軍の再編でも、当初は混乱を見せたものの、沖縄問題を除いては最終的合意に達している。またこの間に、自衛隊創設後半世紀にわたって議論されていた統合強化問題が一気に進展し、統合幕僚会議議長が統合幕僚長となってその権限は大幅に拡大したことは前述した。それはインド洋やイラクといった現場で日米協力が進められた経験からの要請であったとも言えよう。いずれにしろ問題は、こういった日米協力具体化の実態が、ほとんど報告されることもなく、また国会等での議論が低調なまま進展していることである。小泉内閣での積極的な対米協力が、一方で対米追随という批判を呼んだことは記憶に新しい。九〇年代以降進展したこうした日米協力の深化の中で、現在批判が多くなってきたのが「吉田路線」である。

「吉田路線」は、戦後復興期に採用された基本方針で、吉田茂自身、復興後には再軍備の必要性を考えていた点は知られている。実際、日米安保体制に大幅に依拠する「吉田路線」は、軍事的緊張が高まった場合での日本の役割が不明確という問題を内包していた。また、多くの「吉田路線」批判が指摘するように、安全保障という国家の基本問題を米国に依存することによる日本の国家的自主性の喪失という問題があった。したがって、本来であれば、緊張が高まっていない時代に日本は自らの国家戦略を明確に決める必要があった。言いかえれば、それまでは「吉田路線」があいまいながらも日本の国家戦略として機能していたわけである。太平正芳首相時代議論された「総合安全保障論」は、戦後憲法を是とする国民世論を背景にしつつ、日本の基本的外交戦略を模索して生まれたものであった。しかし、大平首相の急死により推進者を失うことになる。

一方で、日米協力は新冷戦の下で具体化していく。九〇年代に入っても、アジアにおいては冷戦下で作られた対立構造は基本的に存続しただけでなく、北朝鮮の核問題など新たな緊張を生む問題も生じた。そうした中で日米協力は「現実の要請」を背景に進んで行った。九六年に亡くなった高坂正堯は、自立と孤立の問題を論じた過去の論文に付したまえがきに、「問題は今日も未解決である」と書いた。結局、自立への意思を持ちつつも、それを明確に戦略として描けないまま、現実の要請に応じて行われてきたのが日本の安全保障政策であった(27)。しかし、中国の脅威が明確になる一方で、同盟国である米国の国力は衰えを見せ、危機の時にどのような行動をする

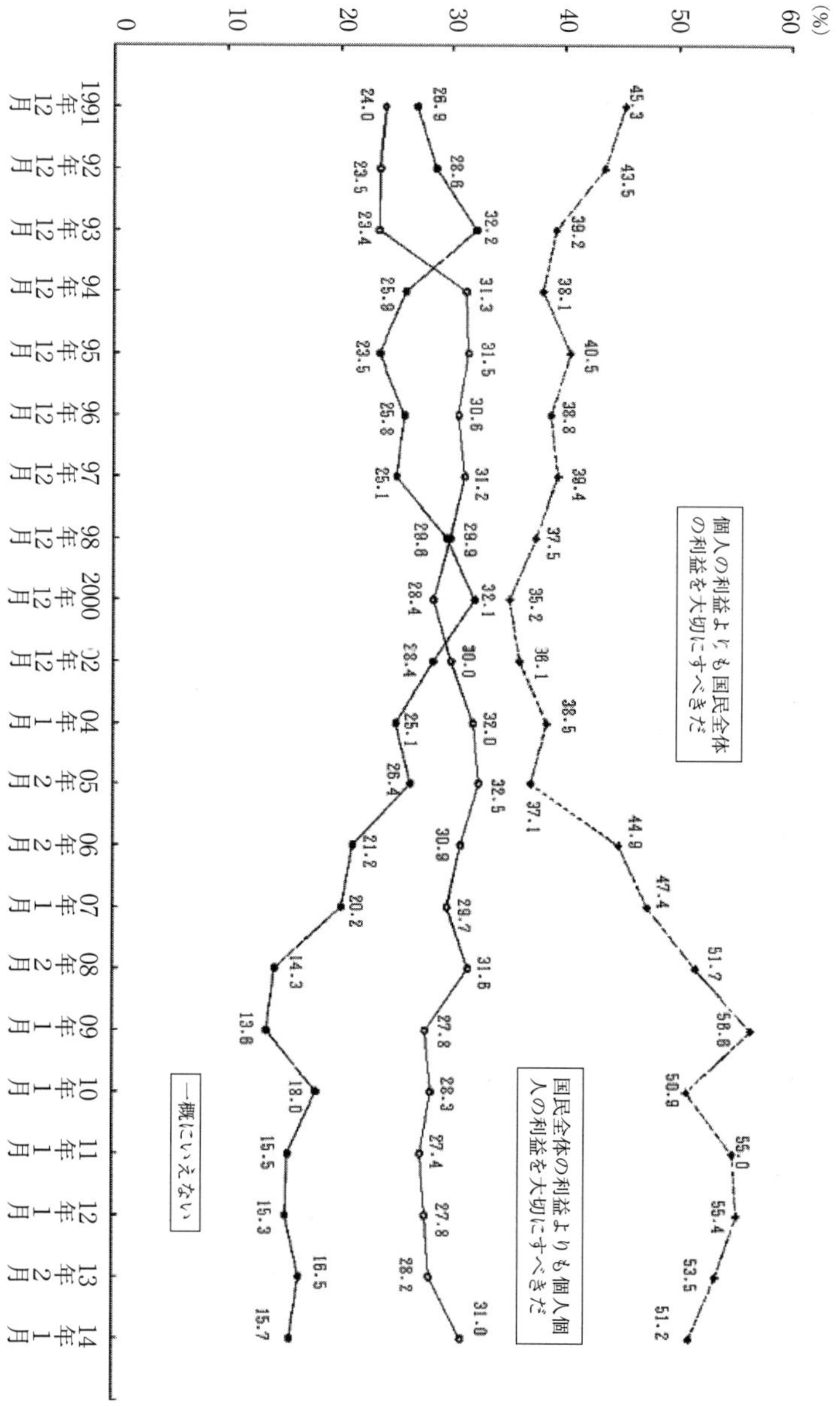

図29　国民全体の利益か個人の利益か

のか危惧する専門家も多い。本論で検討した「国家安全保障戦略」は出されているが、それが万全かつ最終のものではないことは言うまでもない。同盟国とはいえ、互いに双方の国益を背負った決断をするという当たり前のことを認識しつつ、日本独自で行うべき政策と同盟の維持強化のために何をなすべきかについて、今後は不断の検討を迫られることになると思われる。

最近の内閣府世論調査によれば、個人の利益より国家の利益を重視すべきとの意見は増加傾向にある(28)(図29)。また、日本が戦争に巻き込まれる危険性を認識している人が増大傾向を示しているのは「はじめに」で見たとおりである。明らかに危機意識の増大とナショナリズムの高揚が見て取れる。国民の多くが今後に不安を感じているのであろう。自立への意思と基本戦略の問題は、過去にもまして重要性が大きくなっていると言えないだろうか。

2　集団的自衛権問題

本書執筆時において安全保障問題の最重要テーマは「集団的自衛権行使問題」となっている。本書刊行時には一定の結論が出ているであろうから、この問題をめぐる論争に介入することは控えておきたい。ただ、この問題で忘れてはならない視点を二点述べておくことにする。

第一は、集団的自衛権の問題は、日米防衛協力強化だけでなく国際紛争の解決および平和維持活動に日本もかかわっていくことを明らかにした時点から検討課題となっていた問題であるということである。決して最近急に浮かび上がったわけではない。本論で述べたように、「樋口懇談会」以来、日本は「『国土防衛』の体制・態勢を整備することを目指す流れ」と「『国際安全保障』への日本の貢献を目指す流れ」の二つの方向性を選択してきた。このうち集団的自衛権は「『国際安全保障』への日本の貢献を目指す流れ」の延長上にある問題でもある。国家基本戦略が謳う「積極的平和主義」はまさにそれを明確にしたものである。そして「『国際安全保障』への日本の貢献を目指す流れ」は、九〇年からの湾岸危機・湾岸戦争での外交的敗北から日本が学んだ教訓であったはずである。

集団的自衛権行使が可能になり、自衛隊が国際平和協力活動でこれまでできなかった活動まで行うようになった場合、隊員に犠牲者が出る恐れがあることは確かである。非人道的という批判を受けるかもしれないが、自衛隊員に犠牲が出るから日本は国際協力活動を制限しますということは、湾岸戦争時に批判された「一国平和主義」と違いがないのではなかろうか。もちろん、自衛隊員の被害は可能な限り最小限に抑える努力をするのは当然だが、だからといって犠牲が出るからできないというのは国際社会で通じる論理ではない。日本だけ無事でいればいいというのが、「国際社会において名誉ある地位を占め」ることにつながるとは思えないし、「いづれの国家も、自国のことのみに専念して他国を無視してはならない」はずである。

問題になるのは、米国の国際戦略に従って、行うべきでない作戦に従事させられる危惧があるということであろう。そういう批判は、日本政府が米国の要請に唯々諾々と従うという予想が前提であり、言い換えれば日本政府や日本の民主主義に対する信頼がないということであろう。そういった批判を根本から解消するのは難しいが、政府解釈によって何でもできるようになることが不安という問題については、国家安全保障基本法を制定し、そこに禁止条項を明記するということが一つの案として考えられる。この時に注意するのは、行ってはならないことを法律に明記するのであって、行っていいことを記載するのではないことである。いずれにしても、「『国際安全保障』への日本の貢献を目指す流れ」を定着させることが前提であれば、そして憲法改正が困難で時間を要するということであれば、国家安全保障基本法の制定が有力な選択肢であろう。

第二に、「集団的自衛権行使」は対等性の模索なのかという問題である。周知のように、日本の安全保障政策の根幹である日米安保体制は「基地と防衛の交換」を基本的政策としている。その点は五一年の旧安保条約も六〇年の新安保条約も不変である。これは米国は日本有事に日本は守るが、日本は米国有事に米国を守らないことの代償に基地を提供しているわけであり、それが本当に対等な関係といえるのかというのは、日米安保体制成立時から付きまとう問題である。相手のために「自国の若者の血も流す」と約束した国と、「血を流す代わりに土地を提供します」という国が対等なのかという問題である。関係に不均等性が見えるために、日本は多額の「思いやり予算」を提供し、不平等な地位協定にも甘んじてきたとも考えられている(29)。

しかしながら、他の同盟諸国と同様に、日本も集団的自衛権を行使できれば、これまでのような関係の不均等性は大幅に解消されると考えられるわけである。そうであるならば、日米関係の不平等性の象徴である地位協定は改定されるべきであり、「思いやり予算」もさらに縮減されるべきであろう。また、沖縄基地問題に関して言えば、本来、基地を提供されているほうの意見が強く反映されるべきではない。そして、日米関係の全般にわたる問題についても、やはり再検討されるべきではないだろうか。またそれができたとき、日本政府は唯々諾々と米国の意思に従うという批判も解消されるのではないだろうか。実は、そういったことは米国自体が望んでいないかもしれない。また、今回の閣議決定は限定的行使にとどまるものであり、全面的な集団的自衛権行使とは異なるものである。しかし、集団的自衛権の問題は、本来、日米関係全体の見直しにつながる可能性をもつ問題でもあるのである。

3　国家論の必要性―日本という国家の姿―

これまで述べてきた課題は、基本的に日本という国家が今後どうあるべきかという問題に逢着するように思われる。たとえば、集団的自衛権問題で述べた「「国際安全保障」への日本の貢献を目指す流れ」にしても、国際平和協力問題はどう扱うべきかということについてのコンセンサスはできていないのが現状であろう。自衛隊創設後半世紀を経て、防衛省昇格とともに国際平和協力は本来任務となったが、今後どのように取り組んでいくべきかは基本的合意がないのである。それは、日本という国家が国際社会の中であるべき姿が見えていないからでもある。冷戦終了後、直面する事態に対症療法的に対応し、個々の政策面での経験は蓄積され、議論も具体的に展開されるようにはなった。しかし、それは日本という国家の全体像を結ぶことにはつながっていないのである。

一九六〇年代に「現実主義者」が登場し、空想的平和論に論戦を挑んだとき、高坂正堯にしても永井陽之助にしても、戦後憲法で方向を示された平和主義を前提として、日本が進むべき道を提示しつつ現実的な政策の選択肢を提供すべく努力していた。本論で述べたように、八〇年代以降、日米防衛協力が具体的に進む中で、具体的な政策論がそれまで以上に議論されるようになったが、それは一方で国家の将来をどうするかという理念の問題が置き去りにされがちなことになってしまったのである。軍事を国家機構の中にいかに位置づけるのかという政治の重要課題も放置されたままである。自衛隊の任務・役割という問題に関連して言えば、防災や国際貢献という役割の増大が、自衛隊の任務や装備・訓練、さらには組織のあり方にも影響を与えてきた。そして今、領土防衛という、軍事組織が本来担う役割が改めて注目されてきているわけである。

日本という国家が国際社会でどのような地位を占めるべきなのか、そのためにはどのような国であるべきなのか、日本が目指す国家像の下で軍事が果たすべき役割は何か。そうしたことを念頭に置いて、自衛隊および戦後の防衛体制全体について議論すべき時期ではないだろうか。

注

（1）中国海軍の動向や戦略については、Michael D. Swaine, M. Taylor Fravel, *China's Assertive Behavior—Part Two: The Maritime Periphery*. China Leadership Monitor, No. 35, Summer 2011. Bernerd D. Cole, *The Great Wall at Sea: China's Navy in the 21th Century*, Second Edition. Naval Institute Press. 2010、太田文雄・吉田真『中国の海洋戦略にどう対処すべきか』（芙

蓉書房出版、二〇一一年）、防衛システム研究所『尖閣諸島が危ない』（内外出版、二〇一二年増補版）、茅原郁生・美根慶樹『二一世紀の中国　軍事外交篇——軍事大国化する中国の現状と戦略』（朝日新聞出版、二〇一二年）、防衛省防衛研究所編『中国安全保障レポート二〇一二』（防衛省防衛研究所、二〇一二年）、江口博保・浅野亮・吉田暁路『肥大化する中国軍——増大する軍事費から見た戦力整備』（晃洋書房、二〇一二年）参照。中国の国境問題に関する政策については、M. Taylor Fravel, *Strong Borders, Secure Nation; cooperation and Conflict in China's Territorial Disputes*. Prinston University Press. 2008. 参照。

（2）内容を詳しく見ると、「親しみを感じる」とする者のうち「親しみを感じる」三・六％＋「どちらかというと親しみを感じる」は一四・五％、「親しみを感じない」とする者のうち「どちらかというと親しみを感じない」三五・六％＋「親しみを感じない」四五・一％となっている。

（3）現在の国境問題の諸相については、岩下明裕編『日本の「国境問題」——現場から考える』（別冊『環』一九、藤原書店、二〇一二年）参照。

（4）「日本経済新聞」二〇一三年二月八日。

（5）http://www.tv-asahi.co.jp/ann/news/web/html/230207026.html（二〇一三年二月八日アクセス）。

（6）拙稿「領土有事に日本の防衛体制は機能するか」『中央公論』二〇一二年一一月号。

（7）ごく簡単に触れると、日本を除くアジア諸国は毎年一〇％前後の驚異的軍事費の増加によって軍事力強大化を進める中国の脅威を背景に、国防費の増額を行っている。一方で日本は「冷戦」終了後といわれた九〇年代に入ると毎年防衛費を減額しているという問題である。本論で述べたように、自衛隊の活動は九〇年代に入って国際平和協力活動をはじめ増加するものの、防衛費減額によって自衛隊、とくに陸上自衛隊は人員も減っており、二〇一一年三月の東日本大震災におけるような災害救援でも人的対応能力は限界近くに達していたと言われている。このまま予算削減が続けば、現実的に自衛隊の能力も低下せざるを得ない。二〇一二年の第二次安倍政権の発足で、防衛費減額から増額の方針へ転じたが、増額の程度はいまだ大きいとは言えない。

（8）村上暦造『領海警備の法構造』（中央法規、二〇〇五年）九～一一頁参照。

（9）村上暦造・森征人「海上保安庁法の成立と外国法制の継受——コーストガード論」『海上保安法制——海洋法と国内法の交錯』（編集代表・山本草二、三省堂、二〇〇九年）四〇頁。

(10) 拙著『戦後日本の防衛と政治』二六～二七頁、および村上・森、前掲論文、三二～三三頁。

(11) 国民保護法については、浜谷英博『要説国民保護法――責任と課題』(内外出版、二〇〇四年)、礒崎陽輔『国民保護法の読み方』(時事通信社、二〇〇四年)、国民保護法制研究会編『逐条解説国民保護法』(ぎょうせい、二〇〇五年)参照。

(12) 鳥取県の取組みについては、岩下文広『国民保護計画をつくる――鳥取から始まる住民避難への取組み』(ぎょうせい、二〇〇四年)参照。

(13) 総務省消防庁ホームページ「都道府県国民保護モデル計画」http://www.fdma.go.jp/html/kokumin/model.pdf、「市町村国民保護モデル計画」http://www.fdma.go.jp/html/kokumin/1801model.pdf。

(14) 前掲、「都道府県国民保護モデル計画」五六頁。

(15) 「国民保護」に関する各地方自治体と自衛隊の共同訓練については、『防衛白書 二〇〇七年版』一八〇～一八二頁参照。

(16) 与那国島への自衛隊配備問題等については、拙著『沖縄現代政治史――「自立」をめぐる攻防』(吉田書店、二〇一四年)第四章を参照されたい。

(17) 自衛隊法第九条第二項「統合幕僚監部の所掌事務に係る陸上自衛隊、海上自衛隊または航空自衛隊の隊務に関し、最高の専門的助言者として防衛大臣を補佐する」とされている。

(18) 防衛省ホームページ「我が国の防衛組織」http://www.mod.go.jp/j/profile/mod_sdf/index.html。なお、統合幕僚監部および同議長が、陸海空幕僚監部と同列になっているのも問題であろう。

(19) 沖縄基地問題および沖縄と本土の関係は歴史的にも複雑で、様々な研究が行われている。すべてを網羅することはできないが、さしあたり以下の研究を参照されたい。前掲拙著『沖縄現代政治史』、明田川融『沖縄基地問題の歴史――非武の島、戦の島』(みすず書房、二〇〇八年)、鳥山淳『沖縄／基地社会の起源と相克』(勁草書房、二〇一三年)、平良好利『戦後沖縄と米軍基地 「受容」と「拒絶」のはざまで一九四五～一九七二』(法政大学出版局、二〇一二年)、NHK取材班『基地はなぜ沖縄に集中しているのか』(NHK出版、二〇一一年)、林博史『米軍基地の歴史 世界ネットワークの形成と展開(歴史文化ライブラリー)』(吉川弘文館、二〇一一年)。

(20) 森本は防衛大臣退任にあたっての記者会見で、次のように述べている。「アジア太平洋という地域の安定のために、海兵隊というのは今、いわゆるMAGTFという、MAGTFというのはそもそも海兵隊が持っている機能のうち、地上の部隊、航空部隊、これを支援する支援部隊、その三つの機能をトータルで持っている海兵隊の空地の部隊、これをMAGTFと言っているのですが、それを沖縄だけはなく、グアムあるいは将来は豪州に二、五〇〇名以上の海兵隊の兵員になったときにはそうなると思いますし、それからハワイにはまだその態勢がとられていないので、将来の事としてハワイにもMAGTFに近い機能ができると思うのです。こういうMAGTFの機能を、割合広い地域に持とうとしているのは、アジア太平洋のいわゆる不安定要因がどこで起きても、海兵隊が柔軟にその持っている機能を投入して、対応できる態勢をある点に置くのではなくて、面全体の抑止の機能として持とう《(ママ)》としているということであり、沖縄という地域にMAGTFを持とうとしているのは、そういうアジア太平洋全体における海兵隊の、いわゆる「リバランシング」という、かつては一九九七年頃、我々は「米軍再編計画」と言って、「リアライメント」という考え方ではなくて「リバランシング」というふうに言っているのですが、そのリバランシングの態勢として沖縄にもMAGTFを置こうとしているということです。これは沖縄という地域でなければならないのかというと、地政学的に言うと、私は沖縄でなければならないという軍事的な目的は必ずしも当てはまらないという、例えば、日本の西半分のどこかに、その三つの機能を持っているMAGTFが完全に機能するような状態であれば、沖縄でなくても良いということだと。これは軍事的に言えばそうなると。では、政治的にそうなるのかというと、そうならないということは、かねて国会でも説明していたとおりです。そのようなMAGTFの機能をすっぽりと日本で共用できるような、政治的な許容力、許容できる地域というのがどこかにあれば、いくつもあれば問題はないのですが、それがないがゆえに、陸上部隊と航空部隊と、それから支援部隊をばらばらに配置するということになると、これはMAGTFとしての機能を果たさない。したがって三つの機能を一つの地域に、しかも、その持っている機能というのは、任務を果たすだけではなくて、必要な訓練を行う、同時にその機能を全て兼ね備えた状況として、政治的に許容できるところが沖縄にしかないので、だから、簡単に言ってしまうと、「軍事的には沖縄でなくても良いが、政治的に考えると、沖縄がつまり最適の地域である」と、そういう結論になると思います。というのが私の考え方です。」（傍点引用者）、「大臣会見概要　平成二四年一二月二五日（一〇時五〇分〜一一時一六分）」防衛省ウェブサイト http://www.mod.go.jp/j/press/kisha/2012/12/25.html

（21）河野啓「本土復帰後四〇年間の沖縄県民意識」『NHK放送文化研究所年報二〇一三』。

（22）たとえば二〇一三年五月一五日に「琉球民族独立総合研究学会」が創設された。この学会は「設立趣意書」に「日本人は、琉球を犠牲にして、「日本の平和と繁栄」をこれからも享受し続けようとしている。このままでは、我々琉球民族はこの先も子孫末代まで平和に生きることができず、戦争の脅威におびえ続けなければならない。また、日本企業、日本人セトラーによる経済支配が拡大し、日本政府が策定した振興開発計画の実施により琉球の環境が破壊され、民族文化に対する同化政策により精神の植民地化も進められている。これは奴隷的境涯である。」とあるように、強い被差別意識を土台に創設されている。同学会については、学会ウェブサイトを参照いただきたい。http://www.acsils.org/home

(23) 本土メディアと沖縄のメディアのギャップについては、「(座談会)『基地問題』めぐる地元紙と本土紙の溝を埋めるため中央の取材記者に求めたい『沖縄』を感じる皮膚感覚」『Journalism』(朝日新聞社、二〇一三年二月号の「特集　沖縄報道を問い直す」所収)が参考になる。座談会に出席した比屋根照夫琉球大学名誉教授は、「沖縄の地方紙が直接アメリカに記者を送って、大手の新聞や通信社が報じなかったアメリカの様々な沖縄観、沖縄論を報道し始めてから、沖縄の世論が変わったんです。海兵隊が沖縄に必要だと思っていた人たちも『これはフィクションではないか』と気づいた。(略)やはり沖縄の現実の重さが新聞社にも影響しているんでしょう。沖縄のジャーナリズムが果たしている役割には、東京中心のメディアが欠落させた本質的な部分を突くという大きな意味がある」と指摘している。同書、一六頁。

(24)『「安全保障と防衛力に関する懇談会」報告書——未来への安全保障・防衛力ビジョン』(安全保障と防衛力に関する懇談会、二〇〇四年一〇月)。

(25) 防衛予算も、自衛隊の活動を統制するための仕組みの一つであった。いわば、ネガティブ・コントロール時代の産物である。この点については、拙著『戦後政治と自衛隊』を参照されたい。

(26) 半田滋『戦えない軍隊——肥大化する自衛隊の苦悩』(講談社、二〇〇五年)一五一～一五三頁。

(27) 高坂正堯『高坂正堯外交評論集』(中央公論社、一九九六年)五頁。

(28) 内閣府が二〇一四年一月に実施した「社会意識に関する世論調査」による。内閣府ウェブサイト http://www8.cao.go.jp/survey/h25/h25-shakai/index.html

(29) 日米地位協定自体に関しては、本間浩『在日米軍地位協定』(日本評論社、一九九六年)参照。日米地位協定と他の国と米国が結んだ地位協定の比較については、本間浩・櫻川明巧・松浦一夫・明田川融・永野秀雄・宋永仙・申範澈『各国間地位協定の適用に関する比較考察』(内外出版、二〇〇三年)参照。また、地位協定に関し、その運用について外務省が解説した「日米地位協定の考え方」という文書が存在する。原本は一九七三年四月に作成され、増補版が八三年一二月に作成されている。文書は「秘　無期限」というスタンプが表紙に押されている。同文書は琉球新報がスクープし、『外務省機密文書　日米地位協定の考え方　増補版』(高文研、二〇〇四年)として刊行された。さらに、同文書に関してさらに検証・取材等を行って『検証「日米地位協定」　日米不平等の源流』(高文研、二〇〇四年)も同時に刊行された。

あとがき

本書執筆にあたって、これまで発表した次の論考を、大幅に加筆修正して関連する章の叙述に組み入れた。

第二章には、

「戦後防衛政策における中央機構改革をめぐる対立――防衛庁の省昇格問題を中心に」『社会科学研究』（中京大学社会科学研究所、二〇〇四年、第二五巻一号）

第三章と第四章に関しては、

「新時代の自衛隊への転換とその課題――歴史的視点からの考察」『国際安全保障』（国際安全保障学会、二〇〇四年、第三二巻一号）

「日本の防衛政策と日米安保体制の歴史的展開――深化する同盟と日本防衛政策の諸課題」伊藤之雄・川田稔編著『二〇世紀日本と東アジアの形成　一八六七〜二〇〇六』（ミネルヴァ書房、二〇〇七年）

「安全保障政策の展開に見る日本外交の基層――自立への意思と基本戦略をめぐって」『国際問題』（日本国際問題研究所、二〇〇九年一・二月合併号）

「自衛隊の国際協力活動と戦後防衛体制の再検討」『国際安全保障』（国際安全保障学会、二〇〇八年、第三六巻一号）

第四章および終章に関して、

「南西諸島防衛強化問題の課題――法体制整備・国民保護・自衛隊配備問題を中心に」『社会科学研究』（中京大学

社会科学研究所、二〇一二年、第三三巻二号）

右記以外は書下ろしである。

さて、日本の防衛政策は今、大きく変化しつつある。その象徴的事例が集団的自衛権行使問題であろう。変わりつつあるのは政策だけではない。自衛隊をめぐる環境も変化している。その変化は本論で述べたように、主に冷戦終了後に生じたものだが、特に最近の一〇年ほどの変化は著しい。思えば、日本の戦後防衛政策に関する最初の著作を刊行したとき（二〇〇三年）、多くは好意的な評をいただいたものの、中には拙著で「軍事的合理性」という言葉を使ったとして批判を受けたことがある。隔世の感というものだろうか。

かつては自衛隊員に対する人権無視と思えるようなことも行われ、自衛隊員が制服で大学キャンパスに入ることがタブー視された時代があった。今や、自衛隊員に経験に基づく講義をしてもらったり、制服でキャンパスに来ていただくことについて、（少なくとも表だって）批判する人もいなくなった。震災などの不幸な出来事を契機としているが、自衛隊に対する信頼感・親近感は大幅に高まっていると言えよう。外国であれば、防衛という国家枢要の任務に生命をかけて従事している軍人には、相応の敬意が払われる。自衛官の仕事および仕事ぶりが国民に評価される時代となったことは喜ばしいことである。

一方で心配な状況もある。一つは、本論でも少しふれたが、「軍事」を安易に語る風潮である。「軍事」に関心を持つ人々が増えたこと、「軍事」を語ることへのタブーが消えつつあること自体は望ましい傾向である。しかし、一部ではゲーム感覚で軍事をみていないだろうか。軍事技術や武器について、カタログデータだけで考えたり語ったりすることは慎まねばならない。実際に軍が活動する場面は、簡単にリセットボタンが押せるような場合ではないのである。

第二に、自衛隊自体の問題である。自衛隊発足以降、日本は幸い戦争せずにここまで来た。逆に言えば、軍事組織である自衛隊は本当の戦闘を経験していないのである。創立以来六〇年を迎える自衛隊は、巨大な官僚組織でもある。戦前の帝国軍隊も昭和期になると官僚化が進展し、組織の柔軟性を失っていた。自衛隊はその点は大丈夫なのだろうか。この点は、内部組織上の情報に関する問題もあり、調査対象としにくいものではあるが、今後の重要な研究課題であろう。

さて、日本の防衛政策に関する最初の著作を刊行して約一〇年たち、自衛隊創設六〇周年という節目の年に本書を刊行できるのは、著者として大きな喜びである。もちろん、六〇年の自衛隊の歩みを考えるうえで、重要でありながら扱うことができなかった課題も多い。また、本書の各章で展開した問題自体、それぞれをさらに発展させて一冊の本にまとめていくべき主題である。まずは「現実主義者」の思想と活動、果たした役割などは、本書最後に述べた「国家論」との関連で、早々に取り組みたいと考えている。

以上のように不十分な部分が多い本書であるが、このような形で刊行できるのは様々な方々のおかげである。研究者を志した時からご指導いただいている御厨貴先生、北岡伸一先生、伊藤隆先生といった諸先生をはじめ、渡邊昭夫先生、五百旗頭真先生など、お礼を申し上げるべき方々のお名前を挙げていくとそれだけで数ページが埋まってしまうだろう。今後もさらに研鑽を積んでいくことをお約束することで、お名前を挙げてお礼を申し上げることに代えさせていただきたい。

ただ、あえてお一人だけ、粕谷一希氏のお名前だけは上げさせていただき、これまでのご恩についてお礼を申し上げたい。粕谷氏は、戦後を代表する編集者・ジャーナリストであり、私が一時勤務した出版社の社長でもあった。粕谷氏の謦咳に接することで得られた多くのことが私の人生の糧になっている。二〇一四年、粕谷氏は逝去されたが、良質な言論の重要性を人生をかけて説いてこられたことは、多くの人たちの胸に残っていることと思う。粕谷氏のご冥福を心からお祈り申し上げます。

最後になるが、吉川弘文館の一寸木紀夫氏には本書企画段階からお世話になり、若山嘉秀氏には編集作業で行き届いたご配慮をいただいた。心からお礼を申し上げたい。また、いつものことであるが、不定期に帰宅し、在宅してもなかなか落ち着かない夫・父を、いつも暖かく見守ってくれている妻・息子・娘と、故郷で暮らす母に、心からの感謝の意を伝えたい。

二〇一四年秋

佐道明広

関連年表

年	国　内（**太字**は防衛問題）	世　界
1945	8·15 終戦.	
1947	5·3「日本国憲法」施行.	
1948	4·27「海上保安庁法」公布.	4·1 ソ連，ベルリン封鎖(～49·5·12).
1949		4·4 NATO(北大西洋条約機構)発足. 9·24 ソ連，原爆所有を公表. 10·1 中華人民共和国成立.
1950	**7·8 GHQ マッカーサーが，警察予備隊 7 万5000人創設，海上保安庁8000人増員を許可. 8·10 警察予備隊令公布·施行.**	2·14 中ソ友好同盟相互援助条約署名. 6·25 朝鮮戦争(～53·7·27停戦).
1951	**9·8「対日講和条約」署名，「日米安全保障条約」署名.**	
1952	**2·28 日米行政協定署名. 4·26 海上保安庁に海上警備隊発足. 7·31「保安庁法」公布. 8·1 保安庁設置，警備隊発足. 10·15 保安隊発足.**	
1953	**1·1 在日米安保顧問団発足. 4·1 保安大学校開設. 10·30 池田·ロバートソン会談(自衛力漸増の共同宣言).**	3·5 スターリン死去.
1954	3·1 第 5 福竜丸事件. **6·2 参議院，自衛隊の海外出動禁止決議. 7·1 防衛庁設置，陸·海·空自衛隊発足.**	3·1 米国，ビキニ環礁で水爆実験.
1955	5·8 砂川基地闘争始まる. 8·31 重光·ダレス会談，日米安保改定について共同声明.	4·18 アジア·アフリカ会議(バンドン). 5·14 ワルシャワ条約機構(WPO)発足.
1956	10·19 日ソ共同宣言. 12·18 日本，国連に加盟.	2·14 ソ連共産党第20回大会でスターリン批判. 10·23 ハンガリー動乱.
1957	**5·20「国防の基本方針」決定. 6·14「防衛力整備目標」(1 次防)決定. 6·21 岸·アイゼンハワー会談，在日米軍早期引き上げに関する共同声明.**	
1960	1·19「日米安全保障条約」署名(6·23発効).	
1961	**7·18「第 2 次防衛力整備計画」決定.**	
1962	**11·1 防衛施設庁発足.**	10·24 米海軍，キューバ海上隔離(～11·20).
1963	8·14 日本，「部分的核実験禁止条約」署名.	
1964	11·12 米原潜，初めて日本に寄港.	10·16 中国，初の原爆実験成功.
1965	**2·10 国会，三矢研究に関する質疑.** 6·22「日韓基本条約」署名.	
1966	**11·29「第三次防衛力整備計画の大綱」決定.**	5·16 中国，文化大革命開始.
1968	1·19 米原子力空母エンタープライズ，佐世保寄港. 6·26 小笠原諸島復帰.	
1969	11·21 佐藤·ニクソン共同声明(安保条約継続·72年沖縄返還).	7·25 ニクソン米大統領，グアム·ドクトリン.
1970	3·31「よど号」事件. 6·23 日米安保条約自動継続. **10·20 第一回防衛白書発表.** 11·25 三島由紀夫事件.	

年	国　内（**太字は防衛問題**）	世　界
1971	**6·29 沖縄防衛取極（久保·カーチス取極）署名．7·30 全日空機，自衛隊機と衝突（雫石）．**	10·25 国連総会，中国招請，台湾追放決議．
1972	1·7 佐藤·ニクソン共同声明，沖縄返還·基地縮小で合意．**2·8「第4次防衛力整備5か年計画の大綱」決定．** 5·15 沖縄返還．9·29 田中首相訪中，日中国交正常化．	
1973	**1·23 第14回日米安保協議委員会，在日米軍基地整理統合の関東計画に合意．2·1 防衛庁「平和時の防衛力」発表．** 9·7 札幌地裁，自衛隊違憲判決（長沼裁判）．	10·6 第4次中東戦争（〜10·25）．10·17 アラブ石油輸出国機構，石油供給削減決定．
1974	**4·25 防衛医科大学校開校．**	
1975	**8·29 日米防衛首脳会談（坂田·シュレジンジャー会談）．**	11·17 第1回主要先進国首脳会議（サミット，〜11·17）．
1976	**6·4 第2回防衛白書発表（以後毎年発表）．7·8 防衛協力小委員会（SDC）設置．9·6 ミグ25，函館空港強行着陸．10·29「昭和52年度以降に係る防衛計画の大綱について」決定．**	9·9 毛沢東中国共産党主席死去．
1977	**8·10 防衛庁，有事法制研究開始．**	
1978	4·12 中国漁船団，尖閣諸島周辺領海侵犯．8·12「日中平和友好条約」署名．**11·27 日米安保協議委員会「日米防衛協力の指針」（ガイドライン）了承．**	
1979	**7·17「中期業務見積りについて」発表．**	1·1 米中国交正常化．2·11 イラン·イスラム革命．4·10 米国，台湾関係法制定．10·26 韓国，朴正煕大統領射殺事件．12·27 ソ連，アフガニスタン侵攻．
1980	**2·26 海上自衛隊，リムパック初参加．** 12·1 総合安全保障関係閣僚会議設置．	
1981	**4·22 防衛庁，有事法制に関し，研究対象となる法令区分など公表．**	
1982		4·2 フォークランド紛争（〜6·14）．
1983	**1·14 政府，対米武器技術供与決定．**	3·23 レーガン米大統領，戦略防衛構想（SDI）発表．9·1 ソ連戦闘機が大韓航空機撃墜．
1985	**4·2 米空軍 F-16三沢に配備開始．** 8·12 日本航空機墜落事故．	
1986	**7·1「安全保障会議設置法」施行．**	4·26 ソ連，チェルノブイリ原発事故発生．10·15 ソ連，アフガニスタン駐留軍の一部撤退を発表．
1987	**1·24「今後の防衛力整備について」決定．** 5·27 東芝機械，ココム規制義務違反不正輸出事件．	12·8 INF 条約署名．
1988	**7·23 横須賀沖で海自潜水艦と遊漁船の衝突事故．**	8·20 イラン·イラク紛争停戦成立．
1989	1·7 昭和天皇崩御．4·1 消費税法成立．	2·15 ソ連軍，アフガニスタンから完全撤退．6·4 中国戒厳部隊，北京市天安門広場前群衆に発砲（第2次天安門事件）．11·9 東独，ベルリン

年	国　　内（**太字**は防衛問題）	世　　界
1989		の壁崩壊．12·2 米ソ首脳会談（マルタ，〜12·3）冷戦終了．
1990	**2·20「FS-X 関連武器技術」対米供与決定．6·21 安全保障関係閣僚会議設置について日米で原則合意．** 8·30 湾岸での平和回復活動に10億ドルの協力決定．9·14 中東貢献策として湾岸での平和回復活動に10億ドル追加協力，紛争周辺３か国に20億ドル経済援助決定．10·16「国連平和協力法案」提出．11·10「国連平和協力法案」廃案．11·12 即位の礼．	3·15 ゴルバチョフ，ソ連初代大統領就任．8·2 イラク軍，クウェートに侵攻．10·3 ドイツ統一．
1991	1·17「湾岸危機対策本部設置」決定．1·24 湾岸地域の平和回復活動に対し90億ドル追加支援決定．**1·25「湾岸危機に伴う避難民の輸送に関する暫定措置に関する政令」決定．4·24 ペルシャ湾への掃海艇等派遣決定．4·26 ペルシャ湾へ掃海艇等６隻出港（〜10·30帰国）．6·3 雲仙普賢岳噴火に伴う災害派遣．** 11·5 衆議院安全保障委員会設置．	1·17 多国籍軍，イラクおよびクウェートへの空爆開始（「砂漠の嵐」作戦）．2·24 多国籍軍地上部隊，作戦開始．2·28 多国籍軍，イラクに対する戦闘行動停止．3·31 WPO（ワルシャワ条約機構）解体．4·11 湾岸戦争，正式停戦発効．8·19 ソ連，ヤナーエフ副大統領，非常事態宣言，国家非常事態委員会設置（〜8·21）．9·17韓国·北朝鮮，国連加盟．10·23 カンボジア和平パリ国際会議，包括和平協定調印．11·26 クラーク米空軍基地，フィリピンへ正式返還．12·8「独立国家共同体」（CIS）協定．12·25 ゴルバチョフ，ソ連大統領辞任．
1992	6·19「国連平和協力法案」公布（8·10発効），「国連緊急援助隊法改正案」公布（6·29施行）．**9·19 カンボジア停戦監視要員出発．** 10·23 天皇皇后両陛下訪中（〜10·28）．	2·25 中国，尖閣諸島を中国領と明記した「領海法」公布·発効．3·15 国連カンボジア暫定行政機構（UNTAC）正式発足．9·30 米国，スービック海軍基地返還．
1993	8·9 非自民連立の細川護煕内閣成立（55年体制終了）．	3·12 北朝鮮，NPT 脱退宣言．5·29 北朝鮮，日本海中部に弾道ミサイル発射実験．9·1 米国防省「ボトムアップ·レビュー」発表．9·24 カンボジア新憲法公布，新政権発足．11·1 マーストリヒト条約発効，EU 発足．
1994	**2·23「防衛問題懇談会」（樋口懇談会）発足．2·25 防衛庁「防衛力の在り方検討会議」発足．8·12「防衛問題懇談会終了，村山首相に報告．**	6·17 カーター元米大統領訪朝，金日成と会談．10·21 米朝交渉，「枠組み合意」文書に署名．
1995	1·17 阪神·淡路大震災．3·20 地下鉄·サリン事件．**5·19「沖縄県における駐留軍用地の返還に伴う特別措置に関する法律」成立．** 9·4 沖縄県で米海兵隊３名による女子児童暴行事件発生．11·19 村山首相·ゴア米副大統領会談，「沖縄における施設及び区域に関する特別行動委員会（SACO）」設置で合意．**11·28「平成8年以降に係る防衛計画の大綱について」決定．**	1·1 CSCE,OSCE に発展解消．2·27 米国防省，東アジア安全保障戦略（EASR）発表．3·9 朝鮮半島エネルギー開発機構（KEDO）発足．
1996	4·12 橋本首相·モンデール米駐日大使会談，普天間飛行場の５〜７年以内の返還で合意．**4·17 日米安全保**	3·8 中国，台湾近海で3回のミサイル発射訓練，海空軍実弾訓練，陸海

年	国　内（**太字**は防衛問題）	世　界
1996	**障共同宣言**. 9·8 沖縄県民投票. 9·17「沖縄政策協議会」設置を閣議決定. 12·2 SACO 最終報告.	空統合演習実施(〜3·25). 3·23 台湾で初の総統選挙, 李登輝総統再選. 9·10 国連総会, 包括的核実験禁止条約(CTBT)採択.
1997	**1·20 情報本部新設. 9·23 新日米防衛協力の指針を日米安全保障協議委員会で了承**. 12·3 対人地雷禁止条約署名.	7·1 香港, 中国に返還.
1998	2·6 大田沖縄県知事, 海上ヘリポート受け入れ拒否表明. **3·26 即応予備自衛官制度導入**. 6·12「中央省庁等改革基本法」公布·施行. **8·31 北朝鮮, 日本上空を越えるミサイル発射実施**. 12·22 情報収集衛星導入閣議決定. **12·25「弾道ミサイル防衛にかかわる日米共同技術研究について」安全保障会議了承**.	5·11 インドで地下核実験(5·13にも実施). 5·28 パキスタン地下核実験(5·30にも実施).
1999	**3·23 能登半島沖不審船事案(3·24海上警備行動発令). 5·28「周辺事態安全確保法」公布(8·25施行)**. 9·30 東海村ウラン加工施設で事故. 11·22 沖縄県知事, 普天間飛行場移設候補地表明. 12·27 名護市長, 普天間飛行場の代替施設受け入れ表明.	12·20 マカオ, 中国に返還.
2000	7·21 九州·沖縄サミット(〜7·23).	10·10 米国で, 中国に恒久的な最恵国待遇を与える法案成立. 10·11 米国家戦略研究所, 特別報告書「米国と日本：成熟したパートナーシップに向けて」発表.
2001	1·6 1府12省庁へ省庁再編. 2·10 えひめ丸, 米潜水艦衝突事故. 4·1「情報公開法」施行. 9·19 小泉首相, 米国同時多発テロを受け「当面の措置」発表. 10·5「テロ対策特措法」閣議決定. **11·2「テロ対策特措法」公布·施行. 11·25「テロ対策特措法」に基づき海自艦船が出港. 12·14 国際平和協力法一部改正法施行(PKF 本体業務凍結解除等)**.	6·15「上海協力機構」創設. 9·11 米国同時多発テロ. 10·7 米英軍, アフガニスタン攻撃開始. 12·22 アフガニスタン暫定統治機構発足.
2002	**3·27 予備自衛官補制度導入**. 4·16「安全保障会議設置法一部改正法案」「武力攻撃事態対処法案」「自衛隊法など一部改正法案」を閣議決定. 5·31 日韓共催サッカー W 杯開催. 9·17 日朝首脳会談, 金総書記が拉致を認め謝罪. 10·15 拉致被害者5人帰国. **12·19 統幕, 長官に対し「統合運用に関する検討」成果を報告**.	1·29 G·W·ブッシュ米大統領, 一般教書演説「悪の枢軸」発言.
2003	6·6「武力攻撃事態対処関連3法」可決成立. 6·13「イラク人道復興支援特措法案」, 閣議決定. 7·26「イラク人道復興支援特措法案」参議院本会議可決, 成立. **12·19 弾道ミサイル防衛システム導入, 政府決定**.	3·20 米英軍など, 対イラク軍事行動開始. 5·1 ブッシュ大統領, イラクおよびアフガニスタンの主要戦闘終結宣言.
2004	5·22 日朝首脳会談, 拉致被害者家族5人帰国. 6·14「事態対処法制関連7法」参議院本会議で可決, 成立. 8·13 沖縄県宜野湾市沖縄国際大学構内に普天間基地所属のヘリコプター墜落. **11·10 中国原潜による我が国領海内潜没航行事案, 海上警備行動発令. 12·10「平成17年度以降に係る防衛計画の大綱について」決定**.	11·16 中国外交部副部長, 原潜事案に遺憾の意を表明. 12·26 スマトラ沖大地震, インド洋津波災害発生.

年	国　内(**太字**は防衛問題)	世　界
2005	**2·19 日米安全保障協議委員会(「2＋2」，ワシントン)，日米共通戦略目標確認.** 3·25 国民保護基本方針，閣議決定. 8·8「郵政民営化法案」参議院本会議否決を受け，衆議院解散. **10·29 日米安全保障協議委員会(「2＋2」，ワシントン)，「日米同盟：未来のための変革と再編」共同発表.**	2·10 北朝鮮外務省「核兵器製造」などを内容とする声明発表. 3·14 中国，第10期全人代で「反国家分裂法」採択. 4·16 上海の日本総領事館前などで大規模な反日デモ.
2006	**5·1 日米安全保障協議委員会(「2＋2」，ワシントン)，「再編実施のための日米ロードマップ」発表.** 6·29 日米首脳会談，共同文書「新世紀の日米同盟」発表.	3·16 米国「国家安全保障戦略」発表. 10·9 北朝鮮，地下核実験実施発表.
2007	**1·9 防衛庁設置法等の一部改正(防衛庁の防衛省への移行，国際平和協力活動などの本来任務化など)施行.** 3·13 ハワード豪首相来日，安全保障協力に関する日豪共同宣言発表. **3·28 中央即応集団新編. 5·1 日米安全保障協議委員会(「2＋2」，ワシントン)「同盟の変革：日米の安全保障および防衛協力の進展」発表. 6·1 防衛省設置法および自衛隊法の一部改正(防衛施設庁の廃止·統合，防衛監察本部，地方防衛局の新設，陸海空自の共同の部隊など)の成立.** 7·20「海洋基本法」施行. **9·1 地方協力局，装備施設本部，防衛監察本部，地方防衛局の新設.** 11·16 防衛省改革会議設置.	1·12 中国，衛星破壊実験実施.
2008	**2·19 イージス艦と漁船の衝突事故発生.** 7·15 防衛省改革会議，報告書公表.	
2009	2·17「在沖米海兵隊のグアム移転にかかる協定」署名. **3·13 ソマリア沖，アデン湾における海賊対処のため，海上における警備行動に関する自衛隊行動命令発令. 7·24 海賊対処法施行. 8·1 防衛省設置法の一部改正法の一部(防衛会議および防衛大臣補佐官の新設，防衛参事官制度の廃止など)施行.** 9·16 鳩山由紀夫民主党連立内閣成立.	4·5 オバマ米大統領，プラハ演説. 5·26 北朝鮮，2回目の地下核実験実施発表.
2010	9·7 尖閣諸島周辺の日本領海で中国漁船が海保巡視船に接触. 12·7 尖閣沖漁船衝突事件のビデオ映像流出. **12·17「平成23年度以降に係る防衛計画の大綱について」「中期防衛力整備計画」決定.**	3·26 北朝鮮潜水艦の攻撃で韓国海軍哨戒艦「天安」黄海で沈没. 5·27 米国「国家安全保障戦略」(NSS)発表. 11·1 メドヴェージェフ露大統領，国後島訪問.
2011	3·11 東日本大震災発生. **東日本大震災にかかる大規模震災災害派遣(～8·31)，東日本大震災にかかる原子力災害派遣(～12·26).** 4·11 東日本大震災復興構想会議設置. **6·21 日米安全保障協議委員会(「2＋2」，ワシントン)「より深化し，拡大する日米同盟に向けて：50年間のパートナーシップの基盤の上に」発表.** 9·19 防衛産業に対するサイバー攻撃事案発覚.	5·2 オバマ大統領，国際テロ組織「アルカイーダ」指導者ウサマ·ビン·ラディンを殺害と公表. 6·22 オバマ米大統領，アフガニスタン駐留米軍の撤収方針を発表. 12·19 北朝鮮，金正日国防委員会委員長死去を発表.
2012	2·10 復興庁発足. 9·11 政府，尖閣3島購入所有権獲得. 12·26 第二次安倍晋三内閣発足(自公連立政権).	4·11 金正恩，朝鮮労働党第一書記に就任. 8·10 李明博韓国大統領，竹島に上陸. 9·14 中国公船による領海侵犯常態化.
2013	**1·25「防衛力の在り方検討のための委員会」設置.** 2·	11·23 中国，「東シナ海防空識別区」

年	国　内（**太字**は防衛問題）	世　界
2013	8 安全保障の法的基盤の再構築に関する懇談会，初会合．**8·30「防衛省改革の方向性」公表．11·2 初の日露「2＋2」（東京）．**12·4 国家安全保障会議設置．**12·17「国家安全保障戦略について」「平成26年度以降に係る防衛計画の大綱について」「中期防衛力整備計画」決定．**12·27 沖縄県知事が普天間基地代替施設建設事業にかかる公有水面埋立承認願書について承認．	設定を公表．12·8 韓国，新たな防空識別圏の設定を公表．
2014	1·7 国家安全保障局の発足．1·20 名護市長選挙で代替施設建設反対派の稲嶺進·現市長が再選．**1·22 沖縄基地負担軽減推進委員会の設置．3·26 サイバー防衛隊の新編．**5·15 安全保障の法的基盤の再構築に関する懇談会が報告書提出．**6·11 日豪「2＋2」（東京）．6·19 防衛生産·技術基盤戦略の公表．**7·1「国の存立を全うし，国民を守るための切れ目のない安全保障法制の整備について」閣議決定．	3·18 ロシアがクリミア自治共和国を「編入」．

『防衛白書　2014年版』などをもとに作成．

著者略歴

一九五八年　福岡県に生まれる

一九八三年　学習院大学法学部卒業

一九八九年　東京都立大学大学院社会科学研究科政治学専攻博士課程単位取得

現在　中京大学総合政策学部教授、博士(政治学)

〔主要著書〕

『戦後日本の防衛と政治』(吉川弘文館、二〇〇三年)

『戦後政治と自衛隊』(吉川弘文館、二〇〇六年)

『沖縄現代政治史』(吉田書店、二〇一四年)

自衛隊史論

政・官・軍・民の六〇年

二〇一五年(平成二十七)一月一日　第一刷発行

著　者　佐《さ》道《どう》明《あき》広《ひろ》

発行者　吉川道郎

発行所　株式会社　吉川弘文館

郵便番号一一三―〇〇三三

東京都文京区本郷七丁目二番八号

電話〇三―三八一三―九一五一〈代〉

振替口座〇〇一〇〇―五―二四四番

http://www.yoshikawa-k.co.jp/

印刷＝藤原印刷株式会社

製本＝株式会社　ブックアート

装幀＝伊藤滋章

ISBN978-4-642-03841-6